全国高职高专教育"十二五"规划教材

机械设计基础

主　编：苏有良

副主编：张宝霞　谭志银

东 南 大 学 出 版 社

·南京·

图书在版编目（CIP）数据

机械设计基础 / 苏有良主编. —南京：东南大学
出版社,2013.8
ISBN 978-7-5641-4442-5

Ⅰ. ①机… Ⅱ. ①苏… Ⅲ. ①机械设计—高等职业教
育—教材 Ⅳ. ①TH122

中国版本图书馆 CIP 数据核字(2013)第 185488 号

机械设计基础

出版发行：东南大学出版社
社　　址：南京市四牌楼 2 号　邮编：210096
出 版 人：江建中
网　　址：http://www.seupress.com
经　　销：全国各地新华书店
印　　刷：南京师范大学印刷厂
开　　本：787mm×1092mm　1/16
印　　张：15.75
字　　数：368 千字
版　　次：2013 年 9 月第 1 版
印　　次：2013 年 9 月第 1 次印刷
印　　数：1—3000 册
书　　号：ISBN 978-7-5641-4442-5
定　　价：30.00 元

本社图书若有印装质量问题,请直接与营销部联系。电话(传真)：025-83791830

前　言

本书以国家教育部制定的高职高专《机械设计基础》课程教学基本要求为编写依据,结合高职院校应用型人才培养的教学改革要求来编写本教材。

本书内容选编以实用为主、够用为度为原则。注意突出应用性和实用性,尽量简化理论推导,简化设计方法,重点强调应用实践。教材内容突出简明、易学、实用的特点。教材内容和结构体系力求符合高职高专相关专业的教学特点和学生的认知规律;在表现形式和陈述方式上力求引导学生利用已有的知识去学习和探索新知识、新技术。

为了便于教师教学和学生练习,教材中每章都配有相应的思考题,供教师、学生选用。本书可作为高等职业技术学院、高等专科学校、成人高校及本科院校举办的二级职业技术学院机械、机电及近机类专业的教学用书,也可供相关专业工程技术人员参考。

本书由滁州职业技术学院苏有良(绪论、第2、3、4、7章)、张宝霞(第9、10、11章)、谭志银(第5、6、8、13章)、杜秀芝(第1、12、14章)编著,本教材由滁州职业技术学院苏有良担任主编,张宝霞、谭志银担任副主编。

书中编写有不妥之处,恳请读者指正。

编者

2013 年 6 月

目　录

绪　论

一、基本概念

1. 零件

零件是最小的制造单元。一台机器由若干个零件组成。如图 1 所示的连杆，它是由连杆体 1、连杆盖 5、螺栓 2、螺母 3、开口销 4、轴瓦 6 和轴套 7 等多个零件构成的。

2. 构件

构件是最小的运动单元。它由一个或多个零件组成。如图 2 所示单缸内燃机中的曲轴 2 是单一零件的构件；也可以是多个零件刚性组合在一起的单元体，如图 1 所示的连杆是由多个零件所组成的构件。

3. 机构

机构由构件组成，且各构件之间有确定的相对运动。机构只用来传递运动和动力或者进行运动形式的转换。如图 2 所示的单缸内燃机中有三种机构：

(1) 曲柄滑块机构　由活塞 4、连杆 3、曲轴 2 和机架 1 构成，作用是将活塞的往复直线运动转换成曲柄的连续转动；

(2) 齿轮机构　由齿轮 9、10 和机架 1 构成，作用是改变转速的大小和方向；

(3) 凸轮机构　由凸轮 8、推杆 7 和机架 1 构成，作用是将凸轮的连续转动变为推杆的往复移动，完成有规律地启闭阀门的工作。

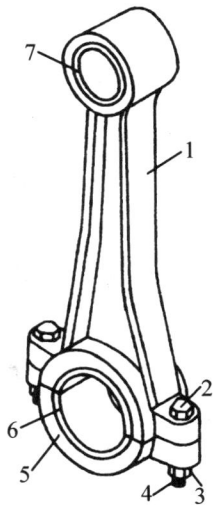

图 1　连杆

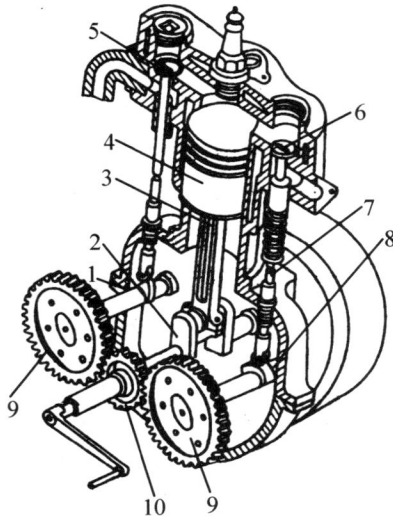

图 2　单缸内燃机

1

4. 机器

在日常生活和生产实践中我们见到过很多种机器,如图 2 所示的单缸内燃机,它由机架(气缸体)1、曲轴 2、连杆 3、活塞 4、进气阀 5、排气阀 6、推杆 7、凸轮 8 和齿轮 9、10 组成。齿轮、凸轮和推杆的作用是按一定的运动规律按时开闭阀门,完成吸气和排气。当燃烧的气体推动活塞 4 作往复运动时,通过连杆 3 使曲轴 2 作连续转动,从而将燃气燃烧的热能转换为曲柄转动的机械能。

由上述对内燃机的分析可知,机器是执行机械运动的装置,用以代替或减轻人的劳动、提高劳动生产率或满足人们的特定需要。其中,能够将其他形式的能量转换为机械能的机器称为原动机,如电动机、内燃机等;而能够利用机械能来完成有用功,或者能将机械能转变为其他形式能量的机器称为工作机,如起重机、空气压缩机、发电机等。

通过对内燃机的分析可知,机器具有以下共同特征:

(1) 机器是人为实体的组合;

(2) 机器中构件与构件之间具有确定的相对运动;

(3) 能实现能量转换或完成有用的机械功。

5. 机械

在不考虑能否实现能量转换或完成有用机械功的情况下,机构和机器统称为机械。

二、机器的组成

现代机械种类繁多,但从其功能组成分析,主要由下列几部分组成:

1. 动力部分　机械系统工作的动力源,它包括动力机和与其相配套的一些装置。现代机器大多采用电动机和热力机(内燃机、汽轮机、燃气轮机)作为动力源,其中电动机的使用最为广泛。

2. 执行部分　直接实现机器特定功能的部分,包括执行机构和执行构件,其功能是利用机械能来改变作业对象的性质、状态、形状、位置或进行检测等。由于每个机械系统要完成的功能各不相同,所以对其执行系统的运动、工作载荷等技术要求也不相同。执行系统通常处于机械系统的末端,直接与作业对象接触。执行系统工作性能的好坏,直接影响整个机械系统的性能。

3. 传动部分　把原动机的动力和运动传递给执行部分的中间装置,例如汽车的变速箱、机床的主轴箱、起重机的减速器等。传动系统的功能是实现运动和力的传递与变换,以适应执行系统工作的需要。传动部分可分为下述几大类:①机械传动部分;②液、气传动部分;③电力传动部分;④前三大类不同组合的传动部分。

4. 控制部分　使动力部分、传动部分、执行部分彼此协调工作并准确可靠地完成整个机械系统功能的装置。它的功能主要是控制或操纵上述各部分的启动、离合、制动、变速、换向或各部件运动的先后次序、运动轨迹及行程。此外,还控制换刀、测量、冷却与润滑液的供应与停止等一系列工作。

三、本课程的研究对象和任务

本课程的研究对象是机械中的常用机构和通用零件,其任务是研究机械中常用机构和通用零件的工作原理、结构特点、基本的设计理论和计算方法等。

四、机械设计的基本要求

机械设计是指设计实现预期功能的新机械或改进原有机械的性能。机械设计的基本要求:运动性和动力性、体积和重量、可靠性和寿命、安全性、经济性、环保、产品的造型等。此外还有其他一些要求,如经常拆装的机械有安装和拆卸方便的要求、在腐蚀环境下工作的机械有耐腐蚀的要求、在高温条件下工作的机械有耐高温的要求等。

五、本课程在教学中的地位和作用

本课程是机械或近机类专业一门重要的专业基础课程。其作用主要归纳为:

1. 机械设计基础将为相关专业的学生学习专业机械设备课程提供必要的理论基础。

2. 机械设计基础将使从事工艺、运行管理的技术人员,在了解各种机械的传动原理、设备的正确使用、维护及设备的故障分析等方面获得必要的基本知识。

3. 通过本课程的学习和设计实践,可以培养学生初步具备运用手册设计简单机械传动装置的能力,为日后从事设计、技术改造和创新工作创造条件。

★ 思考题

1. 简答机器、机构、构件和零件的概念。

2. 机器和机构、构件和零件有什么区别?

3. 机器是由哪几部分组成的?

4. 判断下面哪些是机器?

脚踏自行车　汽车　减速器　电风扇　车床

第一章 摩擦、磨损及润滑概述

各种机器在运转过程中,零件相对运动的接触部分都存在着摩擦,摩擦不仅消耗能量,而且使零件发生磨损,甚至导致零件的失效。为了节约能源、提高效率及延长机械零件的寿命,润滑是必不可少的,润滑是减少摩擦和磨损的有力措施。为防止润滑油泄漏以及防止灰尘、水分进入润滑部位,必须采用相应的密封装置,因此这四者之间的相互联系是不可分割的。

第一节 摩擦与磨损

一、摩擦

当物体与另一物体沿接触面的切线方向运动或有相对运动的趋势时,在两物体的接触面之间有阻碍它们相对运动的作用力,这种力叫摩擦力。接触面之间的这种现象或特性叫"摩擦"。摩擦的类别很多,按摩擦副的运动形式,将摩擦分为滑动摩擦和滚动摩擦,前者是两个相互接触的物体有相对滑动或有相对滑动趋势时的摩擦,后者是两个相互接触的物体有相对滚动或有相对滚动趋势时的摩擦。摩擦有利也有害,但在多数情况下是不利的,例如,机器运转时的摩擦,造成能量的无益损耗和机器寿命的缩短,并降低了机械效率。过大的磨损会使机器丧失应有的精度,进而产生振动和噪音,使机器不能正常工作。

根据摩擦副表面的润滑状态,将摩擦分为四种:干摩擦、边界摩擦、流体摩擦、混合摩擦(如图 1-1)。

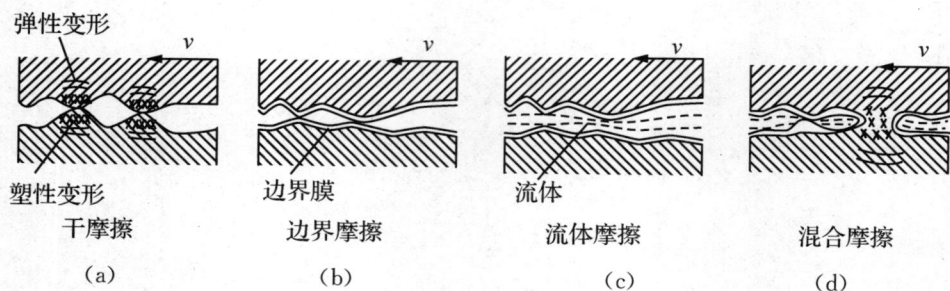

图 1-1 摩擦副的表面润滑状态

1. 干摩擦

干摩擦是两摩擦表面直接接触,不加入任何润滑剂的摩擦。在工程实际中,即使很洁净的表面上也存在脏污膜和氧化膜,所以并不存在真正的干摩擦。在机械设计中通常把未经人为润滑的摩擦状态当作干摩擦处理,如图 1-1(a)所示。干摩擦的摩擦因数很大,导致较大的功耗和严重的磨损。

2. 边界摩擦

边界摩擦是两摩擦表面上有一层边界膜起润滑作用时的摩擦。摩擦表面间注入润滑剂后金属表面吸附润滑剂形成极薄的、具有润滑作用的边界膜,如图 1-1(b)所示。这种摩擦的摩擦因数小于干摩擦因数,有磨损产生。

3. 流体摩擦

流体摩擦是两摩擦表面被流体(液体或气体)完全隔开状态下的摩擦。如图 1-1(c)所示。这种摩擦的摩擦因数极小,不会发生磨损,是理想的摩擦状态。

4. 混合摩擦

混合摩擦是干摩擦、边界摩擦和流体摩擦共存的摩擦状态。如图 1-1(d)所示。其摩擦因数小于边界摩擦因数,有时存在磨损。

二、磨损

由于运动副表面的摩擦导致表面材料逐渐消失或转移,这种现象称为磨损。单位时间内的材料磨损量称为磨损率。机械零件磨损后,导致机械零件的工作效率和可靠性降低,缩短机器的使用寿命。因此如何避免和减轻磨损,是设计、使用和维护机器的一项重要内容。

1. 磨损过程

在机械的正常运转过程中,磨损过程大致可以分为三个阶段(如图 1-2)。

（1）磨合磨损阶段

新加工的零件表面呈尖峰状态,运动表面间的接触面积较小,相同载荷情况下单位面积压力较大,零件的磨损速度较快。但随着磨损达到一定程度,尖峰被磨平,磨损速度减慢。

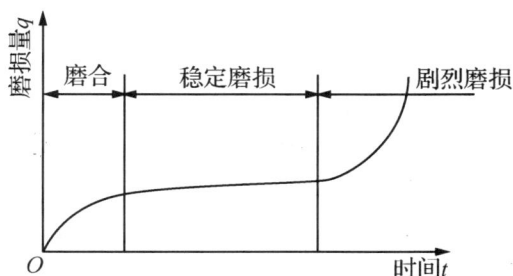

图 1-2　零件的磨损过程

注意:磨合磨损阶段结束后,应清洗零件和更换润滑油。

（2）稳定磨损阶段

经磨合后的零件表面被冷作硬化,形成了稳定的表面粗糙度,摩擦条件保持相对稳定,磨损缓慢而平稳。这一阶段时间的长短反映了零件的寿命。

（3）急剧磨损阶段

当工作表面的总磨损量超过某一允许值后,摩擦副之间的间隙加大,精度降低,润滑状态恶化,温度升高,产生冲击、振动和噪音,导致零件迅速失效。

上述磨损过程中的三个阶段是一般机械运转过程中都存在的。必须指出的是,在磨合阶段结束后应该清洗零件,更换润滑油,这样才能正常进入稳定磨损阶段。

2. 磨损分类

按照磨损机理和零件表面磨损状态不同,磨损可分为磨粒磨损、粘着磨损、疲劳磨损、腐蚀磨损四种类型。

（1）磨粒磨损 由于摩擦表面上的硬质点或外部硬的颗粒进入到摩擦区域,对摩擦表面起到了切削和刮擦作用,从而造成表层材料脱落的现象称为磨粒磨损。

避免措施:保证良好润滑条件、选择合适的摩擦副材料、降低表面粗糙度值、加装防护密封装置。

（2）粘着磨损 当摩擦副受到较大正压力作用时,由于表面不平,其尖峰接触点会产生弹、塑性变形,附着在摩擦表面间的润滑油膜破裂,摩擦加剧,因摩擦产生的热量使摩擦区域温度升高,接触表面塑性提高而粘着或熔焊在一起,形成冷焊结点。当两表面继续发生相对运动时,材料从一个表面转移到另一个表面,成为表面凸起,使摩擦表面的磨损进一步加剧。这种由于金属材料的粘着而引起的磨损称为粘着磨损。如活塞环和缸体、曲轴与轴瓦、轮齿啮合表面等都会发生不同程度的粘着磨损。

避免措施:合理选择配对材料、采用表面处理、控制压强、限制摩擦表面的温度、采用含有油性极压添加剂的润滑剂。

（3）疲劳磨损 当两摩擦表面为点或线接触,由于局部的塑性变形形成了小的接触区域,接触区受到交变循环应力,当应力循环次数超过一定数值后引起零件表面产生疲劳裂纹,并且润滑油流入裂缝后,在一定压力作用下会加剧裂纹扩展,造成金属材料从零件表面直接剥落,形成小的凹坑,这种现象称为疲劳磨损。

避免措施:合理选择材料、提高材料硬度,选择黏度高的润滑油、加入极压添加剂或MoS_2、减小表面粗糙度。

（4）腐蚀磨损 摩擦面与周围介质发生化学或电化学反应而产生材料损失的现象称为腐蚀磨损（氧化磨损、特殊介质腐蚀磨损、气蚀磨损）。

3. 减小磨损的主要方法

（1）润滑是减小摩擦、减小磨损的最有效的方法;

（2）合理选择摩擦副材料;

（3）进行表面处理;

（4）注意控制摩擦副的工作条件等。

第二节　润　滑

在两个摩擦表面之间加入润滑剂,以减小摩擦和磨损,这种措施称为润滑。润滑的主要作用是:（1）减小摩擦系数,提高机械效率;（2）减轻磨损,延长机械的使用寿命。此外,润滑还可起到散热降温,防锈、防尘、缓冲吸振等作用。

一、润滑剂

凡是能减小摩擦阻力、减小磨损的物质都可作为润滑剂。润滑剂主要有气体、液体、半固体、固体四种基本类型。气体润滑剂主要有空气、氢气、水蒸气;液体润滑剂最常用的是润滑油;半固体润滑剂主要是各种润滑脂;固体润滑剂主要有石墨、聚四氟乙烯、二硫化钼。在一般机械中最常用的润滑剂为润滑油和润滑脂,下面主要介绍这两种润滑剂。

1. 润滑油

工业用润滑油主要有矿物油、合成油、有机油三种类型,其中应用最广泛的是矿物油。衡量润滑油性能好坏的主要指标有黏度(动力黏度、运动黏度、条件黏度)、黏度指数、闪点、倾点等。黏度反映润滑油流动时内摩擦阻力的大小。黏度越高,油越稠,流动性越差。温度是影响黏度的主要因素。温度升高,黏度会明显降低。黏度指数是衡量黏度随温度变化大小的指标。黏度指数越大,黏度受温度变化的影响越小。闪点是润滑油在规定条件下加热,由蒸汽和空气的混合气与火焰接触发生瞬间闪光时的最低温度。这是一项安全指标,一般要求润滑油的闪点高于工作温度 $20\sim30℃$。倾点为润滑油在给定条件下丧失流动性的温度以上 $3℃$ 的温度。表 1-1 列出了工业常用润滑油的性质和用途。

黏度:是表示油液内部相对运动时产生内摩擦阻力大小的性能指标。(黏度是选择润滑油的主要依据。)

2. 润滑油的功能

(1)润滑及减小摩擦阻力

润滑油的作用,就是润滑发动机内的各种机件,并在两者表面之间形成一层油膜,以减小摩擦阻力,使运作更加顺畅。

(2)密封性作用

润滑油必须在活塞环与气缸之间形成有效的密封性,以防气体的泄露和外界污染物的侵入。

(3)冷却作用

在运转过程中,机件与机件的相互摩擦产生热量或高温,润滑油的作用就是冷却及降低发动机的温度。

(4)清洁性

把机件中有害杂质和未及燃烧的不溶性物质带走,使这些污染物速离润滑表面及避免油泥的形成。

(5)防腐蚀功能

润滑油能提供接触部件完全分离的油膜,会减少机件接触及磨损的机会,避免金属表面受到腐蚀。

3. 润滑脂

俗称黄油、干油,它是润滑剂、稠化剂等在高温下混合而成的膏状润滑材料。

衡量润滑脂性能好坏的指标主要有锥入度和滴点。其中锥入度是指将重为 150 g ± 0.25 g的标准圆锥体放入 25 ℃润滑脂试样中，经过 5 s 后沉入的深度。它反映润滑脂内部阻力的大小和流动性的强弱。锥入度越小，润滑脂越稠。滴点是指在规定的加热条件下，从标准测量杯的孔口滴下第一滴油时的温度。滴点反映了润滑脂耐高温性能的好坏。润滑脂的种类很多，其性能和用途见表1-2。

表 1-1　工业常用润滑油的性质和用途

类别	品种代号	牌号	运动黏度	黏度指数	闪点	倾点	主要性能和用途	说明
工业闭式齿轮油（GB/T 5903 -1995）	L-CKC 中载荷工业齿轮油	68	61.2～74.8	90	180	-8	具有良好的极压抗磨和热氧化稳定性，适用于冶金矿山、机械、水泥等工业中载荷(500～1100 MPa)闭式齿轮的润滑	L 表示润滑剂类别
		100	90～110					
		150	135～165					
		220	198～242					
		320	288～352		200			
		460	414～506					
		680	612～748			-5		
	L-CKD 重载荷工业齿轮油	100	90～110	90	180	-8	具有更好的极压抗磨和热氧化稳定性，适用于冶金矿山、机械、水泥等工业重载荷闭式齿轮的润滑	
		150	135～165					
		220	198～242					
		320	288～352					
		460	414～506		200			
		680	612～748					
轴承油	L-FD轴承油（SH0017 -1990）	2	2.0～2.4	90	60	凝点不高于 -15℃	主要适用于精密机床主轴轴承的润滑及其他以油浴、压力、油雾润滑的滑动轴承和滚动轴承的润滑。N10可作为普通轴承用油和缝纫机用油	SH 为石化部标准代号
		3	2.9～3.5		70			
		5	4.2～5.1		80			
		7	6.2～7.5		90			
		10	9.0～11.0		100			
		15	13.5～16.5		110			
		22	19.8～24.2		120			

表 1-2　常见润滑脂的性能和用途

名　称	代　号	滴点 不低于 ℃	工作锥入度 (25℃,150 g) 1/10 mm	主　要　用　途
钙基润滑脂 (GB 491-87)	1 号	80	310～340	有耐水性能。用于工作温度低于55～60 ℃的各种工农业、交通运输机械设备的轴承润滑,特别是有水或潮湿处
	2 号	85	265～295	
	3 号	90	220～250	
	4 号	95	175～205	
钠基润滑脂 (GB 492-89)	2 号	160	265～295	不耐水。用于工作温度在一10～110 ℃的一般中负荷机械设备轴承润滑
	3 号	160	220～250	
钙钠基润滑脂 (ZBE 36001-88)	ZGN-1	120	250～290	用于工作温度在80～100℃、有水分或较潮湿环境中工作的机械润滑,多用于铁路机车、列车、小电动机、发电机滚动轴(温度较高者)润滑。不适于低温工作
	ZGN-2	135	200～240	
滚珠轴承脂 (SY 1514-82)		120	250～290	用于机车、汽车、电机及其他机械的滚动轴承润滑
石墨钙基润滑脂 (ZBE 36002-88)	ZG-S	80	—	人字齿轮、起重机、挖掘机的底盘齿轮、矿山机械、绞车钢丝绳等高负荷、高压力、低速度的粗糙机械润滑及一般开式齿轮润滑。能耐潮湿
通用锂基润滑脂 (GB 7324-87)	1 号	170	310～340	适用于一20～120℃宽温度范围内各种机械的滚动轴承、滑动轴承及其他摩擦部位的润滑
	2 号	175	265～295	
	3 号	180	220～250	
7407 号齿轮润滑脂 (SY 4036-84)		160	75～90	适用于各种低速,中、重载荷齿轮、链和联轴器等的润滑,使用温度≤120℃,可承受冲击载荷≤2 500 MPa
钡基润滑脂 (SY 1406-74)	ZB-3	150	200～260	用于工作温度低于135℃的高压机械润滑。能耐水,常用于船舶推进器、中小型负荷的蒸汽机、内燃机的滑动轴承润滑
压延机用润滑脂 (GB 493-65)	ZGN 40-1	80	310～355	用于轧钢机、滚道、矫正机等重型设备的轴承润滑。ZGN40-1适用集中润滑系统,ZGN40-2适用于单机润滑
	ZGN 40-2	85	250～295	
工业用凡士林 (SYB 1607-59)	—	54	—	用作机械及其零件的防腐蚀剂
高低温润滑脂	7014	55～75	230	用于高速、高负荷工作的各种滚动轴承的润滑,使用温度为一60～＋200℃

注:各种润滑脂的最高工作温度比其滴点低20～30℃。

二、润滑方法和润滑装置

机器的润滑方法有分散润滑和集中润滑两大类。分散润滑是各个润滑点单独润滑,这种润滑可以是间断的或连续的,也可以是压力润滑或无压力润滑。

1. 油润滑

(1)手工加油润滑 操作人员用油壶或油枪将油注入设备的油孔或油嘴中,使油流至需要润滑的部位。这种方法一般用于低速轻载的简易小型机械的润滑。

(2)滴油润滑 滴油润滑所用的装置为油杯,如图1-3所示,针阀油杯可通过调节滴油速度来改变供油量,并且停车时可扳倒油杯上端的手柄以关闭针阀而停止供油。油芯油杯是通过毛线或棉线的引导,利用虹吸现象和油的自重流至摩擦表面。

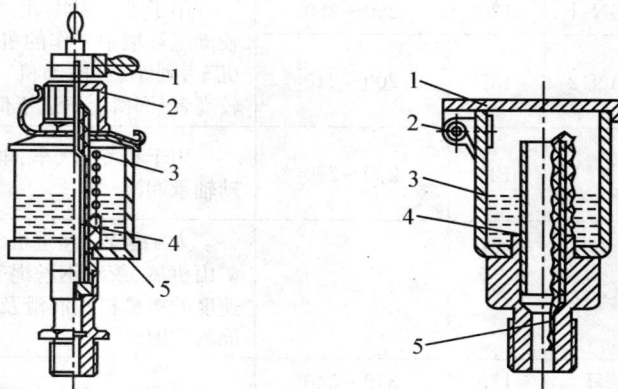

1—手柄 2—调节螺母 3—弹簧 4—针阀 5—油杯体　1—盖 2—扭转弹簧 3—油杯体 4—铝管 5—油芯
(a)针阀油杯　　　　　　　　　　　　(b)油芯油杯

图1-3 滴油润滑用油杯

(3)油环润滑 油环润滑装置如图1-4所示。油环空套在水平轴上,下部浸在润滑油中。当轴旋转时带动油环一起转动,将润滑油带到轴颈上,润滑轴承。

(4)飞溅润滑 闭式传动中,转动件的一部分浸入油池中,如果其圆周速度较大(5 m/s $<v<$ 12 m/s),当其旋转时,润滑油会被溅起,散落在其他零件上进行润滑。

(5)压力循环润滑 当回转件的圆周速度超过12 m/s时,采用前述润滑方法就不能达到良好的润滑效果。这时需要利用液压泵、阀和油路等装置将油箱中的润滑油以一定的压力输送到润滑部位进行润滑。

(6)油雾润滑 油雾润滑是利用压缩空气将油雾化,再经喷嘴喷射到润滑表面。这种润滑方法具有良好的冷却、防尘效果。主要适用于高速的滚动轴承及封闭的齿轮、链条等的润滑。

2. 脂润滑

(1)手工润滑装置 手工润滑主要是利用脂枪把脂从注油孔注入或者直接用手工填入润滑部位。

(2)滴下润滑装置 将润滑脂装在脂杯里向润滑部位滴下润滑脂进行润滑。图1-5所示为旋盖式油脂杯润滑。

（3）集中润滑装置　由脂泵将脂罐里的脂输送到各管道,再经过分配阀将脂定时定量地分送到各润滑点。

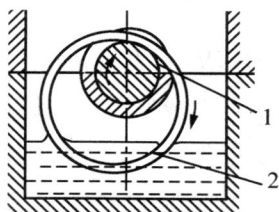

图 1-4　油环润滑

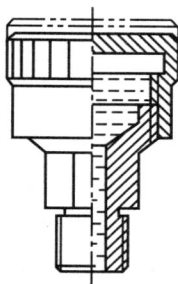

图 1-5 旋盖式油脂杯

第三节　密封方法及装置

密封的功能一是防止机器内部的液体或者气体从两零件的结合面间泄漏出去,二是防止外部的杂质、灰尘侵入,保持机械零件正常工作的必要环境。起密封作用的零、部件称为密封件或密封装置,简称密封。密封的好坏直接关系到一个机器的工作质量和使用寿命,切不可掉以轻心。有些场合,密封的可靠程度尤为重要,比如飞机和航天器上的密封,毒气、毒液储罐,易燃、易爆气体储罐等的密封。多数密封件已标准化、系列化,根据工作条件和使用要求加以选用。

1. 密封的类型

密封按被密封的两结合面之间是否有相对运动而分为静密封和动密封两大类。动密封又按密封件和被密封面间是否有间隙,分为接触式动密封和非接触式动密封。

1. 非接触式动密封

（1）间隙密封

间隙密封是靠相对运动件的配合面之间的微小间隙防止泄漏而实现的密封,它的工作原理是基于流体黏性摩擦理论,即当油液通过缝隙时存在一定的黏性阻力而起密封作用(见图 1-6)。

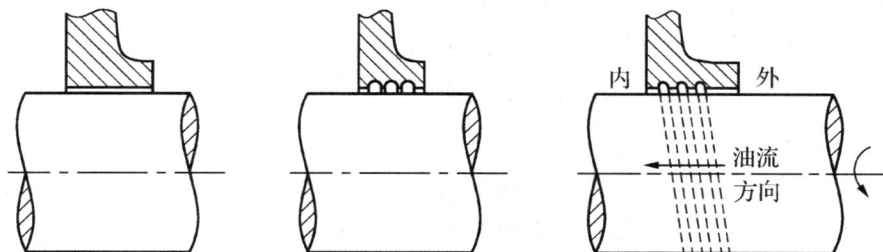

图 1-6 间隙密封

（2）离心密封

离心密封主要是利用轴在旋转时产生的离心力,将泄漏出来的润滑油再甩回到油腔。也有在轴上直接开螺旋槽,在紧贴轴承处安装一甩油环,将油再甩回去。螺旋槽的旋转方向要保证轴在旋转时是使油甩到油腔里,而不是相反。这种密封通常只能在单向回转的轴上使用。

（3）迷宫密封

迷宫密封是在需要密封的表面加工几个拐弯的沟槽,形成像迷宫一样的"曲路",使泄漏的介质在沟槽里产生压力降,不能顺畅地通过,即可形成密封。曲路的布置可以是轴向的,也可以是径向的。当采用轴向曲路时,假如轴的热伸缩比较大或者设计不严谨,都有使旋转片和固定片相接触的可能,因此在一般情况下以径向布置为宜。工作时沟槽内涂满润滑脂,以增加密封效果。

2. 接触式动密封

（1）密封圈密封

1）毡圈密封　在轴承端盖上开出梯形槽,将毡圈（按标准选取）放置在梯形槽中与轴密合接触。这种密封主要用于脂润滑的场合,它结构简单、使用简便,但摩擦较大,只适用于线速度较小(不大于 $4\sim5$ m/s)的场合。与密封毡圈相接触的轴表面如经过抛光且毛毡质量较高时,线速度可达到 $7\sim8$ m/s。

毡圈密封是标准件,按照轴的直径确定毡圈的尺寸和沟槽的尺寸。也可两个毡圈并排放置以增强密封效果。

2）O形圈密封　O形圈用作动密封时,主要用于移动密封,如活塞和活塞杆的密封。当圆周速度小于 2 m/s 时,也可用于旋转密封。O形密封圈结构简单,密封性可靠。运动摩擦阻力很小,沟槽尺寸小,容易制造,故应用十分广泛。其主要的缺点是启动摩擦阻力较大。

3）唇型密封　唇型密封是依靠其唇形部分与被密封面紧密接触来进行密封的。唇型密封圈的种类繁多,形状各异。它装填方便,更换迅速,但与O形密封圈相比有结构复杂、尺寸较大、摩擦阻力大等缺点。在许多场合,已被O形密封圈所替代。现在主要应用在往复运动的零、部件中。

4）油封密封　油封密封依靠其弯折了的橡胶弹性力和附加的环形螺旋弹簧的扣紧作用而紧套在轴上,阻断了泄露间隙,从而达到密封的作用。它是用于旋转轴的密封件。

油封广泛用于汽车、工程机械、机床等各种机械上,因此种类很多。通常按其结构可分为有骨架和无骨架两大类。骨架是金属加强环,用来增强油封的刚度。

油封种类很多,大多已标准化,按照工作条件和轴的尺寸选取。

（2）软填料密封

软填料密封是将各种适合作为密封材料的软填料用压盖压入需要密封的间隙中,达到密封的作用。适合于轴旋转的线速度不大于 10 m/s。软填料密封发热和磨损很严重,使用寿命最长不超过半年。通过重新压紧端盖,可以补偿填料的磨损。

（3）涨圈密封

涨圈通常是由金属制造的带有切口的弹性环,放入槽中后,靠涨圈本身的弹力,使外圈紧贴在壳体上,不随轴转动。由于介质压力的作用,涨圈一端面紧压在涨圈槽的一侧,产生相对运动,用液体进行润滑和堵漏,从而达到密封的作用。涨圈密封既可用于往复运动件的密封,也可用于旋转运动件的密封。

二、密封的选择

1. 密封形式的选择

密封的形式五花八门,多种多样,作用和原理各不相同。在实际使用过程中,要根据使用场合和工作条件合理地选择密封的形式。如非接触式动密封,可以用在转速比较高的场合,但密封的可靠程度有限,接触式动密封密封可靠,但由于有摩擦磨损的存在,不宜用在旋转速度较高的场合。对于有一定的压力和转速较高的轴的密封要选用机械密封等。

2. 密封材料的选择

用于密封件的材料通常有以下几种:

（1）液体材料　多为高分子材料,如液态密封胶、厌氧胶、热熔型胶等,它们在使用过程中通常会固化。主要用于静密封。

（2）纤维材料　植物纤维有棉、麻、纸、软木等;动物纤维有毛、毡、皮革等;矿物纤维有石棉等;人造纤维有玻璃纤维、碳纤维、有机合成纤维、陶瓷纤维等。主要用于垫片、软填料、油封、防尘密封件等。矿物纤维可以耐酸、耐碱、耐油,最高可耐温度450℃。

（3）弹塑性体　橡胶和塑料。橡胶有天然橡胶和合成橡胶之分。橡胶主要用于垫片、成型填料、软填料、油封、防尘密封件等。塑料有氟塑料、尼龙、酚醛塑料、聚乙烯、聚四氟乙烯等。主要用于垫片、成型填料、软填料、硬填料、防尘密封件、活塞环、机械密封等。可耐酸、耐碱、耐油等。聚四氟乙烯最高可耐温度300℃。

（4）无机材料　石墨和工程陶瓷,如氧化铝瓷、滑石瓷、金属陶瓷氧化硅等。主要用于垫片、软填料、硬填料、密封件、机械密封、间隙密封等。可耐酸、耐碱,最高可耐温度800℃。

（5）金属材料　黑色金属有碳钢、铸铁、不锈钢等,有色金属有铜、铝、锡、铅等,硬质合金有钨钴硬质合金、钨钴钛硬质合金等,贵重金属有金、银、铟、钽等。主要用于垫片、软填料、硬填料、成型填料、防尘密封件、机械密封、间隙密封等。可耐酸、耐碱,最高可耐温度450℃。贵重金属主要用于高真空、高压和低温等场合。

★ 思考题

1-1. 根据摩擦副表面的润滑状态不同将摩擦分成哪几种类型? 各有何特点?

1-2. 按磨损机理不同分类,磨损分成哪几种类型?

1-3. 油润滑的主要方法及装置有哪些?

1-4. 如何选择适当的润滑剂?

1-5. 常见非接触式动密封有哪些类型?

第二章 平面机构的自由度

第一节 平面运动副及其分类

组成机构的所有构件都在某一平面或相互平行的平面内运动的机构称为平面机构，否则称为空间机构。本章主要讨论平面机构。

一、运动副的概念

两构件间直接接触形成具有确定相对运动的连接形式称为运动副。根据运动副各构件之间的相对运动是平面运动还是空间运动，可将运动副分成平面运动副和空间运动副。

如图 2-1(a)车轮 1 与导轨 2 的接触为平面运动副，图 2-1(b)所示的构件 1 和构件 2 间的相对运动是空间运动，故属于空间运动副。

(a)   (b)

图 2-1 运动副

二、平面运动副的分类

两构件组成的运动副其接触形式不外乎点、线、面三种形式，按照接触形式不同通常把平面机构的运动副分为两类：低副和高副。

1. 低副

两构件通过面接触构成的运动副称为低副。因低副是面接触，故构件间的接触应力低，磨损小。平面机构中的低副主要有转动副和移动副两种。

（1）转动副　两构件以圆柱面形式接触，只能产生相对转动的运动副称为转动副，又称回转副或铰链。如图 2-2(a)中构件 1 和 2 通过销轴连接形成转动副。

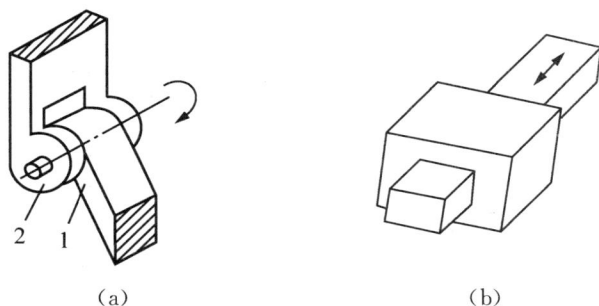

图 2-2   低副

（2）移动副   组成运动副的两构件只能产生相对移动的运动副称为移动副，如图 2-2(b)所示。

2. 高副

两构件通过点或线形式接触形成的运动副称为高副。因高副是点或线接触，故高副接触应力大、磨损大。如图 2-1(a)车轮 1 与导轨 2 的接触和图 2-3(a)两齿轮 1、2 齿廓间的接触为线接触，图 2-3(b)凸轮 1 与从动件 2 是点接触，故它们所形成的运动副均是高副。

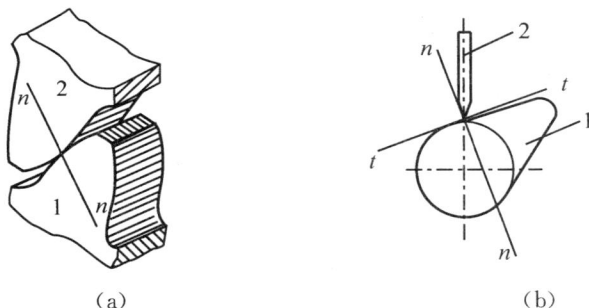

图 2-3   高副

第二节   平面机构运动简图

对机构进行分析和综合时，并不需要了解构件的真实外形和具体结构，只需用简单的线条和符号简明表达机构的传动原理。这种用规定的线条和符号表示构件和运动副，并按比例定出各运动副的位置，表达各构件间相对运动关系的图形称为机构运动简图。如果不按规定比例画图，这样的简图称为机构示意图。

一、运动副、构件、常用机构的简化画法

1. 转动副的简化画法

沿转动副的转动轴线投影就用圆圈简化表示转动副，圆圈圆心代表转动中心，如图2-4(a)所示；和转动轴线平行的平面投影的画法如图2-4(b)所示。图中加阴影线的构件为机架。

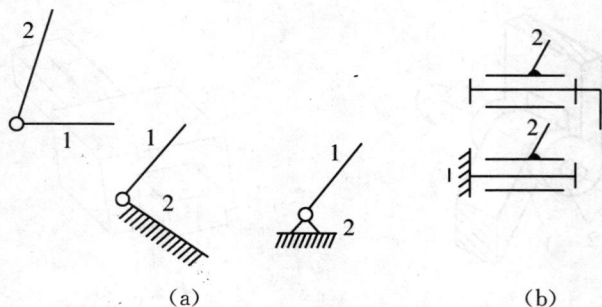

图 2-4　转动副简化画法

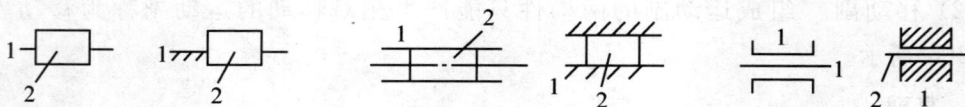

图 2-5　移动副简化画法

2. 移动副的简化画法

移动副的导路必须与相对移动方向一致,其简化画法如图 2-5 所示。

3. 高副的简化画法

表示高副时,必须画出接触处的曲线轮廓,如图 2-6 所示。

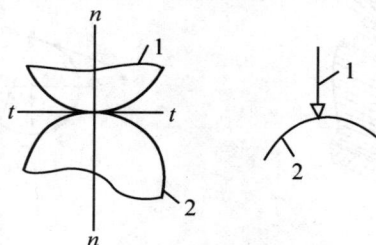

图 2-6　高副简化画法

4. 构件的简化画法

一般构件的表示方法如表 2-1(参见 GB 4460-1984)所示。

表 2-1　一般构件的表示方法

构件类型	构件符号
杆、轴类构件	
固定构件	
同一构件	
三副构件	

5. 常用机构的简化画法

常用机构的简化画法,如表 2-2 所示。

表 2-2　常用机构简化符号

名称	符号		名称	符号	
电动机	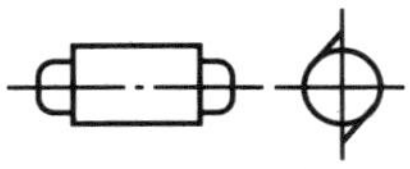		装在支架上的电动机	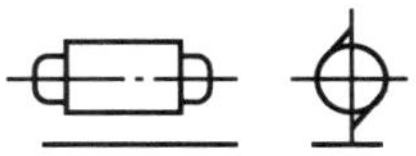	
带传动	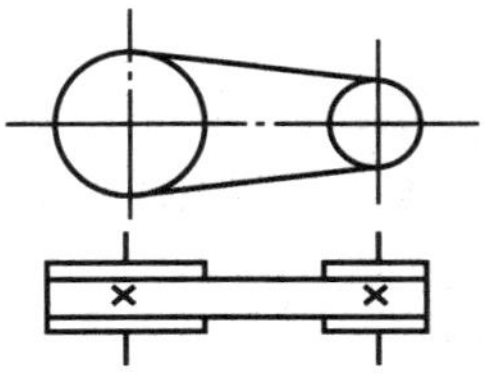		链传动	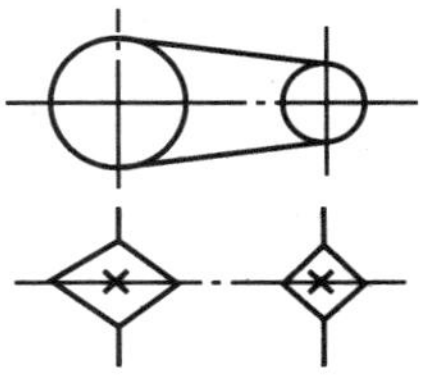	

名称	基本符号	可用符号	名称	基本符号	可用符号
外啮合圆柱齿轮传动	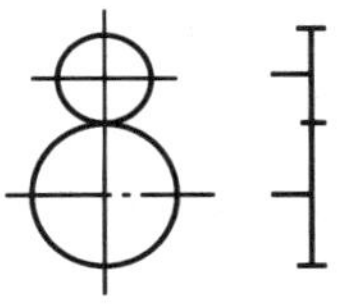		内啮合圆柱齿轮传动	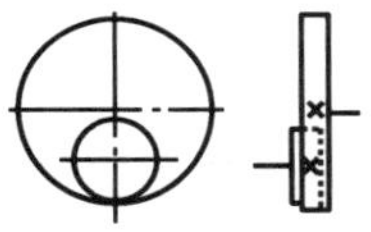	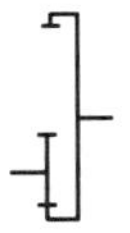
齿轮齿条传动	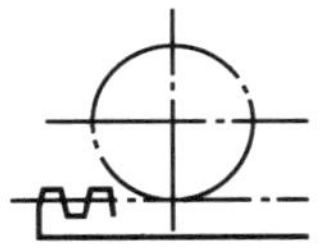	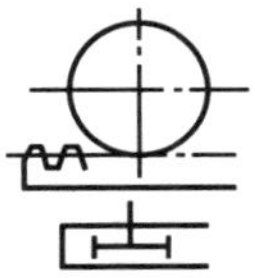	圆锥齿轮传动	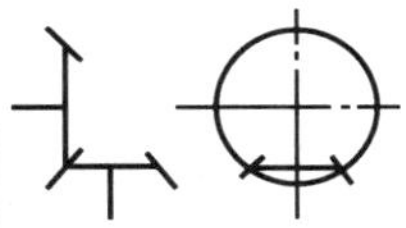	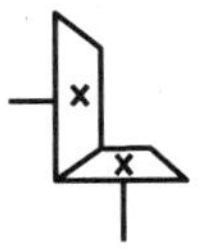
圆柱蜗杆传动	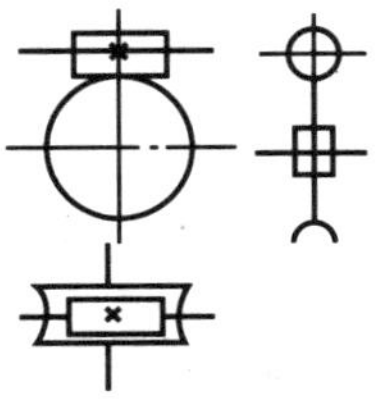	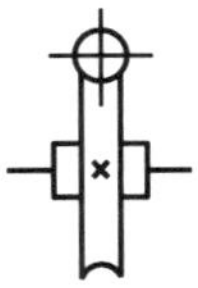	摩擦传动	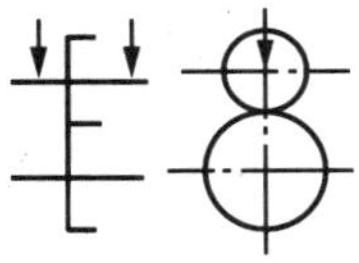	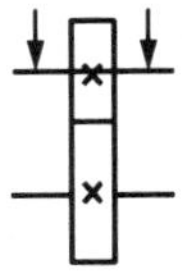
外啮合槽轮机构	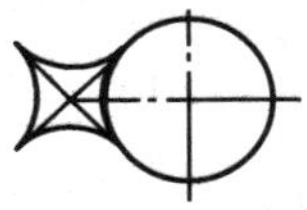	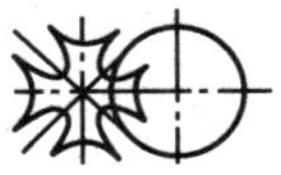	内啮合槽轮机构	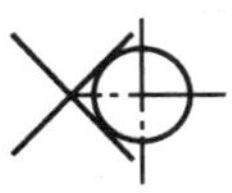	
外啮合棘轮机构		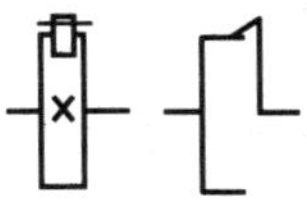	内啮合棘轮机构		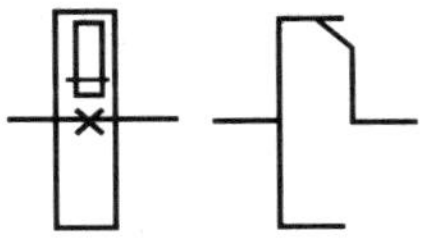

二、绘制机构运动简图的步骤

（1）认真分析机构的结构及动作原理，找出固定件（机架）和原动件。

（2）从原动件开始沿着运动传递的路线，分析构件间的相对运动情况，确定运动副的类型。

（3）测出运动副的相对位置尺寸。

（4）选择合适的视图平面（通常选择与大多数构件的运动平面相平行的平面为视图平面）。

（5）确定画图比例尺 $\mu_1 = $ 构件的实际长度(m)/构件的图示长度(mm)。

（6）用规定的符号和线条表示构件和运动副，绘制机构运动简图。

一般画图时用阿拉伯数字表示构件，用大写英文字母表示运动副，用带箭头的符号表示原动件的运动方向，机架构件上要打上斜线。

例 2-1 绘制图 2-7(a)颚式破碎机的运动简图。

解：1）分析机构结构及动作原理，找出破碎机的原动件为曲轴 1，工作部分为动颚板 5。

2）沿着运动传递路线分析可知，此颚式破碎机是由曲轴 1、构件 2、构件 3、构件 4、动颚板 5 和机架 6 这六个构件组成的。曲轴 1 和机架 6 在 O 点构成转动副，曲轴 1 和构件 2 在 A 点也构成转动副，构件 2 与构件 3、构件 4 分别在 D、B 两点构成转动副，构件 3 与机架 6 在 E 点构成转动副，构件 4 与动颚板 5 在 C 点构成转动副，动颚板与机架 6 在 F 点构成转动副。

3）测出运动副的相对位置尺寸。

4）选择合适的视图平面（图示平面）。

5）选择合适的比例尺绘制运动简图，如图 2-7(b)所示。

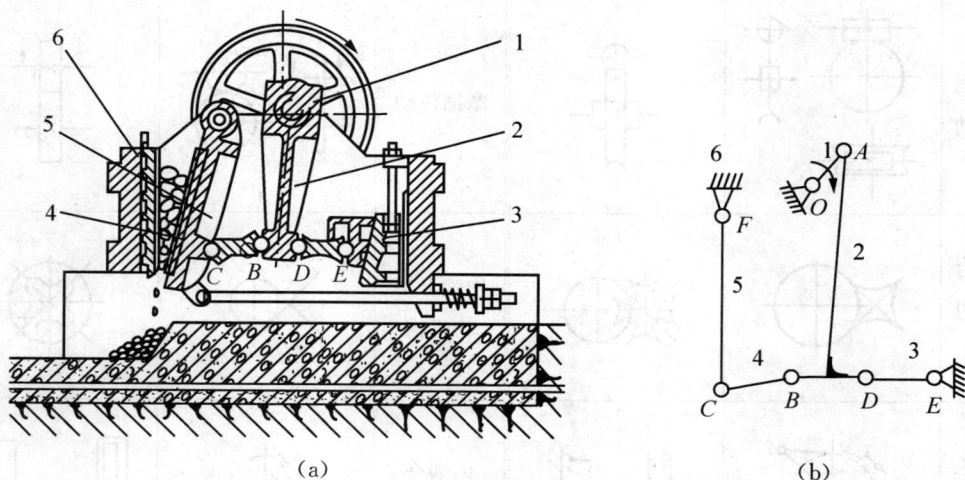

(a)   (b)

图 2-7 颚式破碎机及机构运动简图

例 2-2　绘制如图 2-8 所示内燃机的机构运动简图。

解：1）分析机器的结构及动作原理，找出内燃机的原动件为活塞 4、固定件（机架）为气缸体 1。

2）沿着运动传递路线分析可知：此内燃机是由气缸体 1、活塞 4、连杆 3、曲轴 2、齿轮 10、齿轮 9（两个）、凸轮 8（两个）、推杆 7（两个）等构件组成。其中活塞 4 与机架 1 构成移动副、活塞 4 与连杆 3 构成转动副、连杆 3 与曲轴 2 构成转动副、小齿轮 10 与大齿轮 9（两个）构成高副，凸轮与滚子（两处）构成高副；滚子与推杆（两处）7 构成转动副；推杆 7 与机架（两处）构成移动副。曲轴 2、小齿轮 10 刚性组合在一起形成一个构件，并且与机架 1 一起构成一个转动副；大齿轮 9、凸轮 8（两处）同样是刚性组合在一起的一个构件，它们和机架 1（两处）分别构成转动副。

3）测出运动副的相对位置尺寸。

4）选择合适的视图平面（图示平面）。

5）选择合适的比例尺，绘制运动简图，如图 2-9 所示。

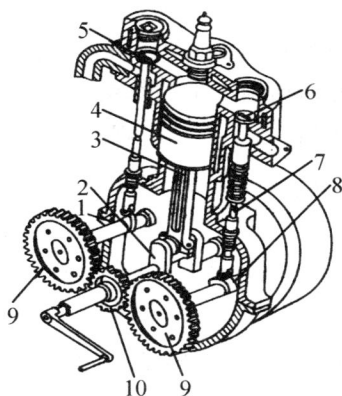

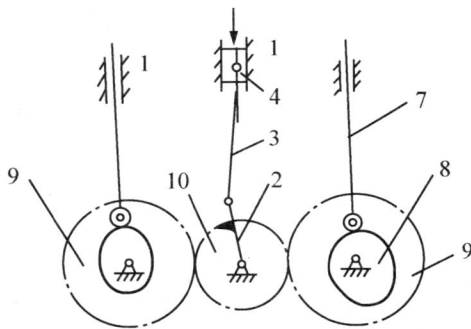

图 2-8　单缸内燃机　　　　图 2-9　内燃机运动简图

第三节　平面机构的自由度计算

一、平面机构自由度的计算

当构件没有与其他任何构件接触时，其运动是自由的，这类构件称为自由构件。如图 2-10 所示，自由构件 S 可沿 x 轴、y 轴方向移动，并且可以绕任意点 A 转动。该自由构件有 3 个独立的运动。这种构件相对于参考系所具有的独立运动的数目称为构件的自由度。因此做平面运动的自由构件有 3 个自由度。

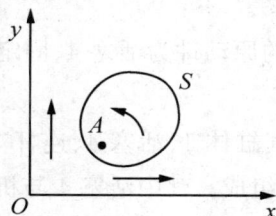

图 2-10 平面构件的自由度

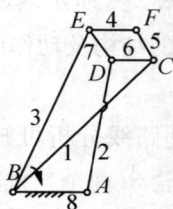

图 2-11 含有复合铰链的机构图

在平面机构中,构件通过运动副连接起来后,其独立运动受到了限制,自由度数目减少。对独立运动所加的限制称为约束。不同类型的运动副引入的约束不同,所保留的自由度也不同。每个低副引入 2 个约束,保留 1 个自由度;如图 2-2(a)所示的转动副约束了 2 个移动自由度,保留了 1 个转动自由度,如图 2-2(b)所示的移动副约束了沿某一坐标轴方向的移动和平面内的转动 2 个自由度,保留了沿另一方向的 1 个移动自由度。每个高副引入 1 个约束,保留 2 个自由度;如图 2-3 所示的高副约束了一个沿接触处公法线 $n-n$ 方向移动的自由度,保留了绕接触处转动的自由度和沿接触处公切线方向移动的自由度。

假设平面机构中共有 N 个构件,其中一个构件为机架,因此活动构件数为 $n = N-1$ 个,每个活动构件产生的自由度为 3 个,因此如果不考虑运动副产生的约束,机构的自由度数目为 $3n$ 个;当机构用 P_L 个低副和 P_H 个高副连接起来后,由于每个低副约束掉 2 个自由度,每个高副约束掉 1 个自由度,所以共约束掉($2P_L + P_H$)个自由度。综上所述,平面机构的自由度计算公式为:

$$F = 3n-(2P_L + P_H) = 3n-2P_L-P_H \tag{2-1}$$

例 2-3　计算图 2-7(b)所示机构的自由度。

解:此机构中共有 5 个活动构件,即 $n = 5$;各构件间形成了 7 个转动副,没有移动副,即 $P_L = 7$;此机构中也没有高副,即 $P_H = 0$;所以根据平面机构自由度的计算公式可得:

$$F = 3n-2P_L-P_H$$
$$= 3 \times 5-2 \times 7-0$$
$$= 1$$

二、计算平面机构自由度时的注意事项

在计算机构自由度时应注意以下几种情况:

1. 复合铰链

两个以上的构件同在一处以转动副相连接,就构成了复合铰链。如图 2-12(a)所示为三个构件形成的复合铰链,从图 2-12(b)中可以看出,它实际为两个转动副,而不是一个转动副。以此类推,K 个构件形成的复合铰链应具有($K-1$)个转动副。

例 2-4　计算如图 2-11 所示机构的自由度。

解:由于此机构中 B、C、D、E 四处都是由三个构件组成的复合铰链,各具有两个转动副,所以对于这个机构来说:$n = 7$、$P_L = 10$、$P_H = 0$,由平面机构自由度的计算公式可得:

$$F = 3n - 2P_L - P_H$$
$$= 3 \times 7 - 2 \times 10 - 0$$
$$= 1$$

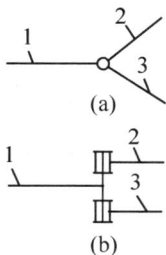

图 2-12 复合铰链

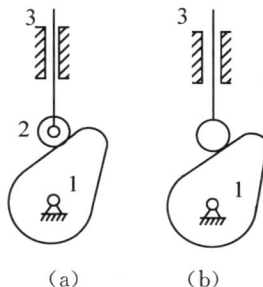

图 2-13 局部自由度

2. 局部自由度

与机构运动无关的自由度称为局部自由度。如图 2-13(a)所示的滚子从动件凸轮机构中,为了减少从动件与凸轮的摩擦和磨损,在从动件 3 与凸轮 1 间加了一个滚子 2,此时机构的自由度为:$F = 3n - 2P_L - P_H = 3 \times 3 - 2 \times 3 - 1 \times 1 = 2$,但此时滚子绕自身轴线的运动并不影响其他构件的运动,它只是一个局部自由度。如图 2-13(b),如果我们将滚子和从动件焊接在一起,显然不影响凸轮和从动件的运动情况,但此时机构的自由度变为:$F = 3n - 2P_L - P_H = 3 \times 2 - 2 \times 2 - 1 \times 1 = 1$,所以在计算机构自由度时,应将局部自由度除去不计。

3. 虚约束

在机构中,有时为了增加构件的刚性或使构件受力均衡,要引入一些对构件运动起重复影响的约束,这种约束称为虚约束。计算包含虚约束的机构自由度时,应将虚约束除去不计。虚约束通常出现在如下情况:

(1) 如果两连接构件在连接点上的运动轨迹重合,则连接点处的运动副形成虚约束。

如图 2-14(a)所示为一平行四边形机构,若构件 2 为主动件并作旋转运动时,构件 4 也以 D 点为圆心转动,构件 3 作平移运动,它上面各点的轨迹均为圆心在 AD 线上,以 AB 为半径的圆周。该机构的自由度为 $F = 3n - 2P_L - P_H = 3 \times 3 - 2 \times 4 - 0 = 1$。若在机构上再加一个构件 5(如图 2-14(b)所示),它与构件 2 和构件 4 平行而等长,构件 5 对整个机构的运动并没有影响,但此时机构自由度为 $F = 3n - 2P_L - P_H = 3 \times 4 - 2 \times 6 - 0 = 0$,机构的自由度为零,机构不能运动,这显然与实际情况不符。因此构件 5 与构件 3 在 E 点接触形成转动副时,构件 3 上 E 点的运动轨迹和构件 5 上 E 点的运动轨迹重合,因此 E 点处的约束为虚约束,计算机构自由度时应该去掉。

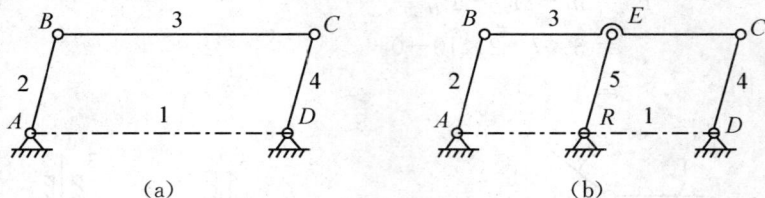

图 2-14 机构中的虚约束

（2）如果两构件在多处接触构成移动副，且移动方向彼此平行或重合，则只能算一个移动副，其余约束均为虚约束，如图 2-15（a）所示。

（3）多个构件组成若干轴线重合的转动副，只能算一个转动副，其余为虚约束，如图 2-15（b）所示。

（4）机构中对构件运动不起独立作用的对称部分，形成虚约束。如图 2-15（c）所示轮系，采用齿轮 2 和 2′的对称布置形式。实际上只要齿轮 2 就能满足运动要求。齿轮 2′并不影响机构的运动，因此它所形成的约束为虚约束。

（5）两构件在多处接触构成平面高副，且各接触点的公法线彼此重合，只能算一个高副，如图 2-15（d）所示。

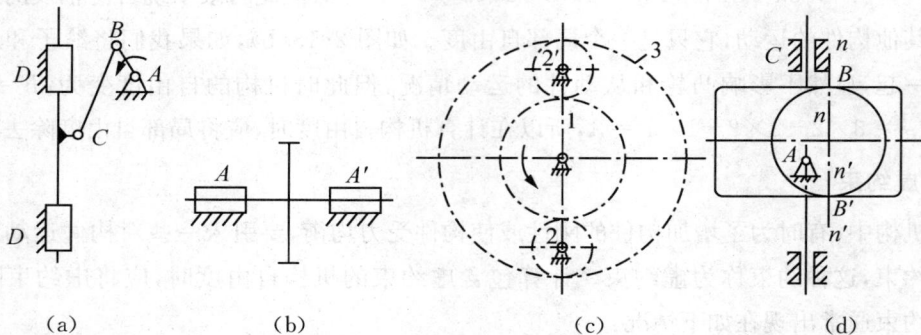

图 2-15 机构中的虚约束

三、机构具有确定相对运动的条件

机构要实现预期的动力传递和运动形式转换，必须使其具有运动的可能性和确定性。

如图 2-16 所示的三角桁架，它是由 3 个构件通过 3 个转动副连接而成，其自由度为 $F = 3n - 2P_L - P_H = 3 \times 2 - 2 \times 3 - 0 = 0$，该系统没有运动的可能性。

如图 2-17 所示的五杆系统，若取构件 1 为原动件，当只以构件 1 为原动件时，给定 φ 角时，构件 2、3、4 的位置既可以在实线位置，也可以在虚线或其他位置，也就是说从动件的运动是不确定的。此时机构的自由度为 $F = 3n - 2P_L - P_H = 3 \times 4 - 2 \times 5 - 0 = 2$。如果再给定 ψ 角确定原动件 4 的位置，则其余构件的位置也被唯一确定下来。

如图 2-18 所示的四杆机构，以构件 1 为原动件并确定它的某一位置后，其他构件的位置是唯一确定的。此时机构的自由度为 $F = 3n - 2P_L - P_H = 3 \times 3 - 2 \times 4 - 0 = 1$。

综上所述,机构是否具有确定的相对运动和机构的原动件数目以及机构的自由度数目有关。因此机构具有确定相对运动的条件是:机构自由度大于零,且原动件数目等于机构的自由度数目。

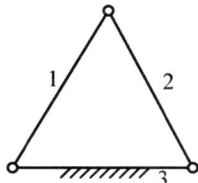

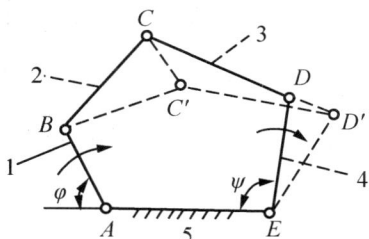

图 2-16　桁架　　　　图 2-17　五杆机构　　　　图 2-18　四杆机构

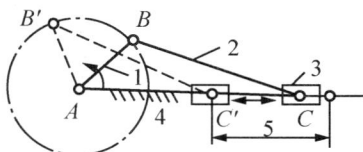

例 2-5　计算图 2-19 所示机构的自由度,并判断该机构是否具有确定的运动。

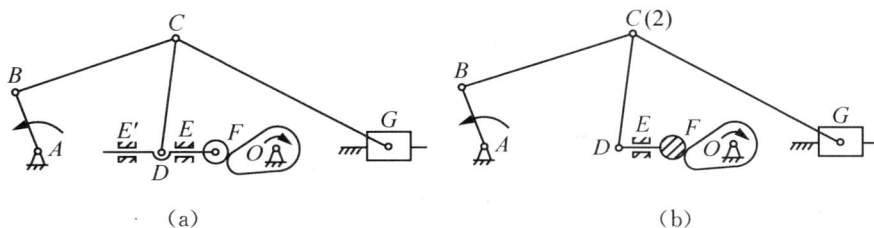

（a）　　　　　　　　　　　　　（b）

图 2-19　大筛机构

解:该机构中滚子 F 处为局部自由度;顶杆 DF 与机架组成两导路重合的移动副 E'、E,故其中之一为虚约束;C 处为复合铰链。去除局部自由度和虚约束以后,应按图 2-19(b)计算自由度。机构中的活动构件数为 $n=7$,$P_L=9$,$P_H=1$,故该机构的自由度为:

$$F=3n-2P_L-P_H$$
$$=3\times7-2\times9-1\times1$$
$$=2$$

由于机构的原动件数等于机构的自由度数目,因此该机构具有确定的相对运动。

⭐ **思考题**

2-1. 什么叫运动副?它是如何分类的?

2-2. 什么叫机构运动简图?绘制机构运动简图的步骤有哪些?

2-3. 绘制如图所示机构的运动简图。

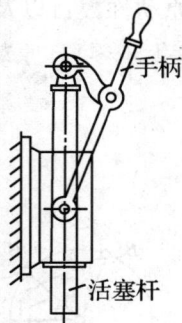

（a）

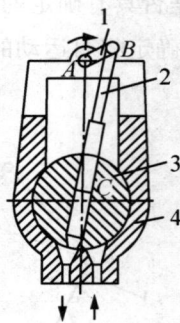

（b）

第 2-3 题图

2-4. 计算如图所示机构的自由度，并说明欲使机构具有确定的相对运动，需要几个原动件？

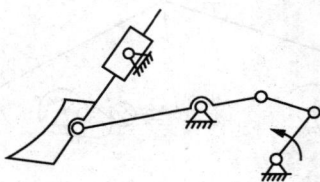

（a）推土机机构

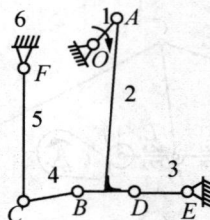

（b）颚式破碎机机构

第 2-4 题图

2-5. 计算图示机构的自由度，并指明复合铰链、局部自由度、虚约束。判断机构有无确定的相对运动。

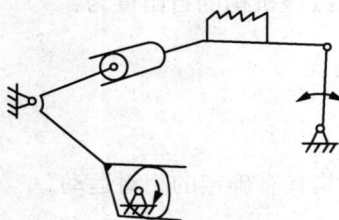

（a）缝纫机缝布机构

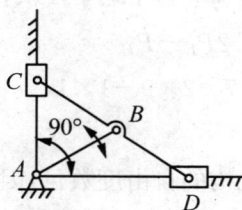

（b）椭圆规机构

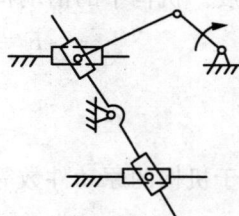

（c）压缩机的压气机构

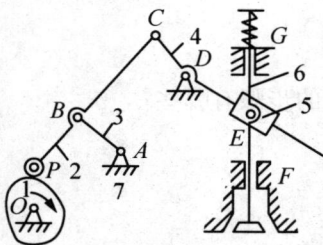

（d）电厂配气机构

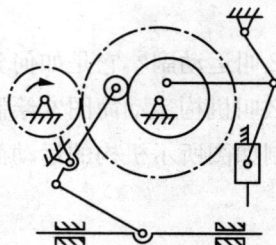

（e）冲压机构

第 2-5 题图

第三章　平面连杆机构

平面连杆机构是由一些刚性构件用转动副或移动副相互连接而组成的,各构件在同一平面或相互平行平面内运动的机构。平面连杆机构中的运动副都是低副,因此平面连杆机构是低副机构。平面连杆机构广泛应用于各种机械和仪表中。如飞机起落架机构、汽车车门的启闭机构、内燃机中的曲柄滑块机构、人造卫星太阳能板的展开机构等中都用到了连杆机构。

第一节　铰链四杆机构及其演化

由四个构件组成的平面连杆机构称为平面四杆机构。构件间以四个转动副相连的平面四杆机构,称为平面铰链四杆机构,简称铰链四杆机构。铰链四杆机构是四杆机构的基本形式,也是其他多杆机构的基础。

一、铰链四杆机构及其基本类型

如图 3-1 所示,在此机构中构件 4 为机架(打上斜线),不与机架直接相连的构件 2 为连杆,与机架直接相连的构件 1 和构件 3 为连架杆。其中能做整周回转的连架杆称为曲柄,只能在小于 360°范围内摆动的连架杆称为摇杆。根据连架杆运动形式的不同,铰链四杆机构可分为曲柄摇杆机构、双曲柄机构和双摇杆机构三种基本类型。

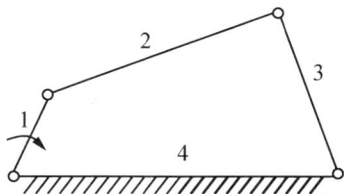

图 3-1　铰链四杆机构　　　　图 3-2　雷达天线俯仰机构

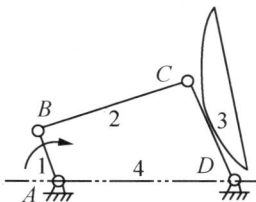

1. 曲柄摇杆机构

两个连架杆中一个为曲柄,另一个为摇杆的铰链四杆机构称为曲柄摇杆机构。如图 3-2 所示的雷达天线的俯仰机构,这种机构是以曲柄为原动件,摇杆为从动件,可将曲柄的连续转动转换为摇杆的往复摆动;如图 3-3 所示的缝纫机脚踏板机构采用的也是曲柄摇杆机构,只不过这种机构是以摇杆为原动件,曲柄为从动件。

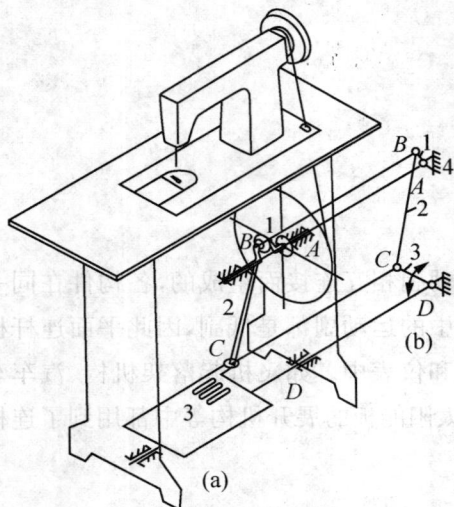

图 3-3　缝纫机脚踏板机构

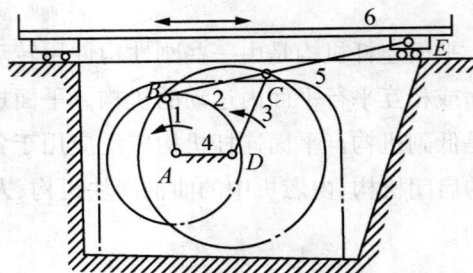

图 3-4　惯性筛机构

2. 双曲柄机构

两连架杆均为曲柄的铰链四杆机构称为双曲柄机构。如图 3-4 所示的惯性筛机构,在这种机构中曲柄以等角速度连续运转时,从动曲柄以变角速度连续转动。从而使筛子获得加速度,使物料能够被筛分下来。

若双曲柄机构的相对两杆长度相等且相互平行,则成为平行双曲柄机构(或平行四边形机构),如图 3-5 所示。这种机构的运动特点是:主动曲柄 1 和从动曲柄 3 以相同的角速度同向转动,连杆 2 做平移运动。如图 3-6 机车车轮的联动机构是这种机构的具体应用。

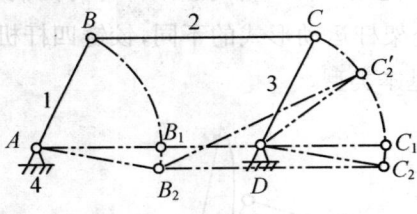

图 3-5　平行四边形机构

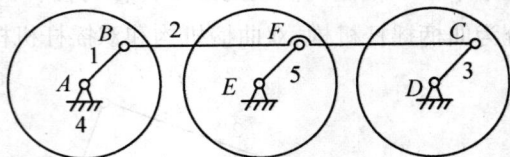

图 3-6　机车车轮联动机构

平行四边形机构存在着运动的不确定性。如图 3-5 所示,当主动曲柄 AB 转到 AB_1 位置时,连杆位于 B_1C_1 位置,从动曲柄转到 C_1D 位置。当主动曲柄继续转动时,从动曲柄有可能继续向前转动到达 C_2D 位置,也有可能转到 $C_2'D$ 位置。为了避免这种运动不确定性的产生,可以多组机构错开布置,利用虚约束来避免这种情况的发生,如图 3-6 所示;或利用附加飞轮的惯性来避免,如内燃机曲柄上的飞轮。

如果平行双曲柄机构相对两曲柄转向相反,则形成反向双曲柄机构,如图 3-7 所示的公共汽车车门启闭机构就是反平行四边形机构的一个应用。

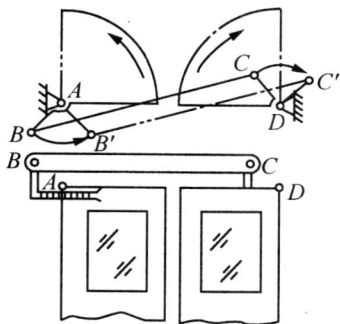

图 3-7　公共汽车车门启闭机构

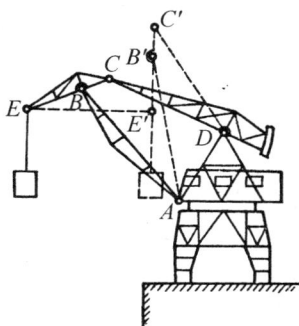

图 3-8　双摇杆机构

3. 双摇杆机构

两连架杆均为摇杆的铰链四杆机构称为双摇杆机构。如图 3-8 所示为港口起重机,当 CD 杆摆动时,连杆 CB 上悬挂重物的点 E 在近似水平直线上移动。

二、铰链四杆机构的演化

在实际机械中,平面连杆机构的型式多种多样,但其中绝大多数是在铰链四杆机构的基础上发展和演化而成的。

1. 曲柄滑块机构

图 3-9(a)所示的曲柄摇杆机构中,当曲柄 1 绕轴 A 转动时,铰链 C 将沿圆弧 mm 往复摆动。摇杆长度越长,曲线 mm 越平直。设将摇杆 3 的长度增至无穷大,则铰链 C 运动的轨迹 mm 将近似为直线。这时可以将摇杆 3 做成滑块,转动副 D 演化成移动副,这种机构称为曲柄滑块机构,如图 3-9(b)所示。

曲柄回转中心 A 与滑块导路中心线之间的垂直距离 e 称为曲柄滑块机构的偏距。当偏距 $e \neq 0$ 时称为偏置曲柄滑块机构,如图 3-9(b)所示。当偏距 $e = 0$ 时构成对心曲柄滑块机构,如图 3-9(c)所示。曲柄滑块机构广泛应用于冲床、空气压缩机和内燃机中。

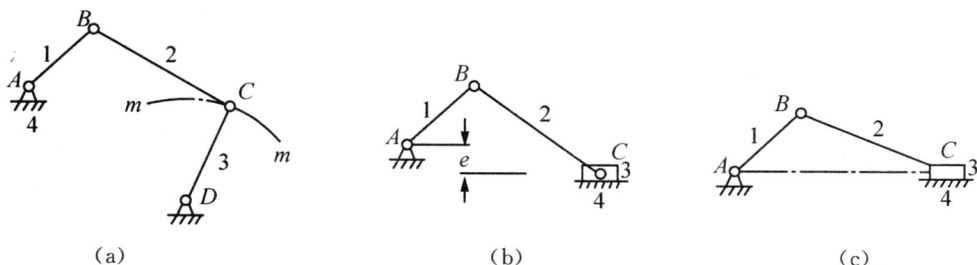

| (a) | (b) | (c) |

图 3-9　曲柄摇杆机构及其演化

2. 导杆机构

导杆机构可以看成是曲柄滑块机构中选取不同构件为机架演化而成。如图 3-10(a)所示的曲柄滑块机构中,若改选构件 1 为机架,则构件 4 将绕轴 A 转动,滑块 3 将与构件 4 形成移动副,使得滑块 3 沿着构件 4 相对移动,此时机构称为导杆机构,如图 3-10(b),构件 4 称为导杆。

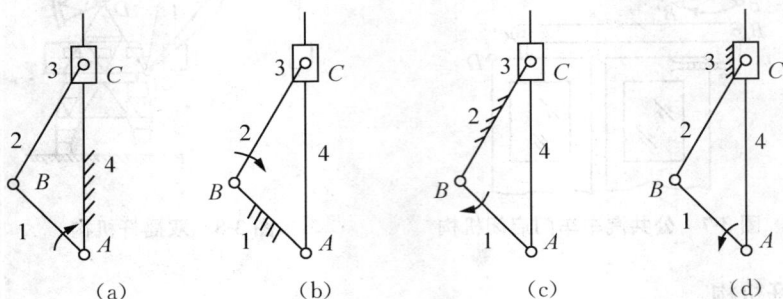

图 3-10　曲柄滑块机构的演化

(1) 转动导杆机构

当 $AB < BC$,杆 2 和杆 4 均能作整周转动,称为转动导杆机构。如图 3-11 所示的简易牛头刨床采用的就是这种机构。

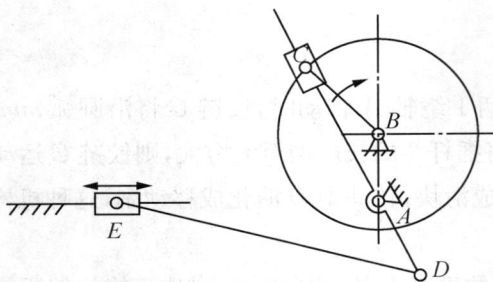

图 3-11　转动导杆机构的应用

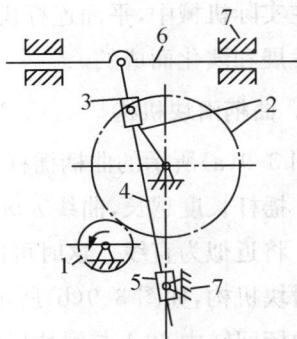

图 3-12　摆动导杆机构的应用

(2) 摆动导杆机构

当 $AB > BC$,杆 2 作整周转动,杆 4 仅能作一定角度范围内的摆动,称为摆动导杆机构。如图 3-12 所示的牛头刨床主运动进给采用的就是这种机构。

3. 摇块机构

在图 3-10(a)所示的曲柄滑块机构中,如果取构件 2 为机架,如图 3-10(c)所示,构件 3 只能绕 C 点摇摆,构成曲柄摇块机构。图 3-13 所示的自卸卡车车厢的举升机构就是这种机构的具体应用。

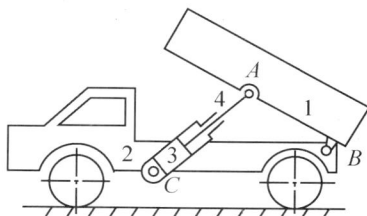

图 3-13 自卸卡车车厢的举升机构

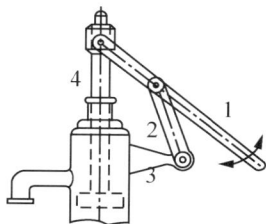

图 3-14 手摇唧筒机构

4. 定块机构

在图 3-10(a)所示的曲柄滑块机构中,如果取构件 3(滑块)为机架,此时滑块静止不动,构成图 3-10(d)所示的定块机构。这种机构经常用于图 3-14 所示的手摇唧筒机构中。

5. 偏心轮机构

在图 3-15 所示的曲柄摇杆机构中,当曲柄 1 的尺寸较小时,由于结构的需要,常将曲柄 1 演化成图 3-16 所示的一个几何中心不与回转中心重合的圆盘。此圆盘称为偏心轮,回转中心与几何中心间的距离称为偏心距,它等于曲柄长度,这种机构称为偏心轮机构。显然,此偏心轮机构与原曲柄摇杆机构的运动特性完全相同。

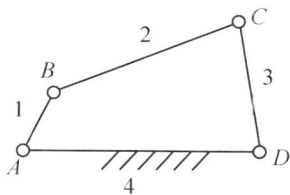

图 3-15 曲柄摇杆机构

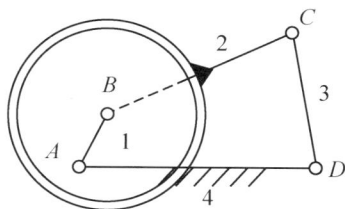

图 3-16 偏心轮机构

6. 双滑块机构

双滑块机构是指具有两个移动副的四杆机构。在图 3-17(a)所示的曲柄滑块机构中,将转动副 B 扩大,则图 3-17(a)所示的曲柄滑块机构可等效为图 3-17(b)所示的机构。若将圆弧槽 mm 的半径逐渐增加至无穷大,则图 3-17(b)所示的机构就演化为图 3-17(c)所示的机构。此时连杆 2 转化为沿直线 mm 移动的滑块 2;转动副 C 则变成为移动副,滑块 3 转化为移动导杆。曲柄滑块机构演化为具有两个移动副的四杆机构,称为双滑块机构,如图 3-17(c)所示。根据两个移动副所处位置的不同,可将双滑块机构分成如下四种形式:

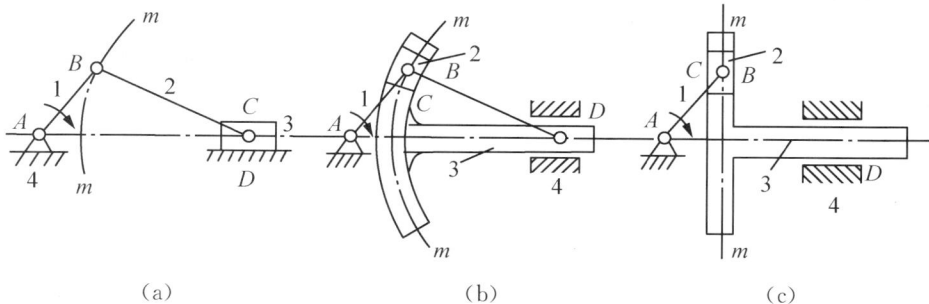

（a）　　　　　　　　　（b）　　　　　　　　　（c）

图 3-17 双滑块机构的演化

（1）两个移动副不相邻，如图3-18（a）所示。这种机构从动件3的位移与原动件转角的正切成正比，故称为正切机构。

（2）两个移动副相邻，且其中一个移动副与机架相关联，如图3-18（b）所示。这种机构从动件3的位移与原动件转角的正弦成正比，故称为正弦机构。

（a）

（b）

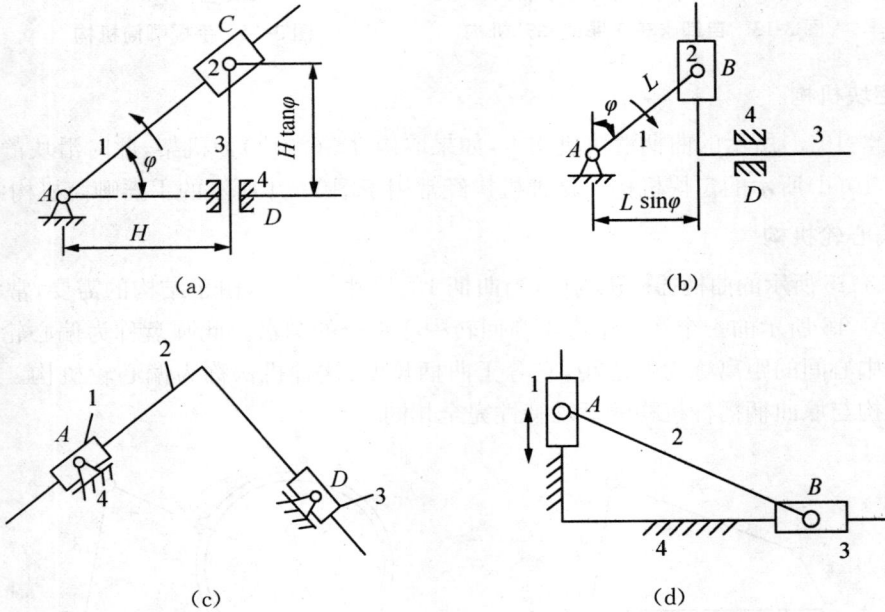

（c）

（d）

图 3-18　双滑块机构

（3）两个移动副相邻，且均不与机架相关联，如图3-18（c）所示机构的主动件1与从动件3具有相等的角速度。

（4）两个移动副都与机架相关联。图3-18（d）所示的椭圆仪就是这种机构的例子。当滑块1和3沿机架的十字槽滑动时，连杆2上的各点便描绘出长短不同的椭圆。

第二节　平面四杆机构的基本特性

一、铰链四杆机构有曲柄的条件

铰链四杆机构三种基本型式的区别在于连架杆是否为曲柄。下面以图3-19所示的铰链四杆机构为例分析曲柄存在的条件。

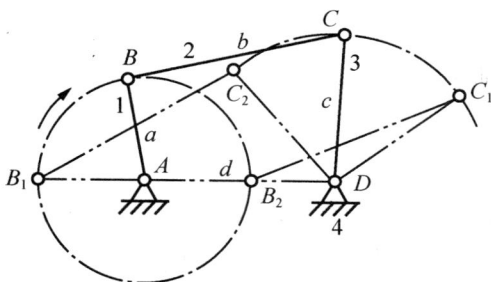

图 3-19 铰链四杆机构

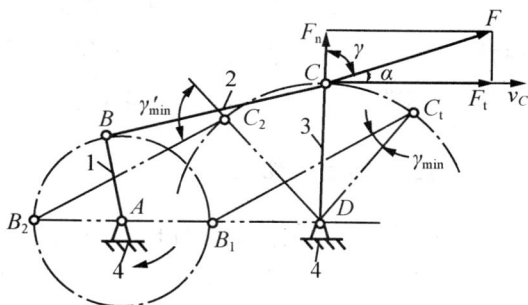

图 3-20 曲柄摇杆机构

设 a,b,c,d 表示铰链四杆机构的各杆的长度,且设 $a<d$。如 AB 为曲柄,能够作整周回转,当 AB 转到 AB_1 位置时,曲柄与机架延伸共线,在三角形 B_1C_2D 中,根据两边之和大于第三边可知:

$$a+d<b+c \tag{3-1}$$

当 AB 转到 AB_2 位置时,曲柄与机架重叠共线,在三角形 B_2C_1D 中,根据两边之和大于第三边可知:

$$a+b<c+d \tag{3-2}$$
$$a+c<b+d \tag{3-3}$$

考虑到四杆共线的特殊情况,上述不等式可写为:

$$a+d\leqslant b+c \tag{3-4}$$
$$a+b\leqslant c+d \tag{3-5}$$
$$a+c\leqslant b+d \tag{3-6}$$

将式(3-4)、(3-5)、(3-6)式分别两两相加,则得:

$$a\leqslant c$$
$$a\leqslant b$$
$$a\leqslant d$$

同理,设 $a>d$ 时,也可得出:

$$d+a\leqslant b+c$$
$$d+b\leqslant a+c$$
$$d+c\leqslant a+b$$

及

$$d\leqslant a$$
$$d\leqslant b$$
$$d\leqslant c$$

分析以上各式,即可得出铰链四杆机构有曲柄的条件为:

(1) 最短杆与最长杆的长度之和小于等于其余两杆长度之和,称为杆长条件;

(2) 连架杆和机架中必有一杆是最短杆。

根据相对运动关系不变原理,可以得出如下推论:

①若满足杆长条件,以最短杆的邻边为机架,则为曲柄摇杆机构;以最短杆为机架,则为双曲柄机构;以最短杆的对边为机架,则为双摇杆机构。

②若不满足杆长条件,则不论取何杆为机架,都只能得到双摇杆机构。

二、压力角与传动角

在图 3-20 所示的曲柄摇杆机构中,如不考虑各杆的重量、惯性力和运动副之间的摩擦,则连杆 BC 是二力杆,主动曲柄通过连杆 BC 传给摇杆 CD 的力 F 沿 BC 方向。受力点 C 的速度方向 v_c 与 F 所夹的锐角称为机构在此位置的压力角 α,如果将 F 沿 C 点速度方向和摇杆 DC 方向进行分解,得到两个分力 F_t 和 F_n,其中 F_t 为有效分力,F_n 为有害分力

$$F_t = F\cos\alpha = F\sin\gamma$$
$$F_n = F\sin\alpha = F\cos\gamma \qquad\qquad (3\text{-}7)$$

压力角 α 的余角 γ 称为传动角,$\gamma + \alpha = 90°$。显然,α 越小或者 γ 越大,有效分力越大,对机构传动越有利。α 和 γ 是反映机构传动性能的重要指标。由于 γ 角更便于观察和测量,工程上常以传动角来衡量连杆机构的传动性能。

在机构运动过程中,压力角和传动角的大小是随机构位置而变化的,为保证机构的传力性能良好,在设计四杆机构时,要求在整个运动过程中最小传动角 γ_{min} 不得小于其许用值。对于一般机械,通常取 $\gamma_{min} \geqslant 40°\sim50°$。

(1)曲柄摇杆机构的最小传动角出现在曲柄与机架共线的两位置之一,如图 3-20 所示,其中较小者即为该机构的最小传动角。

(2)曲柄滑块机构中,当主动件为曲柄时,最小传动角出现在曲柄与机架垂直的位置,如图 3-21 所示。

(3)导杆机构中由于在任何位置时主动曲柄通过滑块传给从动杆的力的方向,与从动杆上受力点的速度方向始终一致,所以传动角始终等于 $90°$,如图 3-22 所示。

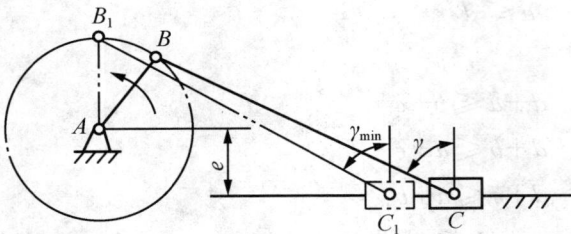

图 3-21 曲柄滑块机构的最小传动角

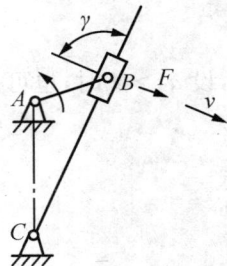

图 3-22 导杆机构的最小传动角

三、急回特性

在图 3-23 所示的曲柄摇杆机构中,当曲柄为原动件并作等速回转时,摇杆 CD 为从动件作往复变速摆动。曲柄 AB 在回转一周的过程中,与连杆 BC 有两次共线位置,此时摇杆 CD 处于两极限位置 C_1D 和 C_2D,曲柄与连杆两次共线位置时曲柄之间所夹的锐角称为极

位夹角,用 θ 表示;摇杆的两个极限位置之间所夹的角度称为摇杆摆角,用 ψ 表示。

当主动曲柄顺时针从 AB_1 转到 AB_2,转过角度 $\psi_1=180°+\theta$,摇杆从 C_1D 转到 C_2D,时间为 t_1,C 点的平均速度为 v_1。曲柄继续顺时针从 AB_2 转到 AB_1,转过角度 $\psi_2=180-\theta$,摇杆从 C_2D 回到 C_1D,时间为 t_2,C 点的平均速度为 v_2,曲柄是等速转动,其转过的角度与时间成正比,因 $\psi_1>\psi_2$,故 $t_1>t_2$。由于摇杆往返的弧长相同,而时间不同,$t_1>t_2$,所以 v_2

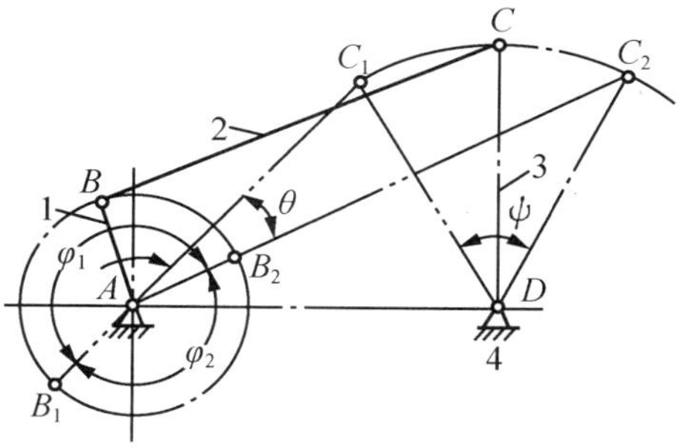

图 3-23 曲柄摇杆机构极位夹角

$>v_1$,说明当曲柄等速转动时,摇杆来回摆动的速度不同,返回速度较大,机构的这种性质称为机构的急回特性,通常用行程速度变化系数 K 来表示这种特性,即:

$$K = \frac{\text{从动件回程平均速度}}{\text{从动件工作平均速度}} = \frac{C_1C_2/t_2}{C_2C_1/t_1} = \frac{t_1}{t_2} = \frac{180°+\theta}{180°-\theta} \tag{3-8}$$

$$\theta = 180° \frac{K-1}{K+1} \tag{3-9}$$

式(3-8)表明,机构的急回程度取决于极位夹角的大小,只要 θ 不等于零,即 $K>1$,则机构具有急回特性;θ 越大,K 值越大,机构的急回作用就越显著。

对于对心曲柄滑块机构,若 $\theta=0°$,则 $K=1$,机构无急回特性;而对偏置式曲柄滑块机构和摆动导杆机构,若 $\theta\neq0°$,则 $K>1$,机构有急回特性,如图 3-24 所示。

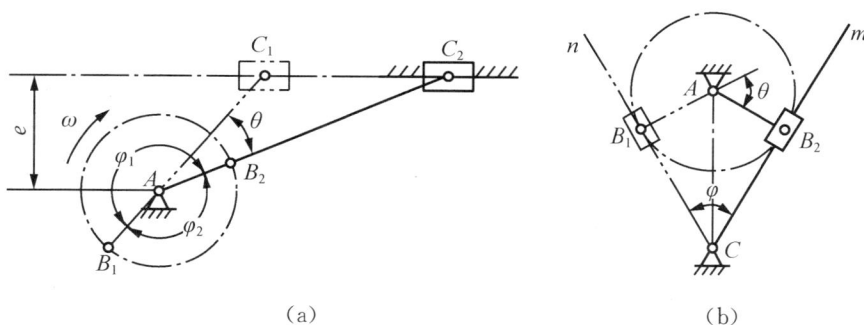

(a)   (b)

图 3-24 偏置曲柄滑块机构和摆动导杆机构的急回特性

四、死点位置

在图 3-25 所示的曲柄摇杆机构中,当摇杆为主动件时,在曲柄与连杆共线的位置出现传动角等于零的情况,这时不论连杆 BC 对曲柄 AB 的作用力有多大,都不能使杆 AB 转动,机构的这种位置(图中虚线所示位置)称为死点。机构是否出现死点取决于从动件是否与连杆共线。曲柄滑块机构中,以滑块为主动件、曲柄为从动件时,死点位置是连杆与曲柄共线位置。摆动导杆机构中,导杆为主动件、曲柄为从动件时,死点位置是导杆与曲柄垂直的位置。

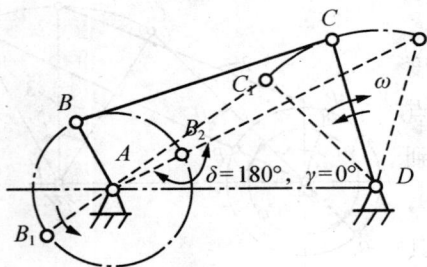

图 3-25 曲柄摇杆机构的死点位置

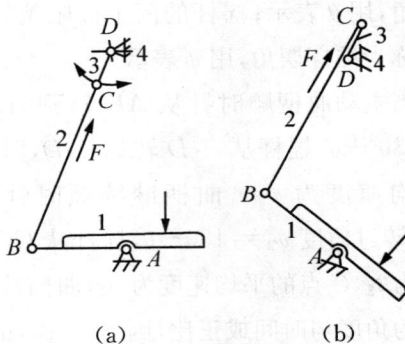

图 3-26 缝纫机脚踏板机构死点位置

机构在死点位置会出现从动件转向不定或者卡死不动的现象,这种现象对机构的运动是非常不利的。如缝纫机脚踏板机构采用曲柄摇杆机构,它在死点位置,出现从动件曲柄倒、顺转向不定(图 3-26(a))或者从动件卡死不动(图 3-26(b))的现象。

对传动而言,机构设计中应设法避免或越过死点位置,工程上常利用惯性法使机构克服死点,图 3-3 所示的缝纫机脚踏板机构,曲柄与大皮带轮为同一构件,利用皮带轮的惯性使机构克服死点。图 3-27 所示的机车车轮联动机构,当一个机构处于死点位置时,可借助另一个机构来越过死点。

对有夹紧或固定要求的机构,则可在设计中利用死点的特点来达到目的。如图 3-28 所示的飞机起落架,当机轮放下时,BC 杆与 CD 杆共线,机构处在死点位置,地面对机轮的力不会使 CD 杆转动,使飞机降落可靠。

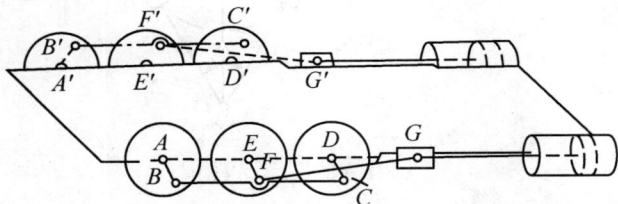

图 3-27 机车车轮联动机构

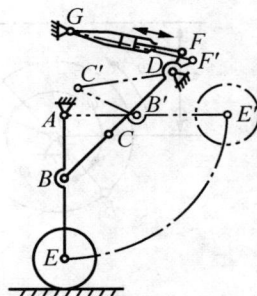

图 3-28 飞机起落架

在如图 3-29 所示的机床夹紧机构中,当给手柄施加作用力 F 后,摇杆 AB 绕 A 点逆时针摆动,摇杆 AB 前端的压头正好将工件压紧,起到夹紧工件的作用。此时连杆 BC 与摇杆 CD 共线。如果将连杆上的作用力 F 去掉,不管工件给夹具上的摇杆 AB 多大的作用力,在忽略杆件重力和运动副摩擦的情况下,通过连杆 BC 作用到摇杆 CD 上的作用力始终通过回转中心 D,因此摇杆 CD 在图示位置不动,即它们处于死点位置,所以保证夹具工作可靠。

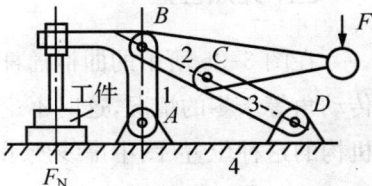

图 3-29 机床夹具夹紧机构

第三节　平面四杆机构的设计

平面四杆机构设计的主要任务是:根据机构的工作要求和设计条件选定机构形式及确定各构件的尺寸参数。一般可归纳为两类问题:(1)实现给定的运动规律。如要求满足给定的行程速度变化系数,以实现预期的急回特性,或实现连杆的几个预期的位置要求。(2)实现给定的运动轨迹。如要求连杆上的某点具有特定的运动轨迹,如起重机中吊钩的轨迹为一水平直线等。

在进行四杆机构的设计时往往还需要满足一些附加的几何条件或动力条件。通常先按运动条件设计四杆机构,然后再校验其他条件,如校核最小传动角、是否满足曲柄存在条件、机构的运动空间尺寸等。

设计方法有图解法、解析法和实验法。图解法和实验法直观、简单,但精度较低,可满足一般设计要求;解析法精确度高,适于用计算机计算。随着计算机的普及,计算机辅助设计四杆机构已成必然趋势。下面分别加以介绍。

一、图解法设计平面四杆机构

1. 按给定连杆位置设计四杆机构

(1)按连杆的三个位置设计四杆机构

如图 3-30 所示,已知连杆的长度 BC 以及它在运动中的三个必经位置 BC,要求设计该铰链四杆机构。

分析:由于连杆上的 B 点和 C 点分别与曲柄和摇杆上的 B 点和 C 点重合,而 B 点和 C 点的运动轨迹则是以曲柄和摇杆的固定铰链中心为圆心的一段圆弧,所以只要找到这两段圆弧的

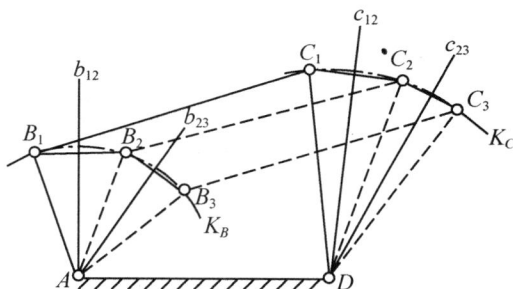

图 3-30　给定连杆三个位置设计四杆机构

圆心,此设计即大功告成。由此将四杆机构的设计转化为已知圆弧上的三点求圆心的问题。

设计步骤:

1)选取适当的比例尺;

2)连接 B_1B_2、B_2B_3,作 B_1B_2 和 B_2B_3 的垂直平分线 b_{12}、b_{23},其交点即为铰链中心 A;

3)连接 C_1C_2、C_2C_3,作 C_1C_2 和 C_2C_3 的垂直平分线 c_{12}、c_{23},其交点即为铰链中心 D。连接 AB_1C_1D,则 AB_1C_1D 即为所要设计的四杆机构(见图 3-30);

4)量出 AB 和 CD 长度,由比例尺求得曲柄和摇杆的实际长度。

$$l_{AB} = \mu_l \times AB$$

$$l_{CD} = \mu_l \times CD$$

(2)按连杆的两个位置设计四杆机构

由上面的分析可知,若已知连杆的两个位置,同样可转化为已知圆弧上两点求圆心的问题,而此时的圆心可以为两点中垂线上的任意一点,故有无穷多解。这一问题在实际设计中是通过给出辅助条件来解决的。

2. 按给定的行程速度变化系数设计四杆机构

(1) 曲柄摇杆机构

例 3-1 设已知行程速度变化系数 K、摇杆长度 l_{CD}、最大摆角 ψ,试用图解法设计此曲柄摇杆机构。

解:如图 3-31 按给定行程速比系数设计曲柄摇杆机构,设计步骤如下:

1) 由公式 $\theta = 180° \dfrac{K-1}{K+1}$ 计算出极位夹角 θ;

2) 任取适当的长度比例尺 μ_L,求出摇杆的尺寸 CD,根据摆角作出摇杆的两个极限位置 C_1D 和 C_2D,如图 3-31 所示;

3) 连接 C_1C_2 为底边,作 $\angle C_1C_2O = \angle C_2C_1O = 90°-\theta$ 的等腰三角形,以顶点 O 为圆心,C_1O 为半径作辅助圆,此辅助圆上 C_1C_2 所对的圆心角等于 2θ,故其圆周角为 θ;

4) 在辅助圆上任取一点 A,连接 AC_1、AC_2,即能求得满足 K 要求的四杆机构。

$$l_{AB} = \mu_L(AC_2 - AC_1)/2$$
$$l_{BC} = \mu_L(AC_2 + AC_1)/2$$

注意:由于 A 点是任意取的,所以有无穷解,只有加上辅助条件,如机架 AD 长度或位置,或最小传动角等,才能得到唯一确定解。

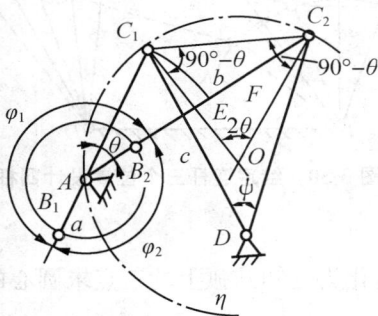

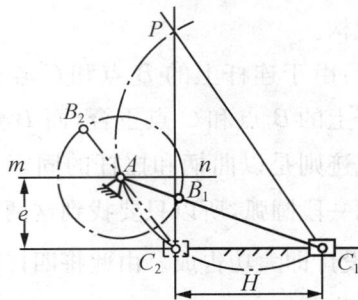

图 3-31 按给定行程速比系数设计曲柄摇杆机构　图 3-32 给定行程速比系数设计曲柄滑块机构

(2) 偏置曲柄滑块机构

例 3-2 给定行程速比系数 K、滑块的行程 H 和偏心距 e,设计曲柄滑块机构。

解:如图 3-32 给定行程速比系数设计曲柄滑块机构,设计步骤如下:

1) 由公式 $\theta = 180° \dfrac{K-1}{K+1}$ 计算出极位夹角 θ;

2) 任取适当的长度比例尺 μ_L,按照滑块行程 H 作出 C_1C_2;

3) 作 $C_2P \perp C_1C_2$,$\angle C_2C_1P = 90°-\theta$,两线相交于 P 点;

4) 作 $\triangle C_1C_2P$ 的外接圆;

5）作与 C_1C_2 平行且相距为 $\mu_L e$ 的直线,与 $\triangle C_1C_2P$ 的外接圆相交于一点 A ;

6）连接 AC_1 和 AC_2 ,则 $l_{AB} = \mu_L(AC_1 - AC_2)/2$, $l_{BC} = \mu_L(AC_2 + AC_1)/2$ 。

（3）摆动导杆机构

例 3-3 已知摆动导杆机构的机架长度 l_4 和行程速比系数 K ,试设计此机构。

解: 如图 3-33 摆动导杆机构的设计,设计步骤如下:

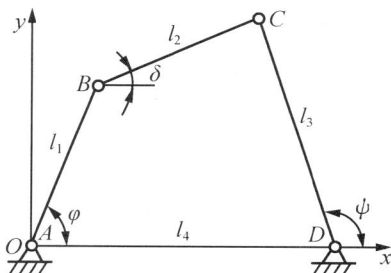

1）由公式 $\theta = 180° \dfrac{K-1}{K+1}$ 计算出极位夹角 θ ;

2）由图可知导杆机构的摆角和极位夹角 θ 相等,所以选取适当比例尺 μ_L ,任取一点 C ,并作出机架 AC ;

3）以 AC 为角平分线,按照 $\angle ACn = \angle ACm = \dfrac{\theta}{2}$,作出 Cn 线和 Cm 线 ;

4）过 A 作 Cn 或 Cm 的垂线,垂足分别为 B_1 和 B_2 ,则 AB_1 或 AB_2 即为摆动导杆机构的曲柄长度。

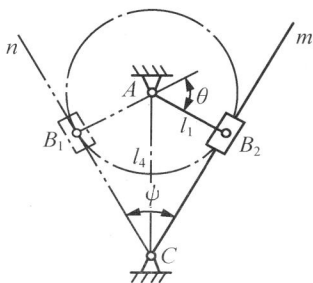

图 3-33　摆动导杆机构的设计　　　　图 3-34　解析法设计四杆机构

二、解析法设计四杆机构

在图 3-34 所示的铰链四杆机构中,已知连架杆 AB 和 CD 的三组对应位置 φ_1 、 ψ_1 、 φ_2 、 ψ_2 、 φ_3 、 ψ_3 ,要求确定各构件的长度 a 、 b 、 c 、 d 。如图 3-34 所示,选取直角坐标系 xOy ,将各杆分别向 x 轴和 y 轴投影,得

$$\left. \begin{array}{l} l_1 \cos\varphi + l_2 \cos\delta + l_3 \cos\psi = l_4 \\ l_1 \sin\varphi + l_2 \sin\delta = l_3 \sin\psi \end{array} \right\} \tag{3-10}$$

将方程组中的 δ 消去,可得

$$R_1 + R_2 \cos\varphi + R_3 \cos\psi = \cos(\varphi - \psi) \tag{3-11}$$

$$\left. \begin{array}{l} R_1 = (l_4^2 + l_1^2 + l_3^2 - l_2^2)(2l_1 l_3) \\ R_2 = -l_4/l_3 \\ R_3 = l_4/l_1 \end{array} \right\} \tag{3-12}$$

将已知的三组对应位置 φ_1 、 ψ_1 、 φ_2 、 ψ_2 、 φ_3 、 ψ_3 ,分别代入,可得线性方程组:

$$\left. \begin{array}{l} R_1 + R_2 \cos\varphi_1 + R_3 \cos\psi_1 = \cos(\varphi_1 - \psi_1) \\ R_1 + R_2 \cos\varphi_2 + R_3 \cos\psi_2 = \cos(\varphi_2 - \psi_2) \\ R_1 + R_2 \cos\varphi_3 + R_3 \cos\psi_3 = \cos(\varphi_3 - \psi_3) \end{array} \right\} \tag{3-13}$$

由方程组可解出 R_1、R_2、R_3，然后根据具体情况选定机架长度，则各杆长度由下列各式求出：

$$\left. \begin{aligned} l_1 &= l_4 / R_3 \\ l_2 &= \sqrt{l_1{}^2 + l_3{}^2 + l_4{}^2 - 2l_1 l_3 R_1{}^2} \\ l_3 &= -l_4 / R_2 \end{aligned} \right\} \qquad (3\text{-}14)$$

用解析法设计四杆机构可得到较精确的设计结果，但计算工作量很大。随着计算机的普及，这部分工作完全可以由计算机来完成，使人们从繁琐的数学计算中解放出来。解析法设计四杆机构目前已进入了实用阶段。

三、实验法设计四杆机构简介

按给定的运动轨迹设计四杆机构，工程中通常采用实验法。四杆机构运动时，连杆作平面复杂运动，对其上面任一点都能描绘出一条封闭曲线，这种曲线称为连杆曲线。连杆曲线的形状随点在连杆上的位置和各构件相对长度的不同而不同。为了方便设计，工程上已将用不同杆长通过实验方法获得的连杆上不同点的轨迹汇编成图谱册，如图 3-35 所示的连杆曲线图谱。当需要按给定运动轨迹设计四杆机构时，设计者只需从图谱中选择与设计要求相近的曲线，同时查得机构各杆相对尺寸及描述点在连杆平面上的位置，再用缩放仪求出图谱曲线与所需轨迹曲线的缩放倍数，即可求得四杆机构的各杆实际尺寸。

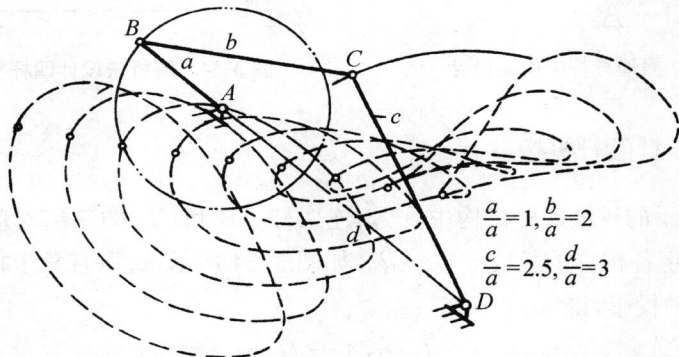

$$\frac{a}{a} = 1, \frac{b}{a} = 2$$
$$\frac{c}{a} = 2.5, \frac{d}{a} = 3$$

图 3-35　连杆曲线图谱

⭐ 思考题

3-1. 铰链四杆机构有哪几种类型？它们各有什么运动特点？

3-2. 四杆机构的主要演化方法有哪些？

3-3. 铰链四杆机构中曲柄的存在条件是什么？曲柄是否一定是最短杆？

3-4. 什么是四杆机构的急回特性？如何判断四杆机构是否具有急回特性？

3-5. 加大四杆机构中原动件的驱动力，能否使该机构越过死点位置？死点位置如何避免？

3-6. 根据图中注明的尺寸,判别各四杆机构的类型。

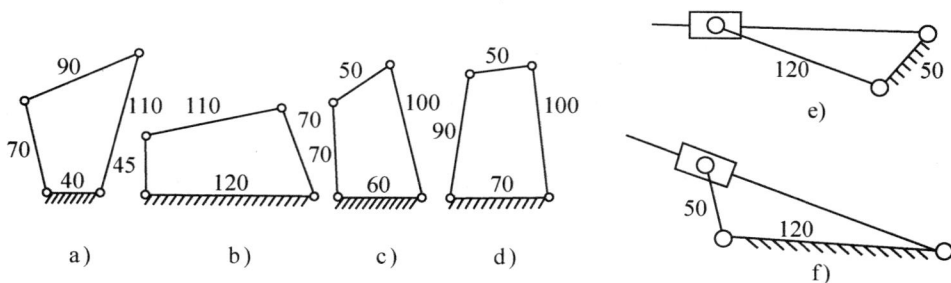

a)　　　　　b)　　　　　c)　　　　　d)

第 3-6 题图

3-7. 图示各四杆机构中,原动件 1 作匀速顺时针转动。

(1) 作出各机构的极限位置图,并量出从动件摆角或行程;

(2) 计算各机构的行程速比系数 K;

(3) 作出各机构出现最小传动角(或最大压力角)时的位置图,并量出其大小。

3-8. 若 3-7 题图所示各四杆机构中,构件 3 为原动件、构件 1 为从动件,试作出该机构的死点位置。

3-9. 图示铰链四杆机构 $ABCD$ 中,AB 长为 a,欲使该机构成为曲柄摇杆机构、双摇杆机构,a 的取值范围分别为多少?

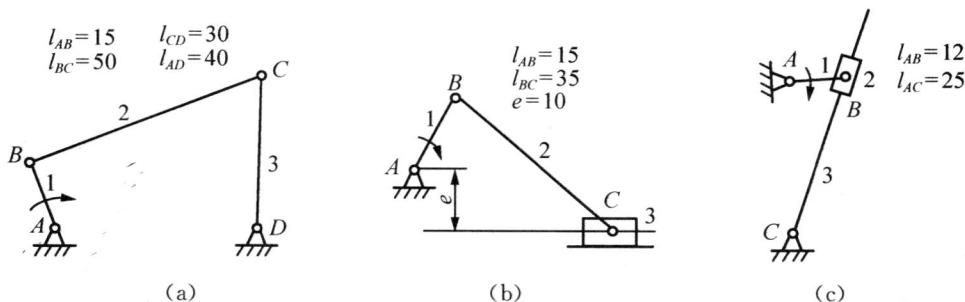

(a)　　　　　　　(b)　　　　　　　(c)

第 3-7 题图

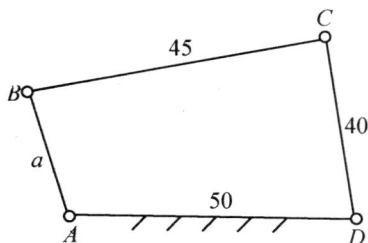

第 3-9 题图

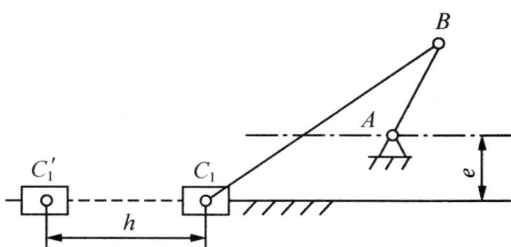

第 3-10 题图

3-10. 如图所示的偏置曲柄滑块机构,已知行程速度变化系数 $K = 1.5$ mm,滑块行程 $H = 50$ mm,偏距 $e = 20$ mm,试用图解法求:

(1) 曲柄长度和连杆长度;

（2）曲柄为主动件时机构的最大压力角和最大传动角；

（3）滑块为主动件时机构的死点位置。

3-11. 已知铰链四杆机构（如图所示）各构件的长度，试问：

（1）这是铰链四杆机构基本型式中的何种机构？

（2）若以 AB 为主动件，此机构有无急回特性？为什么？

（3）当以 AB 为主动件时，此机构的最小传动角出现在机构何位置（在图上标出）？

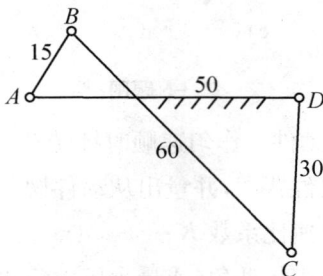

第 3-11 题图

3-12. 设计一加热炉门启闭机构。已知炉门上两活动铰链中心距为 500 mm，炉门打开时，门面朝上，固定铰链设在垂直线 yy 上，其余尺寸如图所示。

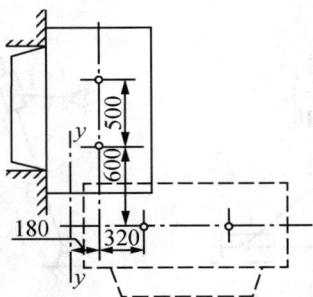

第 3-12 题图

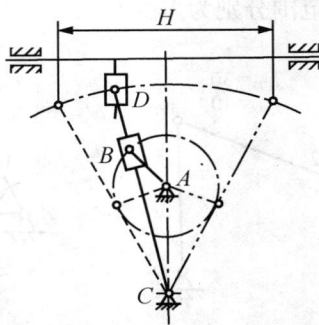

第 3-13 题图

3-13. 设计一牛头刨床刨刀驱动机构。已知 $l_{AC} = 300$ mm，行程 $H = 450$ mm，行程速度变化系数 $K = 2$。

第四章　凸轮机构

第一节　凸轮机构的应用及类型

一、凸轮机构的组成及优缺点

凸轮机构是一种高副机构,广泛应用于各种机械和自动控制装置中。图 4-1 为内燃机配气机构,盘形凸轮 1 作等速回转,通过其向径的变化可使从动件 2 按预期运动规律作上下往复运动,从而达到控制气阀启闭的目的。

凸轮机构由凸轮、从动件和机架三部分组成。凸轮机构的优点是:结构简单、紧凑、设计方便,只要设计出适当的凸轮轮廓曲线,就可以使从动件得到所需的运动规律。它的缺点是:凸轮机构是高副机构,易于磨损,因此只适用于传递动力不大的场合。

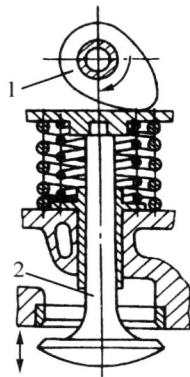

图 4-1　内燃机配气机构

二、凸轮机构的分类

凸轮机构的种类繁多,通常根据凸轮形状、从动件端部形状及其运动形式的不同来分类。

1. 按凸轮的形状分类

(1) 盘形凸轮:它是凸轮的最基本型式。这种凸轮是一个绕固定轴转动并且具有变化半径的盘形零件。如图 4-1 所示为内燃机配气机构。

(2) 移动凸轮:当盘形凸轮的回转中心趋于无穷远时,凸轮相对机架作直线运动,这种凸轮称为移动凸轮。如图 4-2 所示为靠模车削机构,工件 1 回转,凸轮 3 作为靠模被固定在床身上,刀架 2 在弹簧作用下与凸轮轮廓紧密接触,当凸轮 3 纵向移动时,刀架 2 在靠模版(凸轮)曲线轮廓的推动下作横向移动,从而切削出与靠模版曲线一致的工件。

(3) 圆柱凸轮:将移动凸轮绕在圆柱体上演化而成,从动件与凸轮之间的相对运动为空间运动,它是一种空间凸轮机构。如图 4-3 所示为自动送料机构,带凹槽的圆柱凸轮 1 作等速转动,槽中的滚子带动从动件 2 往复移动,将工件推至指定的位置,从而完成自动送料任务。

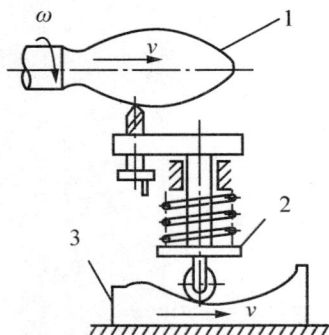

图 4-2　靠模车削机构

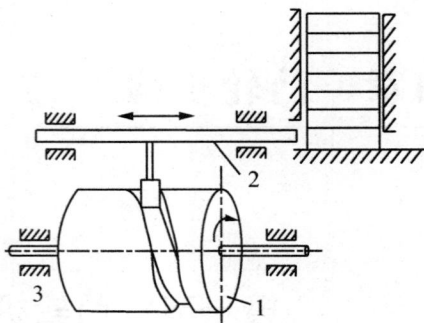

图 4-3　自动送料机构

2. 按从动件的形状分类（见表 4-1）

（1）尖顶从动件：这种从动件结构最简单，尖顶能与任意复杂的凸轮轮廓保持接触，以实现从动件的任意运动规律。但因尖顶易磨损，仅适用于作用力很小的低速凸轮机构。

（2）滚子从动件：从动件的一端装有可自由转动的滚子，滚子与凸轮之间为滚动摩擦，磨损小，可以承受较大的载荷，因此，应用最普遍。

（3）平底从动件：从动件的一端为一平面，直接与凸轮轮廓相接触。若不考虑摩擦，凸轮对从动件的作用力始终垂直于端平面，传动效率高，且接触面间容易形成油膜，利于润滑，故常用于高速凸轮机构。

它的缺点是不能用于凸轮轮廓有凹曲线的凸轮机构中。

（4）曲面从动件：这是尖端从动件的改进形式，较尖端从动件不易磨损。

3. 按从动件的运动形式分类（见表 4-1）

（1）移动从动件：从动件相对机架作往复直线运动。

（2）摆动从动件：从动件相对于机架作往复摆动。

4. 按从动件与凸轮维持高副接触（锁合）的方式分类（见表 4-1）

（1）力锁合：利用从动件的重力、弹簧力或其他外力使从动件与凸轮保持接触。

（2）形锁合：依靠凸轮与从动件的特殊几何形状来始终维持接触。

5. 按从动件导路中心线是否通过凸轮回转中心分类（见表 4-1）

（1）对心从动件：从动件导路中心线通过凸轮回转中心。

（2）偏置从动件：从动件导路中心线不通过凸轮回转中心，而是存在偏心距 e。

表4-1 凸轮机构的分类

盘形凸轮机构		圆柱凸轮机构	移动凸轮机构	锁合方式
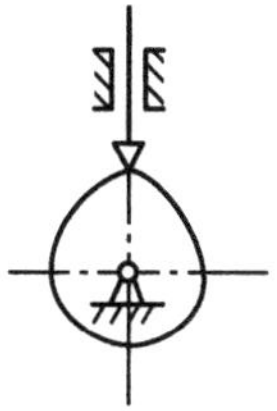 尖顶对心直动从动件 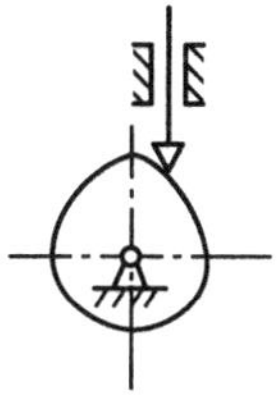	尖顶摆动从动件	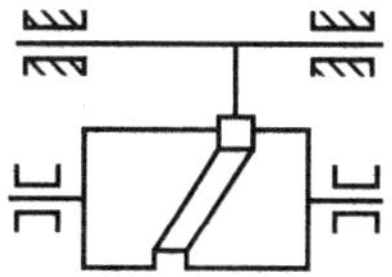 移动从动件	 尖顶移动从动件	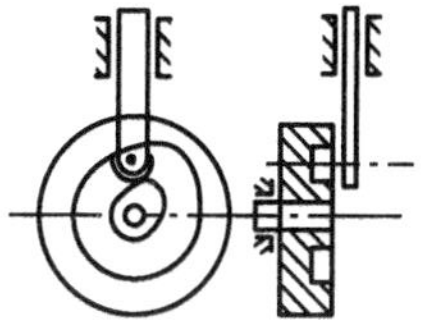 形锁合
滚子对心直动从动件	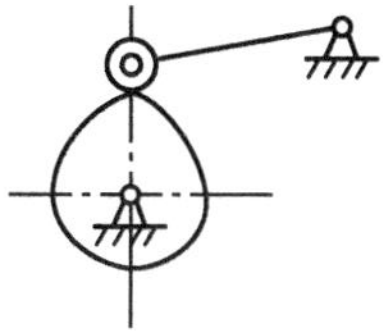 滚子摆动从动件	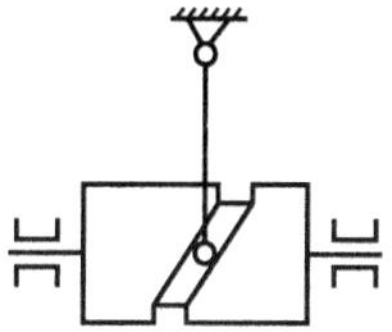 摆动从动件	 滚子直动从动件	
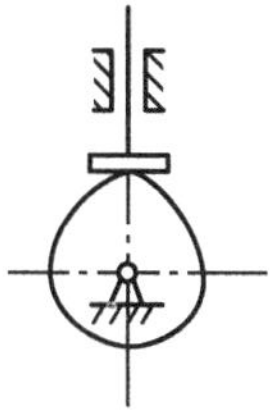 平底对心直动从动件 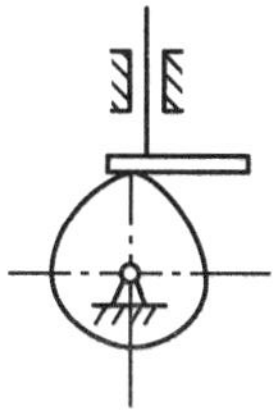	平底摆动从动件	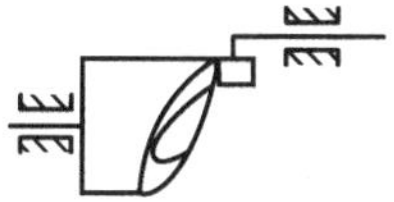 移动从动件	 滚子摆动从动件	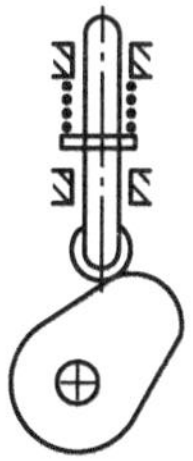 力锁合
尖顶偏置直动从动件				
滚子偏置直动从动件				
平底偏置直动从动件				

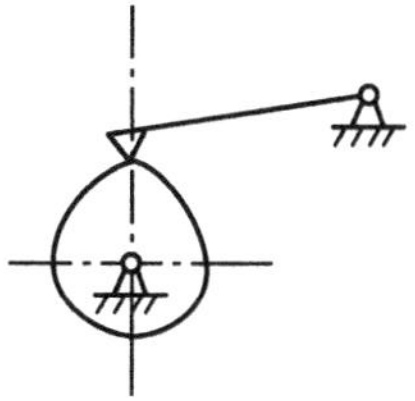

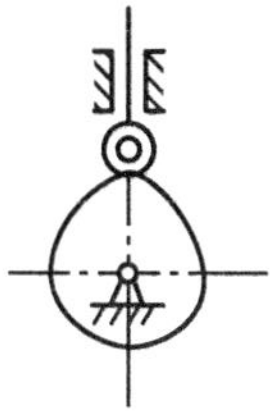

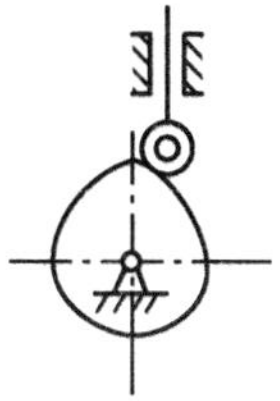

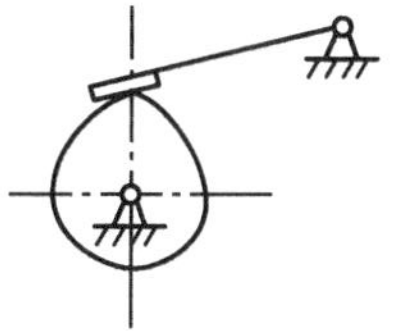

三、凸轮和滚子的材料

凸轮机构的主要失效形式为磨损和疲劳点蚀,这就要求凸轮和滚子的工作表面硬度高、耐磨并且有足够的表面接触强度。对于经常受到冲击的凸轮机构还要求凸轮芯部有较强的韧性。

一般凸轮的材料常采用 40Cr 钢(经表面淬火,硬度为 40~45HRC),也可采用 20Cr、20CrMnTi(渗碳淬火,表面硬度为 56~62HRC)。

滚子材料可采用 20Cr(渗碳淬火,表面硬度为 56~62HRC),也可采用滚动轴承作为滚子。

第二节　从动件常用运动规律

凸轮的轮廓形状取决于从动件的运动规律,因此在设计凸轮轮廓曲线之前,应先根据工作要求确定从动件的运动规律,然后按照运动规律设计凸轮轮廓曲线。

一、平面凸轮机构的工作过程和基本参数

图 4-4(a)所示为一对心直动尖顶从动件盘形凸轮机构。以凸轮轮廓的最小向径 r_b 为半径所作的圆称为基圆,r_b 为基圆半径。

凸轮以等角速度 ω_1 逆时针转动。在图示位置,尖顶与凸轮在 A 点接触,A 点是基圆与开始上升的轮廓曲线的交点,从动件的尖顶离凸轮轴心最近。凸轮转动时,向径增大,从动件按一定规律被凸轮轮廓推向上方,到达向径最大的 B 点时,从动件距凸轮轴心最远,这一过程称为推程。与之对应的凸轮转角 δ_0 称为推程运动角,从动件上升的最大位移 h 称为行程。

当凸轮继续转过 δ_s 时,由于轮廓 BC 段为一向径不变的圆弧,从动件停留在最远处不动,此过程称为远程休止,对应的凸轮转角 δ_s 称为远程休止角。当凸轮又继续转过 δ_0' 角时,凸轮向径由最大减至 r_b,从动件从最远处回到基圆上的 D 点,此过程称为回程,对应的凸轮转角 δ_0' 称为回程运动角。当凸轮继续转过 δ_s' 角时,由于轮廓 DA 段为向径不变的基圆圆弧,从动件继续停在距轴心最近处不动,此过程称为近程休止,对应的凸轮转角 δ_s' 称为近程休止角。

上述过程可以用从动件的位移曲线来描述。以从动件的位移 s 为纵坐标,对应的凸轮转角为横坐标,将凸轮转角或时间与对应的从动件位移之间的函数关系用曲线表达出来的图形称为从动件的位移曲线,如图 4-4(b)所示。

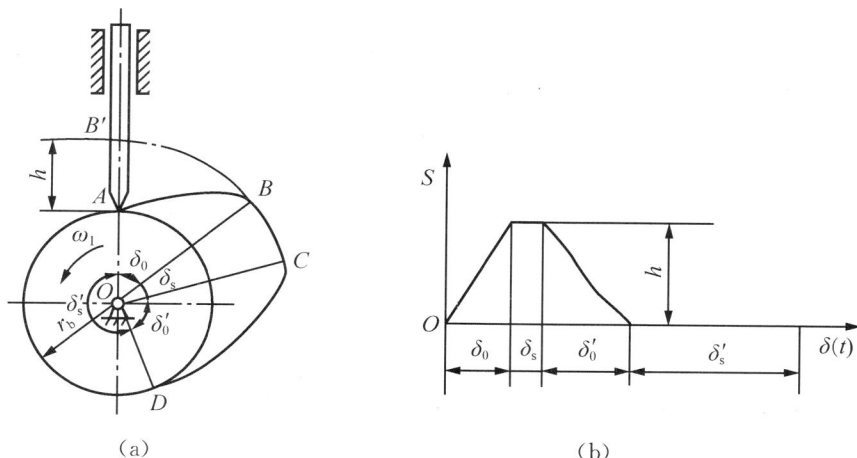

图 4-4 凸轮机构运动过程

从动件在运动过程中,其位移 S、速度 v、加速度 a 随时间 t (或凸轮转角 δ) 的变化规律,称为从动件的运动规律。由此可见,从动件的运动规律完全取决于凸轮的轮廓形状。工程中,从动件的运动规律通常是由凸轮的使用要求确定的。因此,根据实际要求确定的从动件运动规律设计出来的凸轮轮廓曲线,完全能够满足预期的生产要求。

二、从动件常用的运动规律

常用的从动件运动规律有等速运动规律、等加速等减速运动规律、余弦加速度运动规律以及正弦加速度运动规律等。

1. 等速运动规律

从动件推程或回程的运动速度为常数的运动规律,称为等速运动规律。其运动线图如图 4-5 所示。

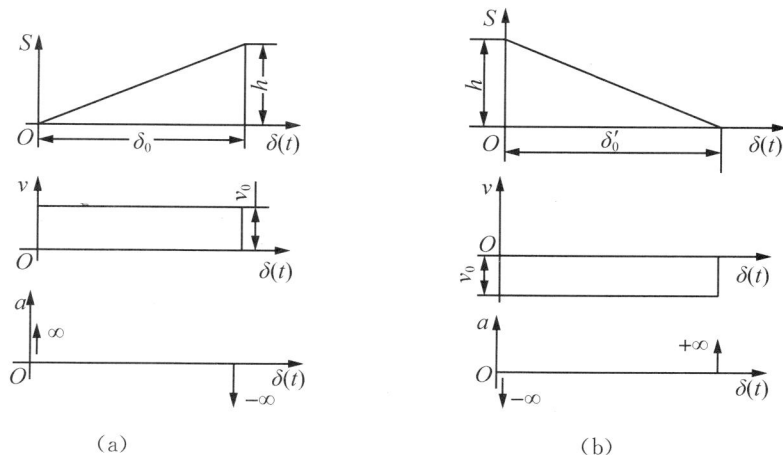

图 4-5 等速运动规律

由图可知,从动件在推程(或回程)开始和终止的瞬间速度有突变,其加速度和惯性力在理论上为无穷大,致使凸轮机构产生强烈的冲击、噪声和磨损,这种冲击为刚性冲击。因此,等速运动规律只适用于低速、轻载的场合。

2. 等加速等减速运动规律

从动件在一个行程 h 中,前半行程作等加速运动,后半行程作等减速运动,这种运动规律称为等加速等减速运动规律。通常加速度和减速度的绝对值相等,其运动线图如图 4-6 所示。

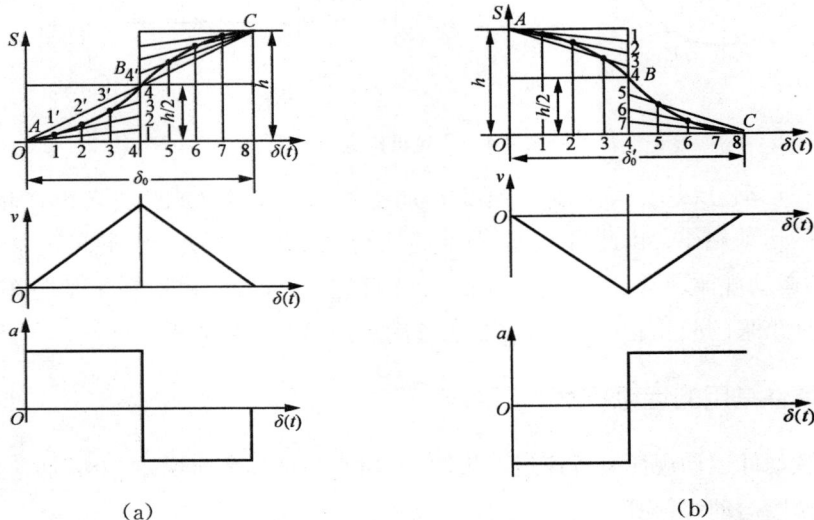

图 4-6 等加速等减速运动规律

由运动线图可知,这种运动规律的加速度在 A、B、C 三处存在有限的突变,因而会在机构中产生有限的冲击,这种冲击称为柔性冲击。与等速运动规律相比,其冲击程度大为减小。因此,等加速等减速运动规律适用于中速、中载的场合。

3. 简谐运动规律(余弦加速度运动规律)

当一质点在圆周上作匀速运动时,它在该圆直径上投影的运动规律称为简谐运动。因其加速度运动曲线为余弦曲线,故也称余弦运动规律,其运动线图如图 4-7 所示。

由加速度线图可知,此运动规律在行程的始末两点加速度存在有限突变,故也存在柔性冲击,只适用于中速场合。但当从动件作无停歇的"升——降——升"连续往复运动时,则得到连续的余弦曲线,柔性冲击被消除,这种情况下可用于高速场合。

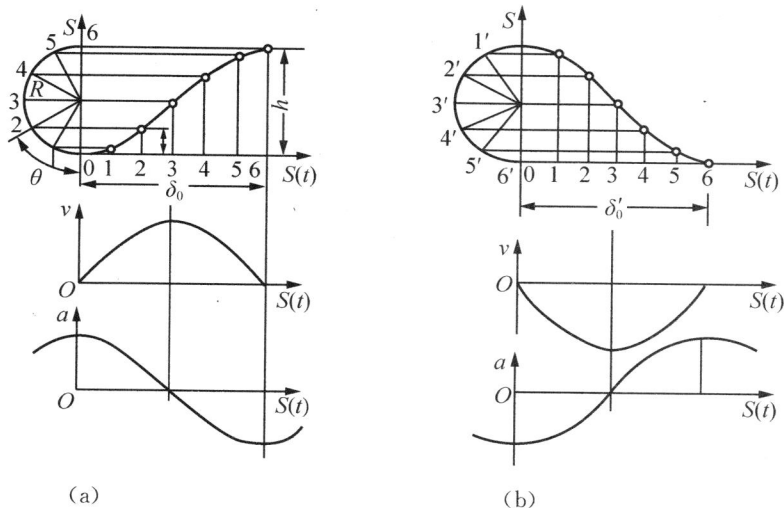

图 4-7　余弦加速度运动规律

（4）正弦加速度运动规律

当一圆沿纵轴作匀速纯滚动时,圆周上某定点 A 的运动轨迹为一摆线,而定点 A 运动时在纵轴上投影的运动规律即为摆线运动规律。因其加速度按正弦曲线变化,故又称正弦加速度运动规律,其运动线图如图 4-8 所示。

从动件按正弦加速度规律运动时,在全行程中无速度和加速度的突变,因此不产生冲击,适用于高速场合。

以上介绍了从动件常用的运动规律,实际生产中还有更多的运动规律,如复杂多项式运动规律、改进型运动规律等。了解从动件的运动规律,便于我们在凸轮机构设计时根据机器的工作要求进行合理选择。

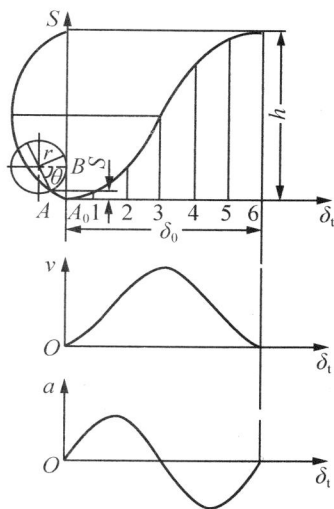

图 4-8　正弦加速度运动规律

第三节　凸轮机构压力角和基圆半径的确定

设计凸轮机构时,不仅要满足从动件的运动规律,还要求结构紧凑、传力性能良好,这些要求的实现与凸轮机构的压力角、基圆半径和滚子半径等有关。

一、凸轮机构的压力角

凸轮机构的压力角是指从动件在高副接触点所受的法向压力与从动件在该点的线速度方向所夹的锐角,常用 α 表示。凸轮机构的压力角是凸轮设计的重要参数。

图 4-9 所示为对心直动尖顶从动件盘形凸轮机构在推程的某一位置的受力情况，F_Q 为从动件所受的载荷（包括工作阻力、重力、弹簧力和惯性力等），若不计摩擦，则凸轮对从动件的作用力 F_n 可以分解为两个分力：即沿从动件运动方向的有用分力 F_1 和使从动件压紧导路的有害分力 F_2。三者之间满足如下关系

$$\begin{cases} F_1 = F_n \cos \alpha \\ F_2 = F_n \sin \alpha \end{cases}$$

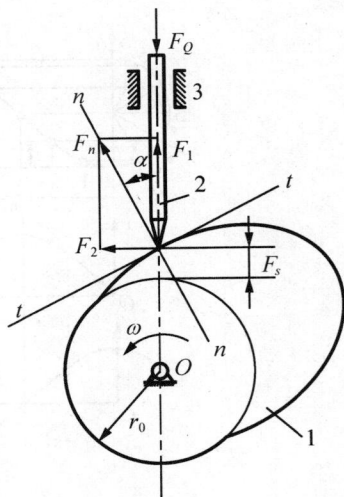

图 4-9　凸轮机构的压力

式中，α 即为凸轮机构的压力角。显然，有用分力 F_1 随着压力角 α 的增大而减小，有害分力 F_2 随着 α 的增大而增大。当压力角 α 大到一定程度时，由有害分力 F_2 所引起的摩擦力将超过有用分力 F_1。这时，无论凸轮给从动件的力 F_n 有多大，都不能使从动件运动，这种现象称为自锁。在设计凸轮机构时，自锁现象是绝对不允许出现的。

表 4-2　凸轮机构的许用压力角

封闭形式	从动件运动方式	推程	回程
力封闭	直动从动件	$[\alpha] = 25° \sim 35°$	$[\alpha] = 70° \sim 80°$
	摆动从动件	$[\alpha] = 35° \sim 45°$	$[\alpha] = 70° \sim 80°$
形封闭	直动从动件	$[\alpha] = 25° \sim 35°$	
	摆动从动件	$[\alpha] = 25° \sim 35°$	

由此可见，压力角的大小是衡量凸轮机构传力性能好坏的一个重要指标，为提高传动效率、改善受力情况，凸轮机构的压力角 α 越小越好。但是，压力角 α 与基圆半径 r_0 成反比，α 越小则 r_0 越大，凸轮尺寸随之变大。因此，为了保证凸轮机构的结构紧凑，凸轮机构的压力角不宜过小。

综合上述两方面的因素，既使凸轮机构有良好的传力性能，又使凸轮机构的尺寸尽可能紧凑，压力角 α 的取值有一定的许用范围，以 $[\alpha]$ 表示。根据工程实践经验，压力角的推荐许用值 $[\alpha]$ 如表 4-2 所示。对于采用力封闭方式的凸轮机构，其在回程时发生自锁的可能性很小，故可以采用较大的许用压力角。

二、基圆半径的确定

由于基圆半径 r_0 与凸轮机构压力角 α 的大小有关，所以，在确定基圆半径时必须保证凸轮机构的最大压力角 α_{max} 小于许用压力角 $[\alpha]$。在实际设计时，通常是由结构条件初步确定基圆半径 r_0，并进行凸轮轮廓设计和压力角检验直至满足 $\alpha_{max} \leqslant [\alpha]$ 为止。

工程实际中，还可以利用经验来确定基圆半径 r_0。当凸轮与轴一体加工时，可取凸轮基圆半径 r_0 略大于轴的半径；当凸轮与轴分开制造时，r_0 由下面的经验公式确定：

$$r_0 = (1.6 \sim 2)r$$

式中, r 为安装凸轮处轴的半径。

三、滚子半径的确定

对于滚子从动件盘形凸轮机构,滚子尺寸的选择要满足强度要求和运动特性。从强度要求考虑,取滚子半径 $r_T \leqslant (0.1 \sim 0.5)r_0$。从运动特性考虑,不能发生运动失真现象。从滚子从动件盘形凸轮机构的图解法设计我们知道,凸轮的实际廓线是滚子的包络线。因此,凸轮的实际廓线的形状与滚子半径的大小有关。

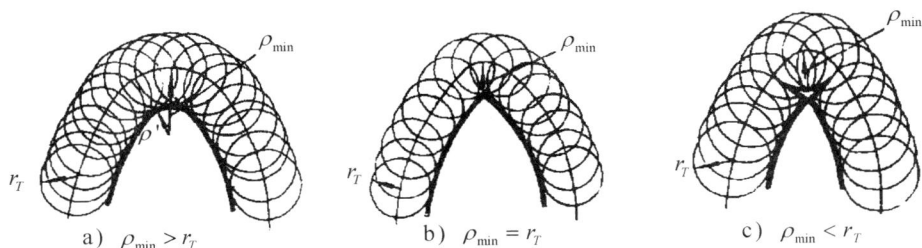

图 4-10 滚子半径的确定

如图 4-10 所示,理论廓线外凸部分的最小曲率半径用 ρ_{min} 表示,滚子半径用 r_T 表示,则相应位置实际廓线的曲率半径 $\rho' = \rho_{min} - r_T$。当 $\rho_{min} > r_T$ 时,如图 4-10(a)所示,实际廓线为一平滑曲线。当 $\rho_{min} = r_T$ 时,如 4-10(b)所示,这时 $\rho' = 0$,凸轮的实际廓线上产生了尖点,这种尖点极易磨损,从而造成运动失真。当 $\rho_{min} < r_T$ 时,如图 4-10(c)所示,这时, $\rho' < 0$,实际轮廓曲线发生自交,而相交部分的轮廓曲线将在实际加工时被切掉,从而导致这一部分的运动规律无法实现,造成运动失真。

因此,为了避免发生运动失真,滚子半径 r_T 必须小于理论廓线外凸部分的最小曲率半径 ρ_{min}(理论廓线内凹部分对滚子的选择没有影响)。另外,如果按上述条件选择的滚子半径太小而不能保证强度和安装要求,则应把凸轮的基圆尺寸加大,重新设计凸轮轮廓线。

第四节 凸轮轮廓曲线的设计

根据机器的工作要求,在确定了凸轮机构的类型及从动件的运动规律、凸轮的基圆半径和凸轮的转动方向后,便可开始凸轮轮廓曲线的设计了。凸轮轮廓曲线的设计方法有图解法和解析法。图解法简单直观,但不够精确,只适用于一般场合;对于精度要求高的高速凸轮,如现代高速印刷机中各关键机构所使用的驱动凸轮,必须采用解析法利用计算机编制计算程序来进行精确设计。本书对解析方法不作介绍,读者可以参考凸轮机构设计方面的专门教材。

图解法设计凸轮轮廓曲线

图解法原理:图解法绘制凸轮轮廓曲线的原理是"反转法",即在整个凸轮机构(凸轮、从动件、机架)上加一个与凸轮角速度大小相等、方向相反的角速度($-\omega$),于是凸轮静止不动,而从动件则与机架(导路)一起以角速度($-\omega$)绕凸轮转动,且从动件仍按原来的运动规律相对导路移动(或摆动),如图 4-11。因从动件尖顶始终与凸轮轮廓保持接触,所以从动件在反转行程中,其尖顶的运动轨迹就是凸轮的轮廓曲线。

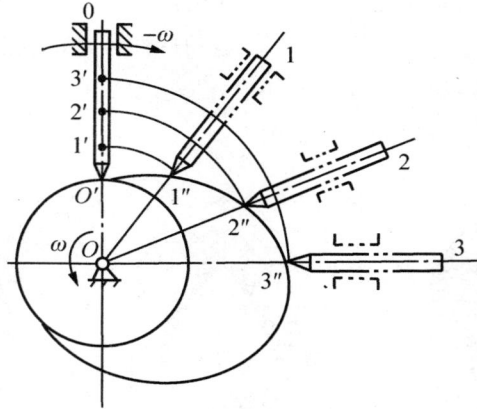

图 4-11 反转法原理

1. 尖顶直动从动件盘形凸轮

图 4-12(a)所示为偏距 $e=0$ 的对心尖顶直动从动件盘形凸轮机构。已知从动件位移线图(图 4-12(b))、凸轮的基圆半径 r_0 以及凸轮以等角速度 ω 顺时针方向回转,要求绘制出此凸轮的轮廓。

根据"反转法"原理,可以作图如下:

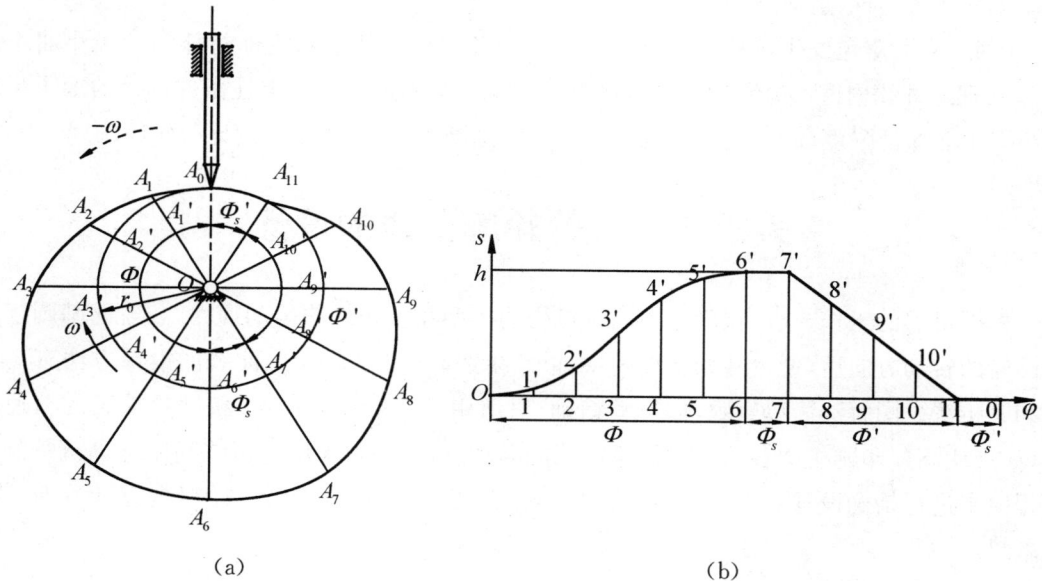

(a)   (b)

图 4-12 对心尖顶直动盘形凸轮机构

（1）选择与绘制位移线图中凸轮行程 h 相同的长度比例尺，以 r_0 为半径作基圆。此基圆与导路的交点 A_0 便是从动件尖顶的起始位置；

（2）自 OA_0 沿 $-\omega$ 方向取角度 Φ、Φ_s、Φ'、Φ'_s，并将它们各分成与位移线图 4-12(b) 对应的若干等份，得基圆上的相应分点 A_1'、A_2'、A_3'、$\cdots$点。连接 OA_1'、OA_2'、OA_3'、$\cdots$，它们便是反转后从动件导路的各个位置；

（3）量取各个位移量，即取 $A_1A_1' = 11'$，$A_2A_2' = 22'$，$A_3A_3' = 33'$，$\cdots$，得反转后尖顶的一系列位置 A_1、A_2、A_3、$\cdots$。

（4）将 A_0、A_1、A_2、A_3、$\cdots$连成一条光滑的曲线，便得到所要求的凸轮轮廓。

若偏距 $e \neq 0$，则为偏置尖顶直动从动件盘形凸轮机构。如图 4-13 所示，从动件在反转运动中，其往复移动的轨迹线始终与凸轮轴心 O 保持偏距 e。因此，在设计这种凸轮轮廓时，首先以 O 为圆心及偏距 e 为半径作偏距圆切于从动件的导路。其次，以 r_0 为半径作基圆，基圆与从动件导路的交点 A_0 即为从动件的起始位置。自 OA_0 沿 $-\omega$ 方向取角度 Φ、Φ_s、Φ'、Φ'_s，并将它们各分成与位移线图 4-12(b) 对应的若干等份，得基圆上的相应分点 A_1'、A_2'、A_3'、$\cdots$点。过这些点作偏距圆的切线，它们便是反转后从动件导路的一系列位置。从动件的对应位移应在这些切线上量取，即取 $A_1A_1' = 11'$、$A_2A_2' = 22'$、$A_3A_3' = 33'$、$\cdots$，最后将 A_0、A_1、A_2、A_3、$\cdots$连成一条光滑的曲线，便得到所要求的凸轮轮廓。

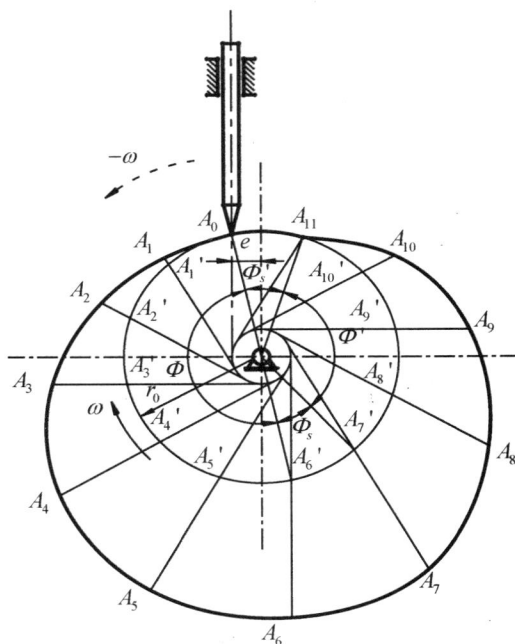

图 4-13　偏置尖顶直动盘形凸轮机构

2. 滚子直动从动件盘形凸轮

若将图 4-12、4-14 中的尖顶改为滚子，如图 4-14 所示，它们的凸轮轮廓可按如下方法绘制：首先，把滚子中心看作尖顶从动件的尖顶，按上述方法求出一条轮廓曲线 β_0，如图4-14所示；再以 β_0 上各点为中心，以滚子半径为半径作一系列圆；最后作这些圆的包络线 β，它便是使用滚子从动件时凸轮的实际廓线，β_0 称为该凸轮的理论廓线。由上述作图过程可知，滚子从动件凸轮的基圆半径应该在理论廓线上度量。

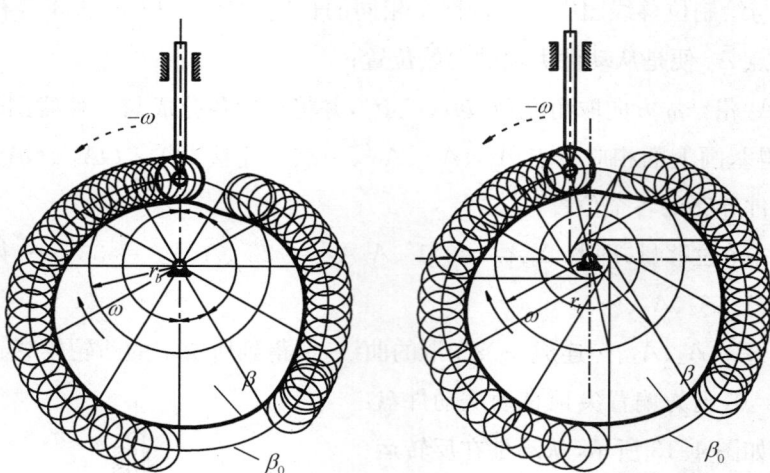

图 4-14　滚子直动从动件盘形凸轮机构

★ **思考题**

4-1. 凸轮机构是由哪几部分组成的？说明盘形凸轮机构的工作原理。

4-2. 从动件的常用运动规律有哪些？哪些有刚性冲击？哪些有柔性冲击？哪种没有冲击？

4-3. 试标出图示位移线图中的行程 h、推程运动角 δ_o、远程休止角 δ_s、回程运动角 δ_o'、近程休止角 δ_s'。

4-4. 试写出图示凸轮机构的名称，并在图上作出行程 h，基圆半径 r_b，凸轮转角 δ_o、δ_s、δ_o'、δ_s' 以及 A、B 两处的压力角。

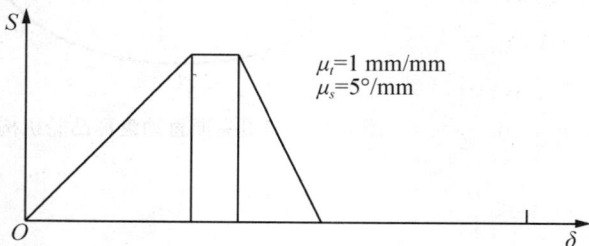

第 4-3 题图

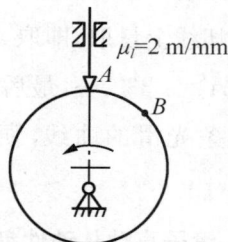

第 4-4 题图

4-5. 如图所示是一偏心圆凸轮机构，O 为偏心圆的几何中心，偏心距 $e = 15$ mm，$d = 60$ mm，试在图中标出：

（1）凸轮的基圆半径、从动件的最大位移 H 和推程运动角 δ 的值；

（2）凸轮转过 90°时从动件的位移 S。

4-6. 图示为一滚子对心直动从动件盘形凸轮机构。试在图中画出该凸轮的理论轮廓曲线、基圆半径、推程最大位移 H 和图示位置的凸轮机构压力角。

4-7. 标出图中各凸轮机构图示 A 位置的压力角和再转过 45°时的压力角。

4-8. 设计一尖顶对心直动从动件盘形凸轮机构。凸轮顺时针匀速转动，基圆半径 $r_b =$

40 mm,从动件的运动规律为

δ	0~90°	90°~180°	180°~240°	240°~360°
运动规律	等速上升	停止	等加速等减速下降	停止

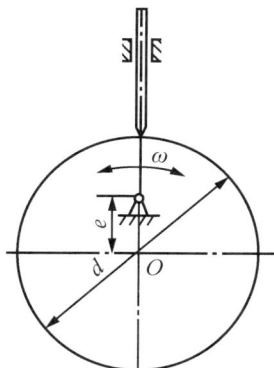

第 4-5 题图

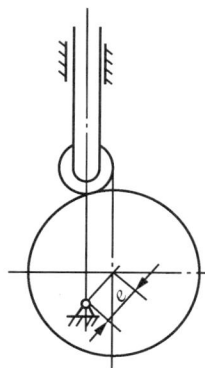

第 4-6 题图

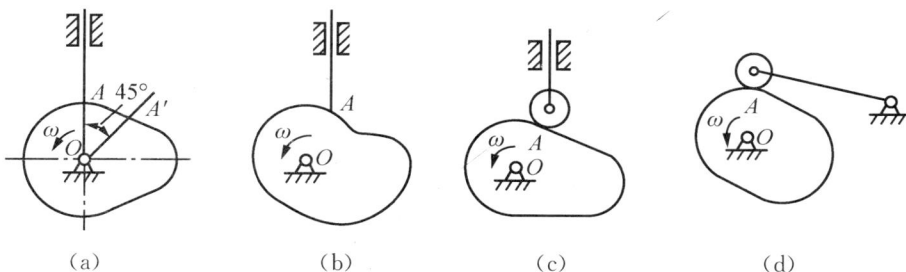

(a)　　　　　　　(b)　　　　　　　(c)　　　　　　　(d)

第 4-7 题图

第五章 间歇运动机构

将主动件的均匀转动转换为时转时停的周期性运动机构,称为间歇运动机构。例如牛头刨床工作台的横向进给运动,电影放映机的送片运动等都用有间歇运动机构。间歇机构类型很多,本章只介绍常用的棘轮机构、槽轮机构、不完全齿轮机构、凸轮式间歇机构。

第一节 棘轮机构

一、棘轮机构的组成

如图 5-1 所示,该机构由棘轮、棘爪和机架等组成。当摇杆向左摆动时,装在摇杆上的棘爪嵌入棘轮的齿槽内,推动棘轮朝逆时针方向转过一角度;当摇杆向右摆动时,棘爪便在棘轮的齿背上滑回原位,棘轮静止不动。为了使棘轮静止可靠和防止棘轮反转,在机架上安装止回棘爪。这样,当曲柄作连续回转时,棘轮只能作单向的间歇运动。

二、棘轮机构的类型

1. 单向式棘轮机构

单向式棘轮机构如图 5-1 所示。

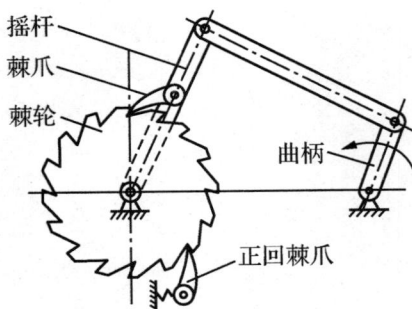

图 5-1 棘轮机构的组成

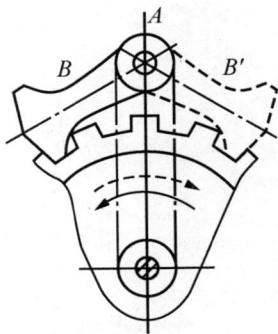

图 5-2 双向式棘轮结构

2. 双向式棘轮机构

双向式棘轮机构如图 5-2 所示,把棘轮的齿制成矩形,棘爪制成可翻转的形式。当棘爪处在图示位置 B 时,棘轮获得逆时针单向间歇运动;而当把棘爪绕其销轴 A 翻转到虚线所示位置 B' 时,棘轮即可获得顺时针单向间歇运动。

3. 双动式棘轮机构

双动式棘轮机构如图 5-3 所示,它同时应用两个棘爪,分别与棘轮接触。当主动件作往复摆动时,两个棘爪都能先后使棘轮朝同一方向转动。棘爪的爪端形状可以是直的,也可以是带钩头的,这种机构使棘轮转速增加一倍。

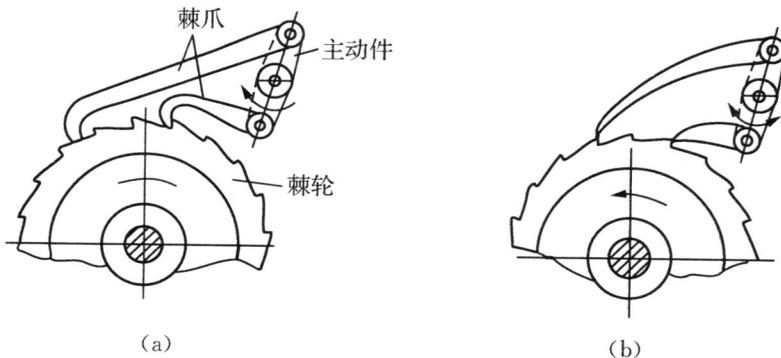

（a）　　　　　　　　　　　　　（b）

图 5-3　双动式棘轮机构

4. 摩擦式棘轮机构

摩擦式棘轮机构是一种无棘齿的棘轮,靠摩擦力推动棘轮转动和止动,如图 5-4 所示,棘轮是通过与右棘爪之间的摩擦来传递转动的,图示为逆时针转动,上棘爪是用来作反向制动用的。

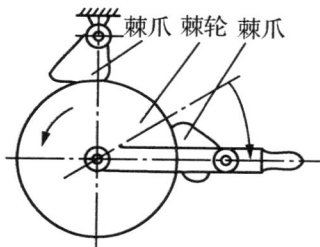

图 5-4　摩擦式棘轮机构图

图 5-5　防止逆转的棘轮机构

5. 防止逆转的棘轮机构

棘轮机构中棘爪常是主动件,棘轮是从动件。如图 5-5 所示,起重设备中常应用这种机构,图示当转动的鼓轮带动物件上升到所需的高度位置时,鼓轮就停止转动,棘爪依靠弹簧嵌入棘轮的轮齿凹槽中,这样就可以防止鼓轮在任意位置停留时产生逆转,保证起重工作安全可靠。

三、棘轮转角的调节

1. 调节摇杆摆动角度的大小,控制棘轮转角

如图 5-6 所示,棘轮机构是利用曲柄摇杆机构带动棘轮作间歇运动,它可以利用调节螺钉改变曲柄长度,从而实现摇杆摆角大小的改变,进而控制棘轮的转角。

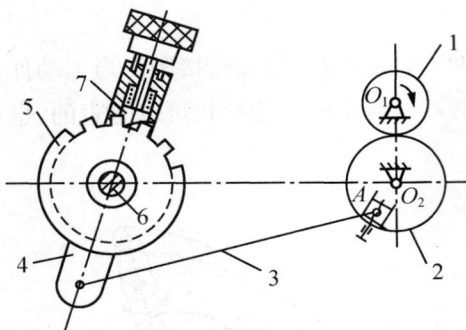

图 5-6　改变曲柄长度调节棘轮转角

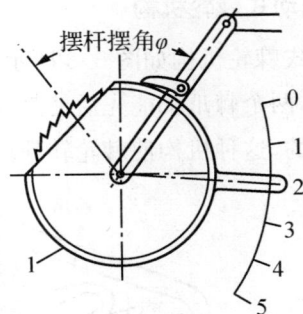

图 5-7　用遮板调节棘轮转角

2. 用遮板调节棘轮转角

如图 5-7 所示,在棘轮的外面罩一遮板(遮板不随棘轮转动),使棘爪行程的一部分在遮板上滑过,不与棘轮的齿相接触,通过改变遮板的位置即可改变棘轮转角的大小。

第二节　槽轮机构

一、槽轮机构的组成、特点及应用

1. 槽轮机构的组成

槽轮机构如图 5-8 所示。它由带圆柱销的主动拨盘与带径向槽的从动槽轮及机架组成。拨盘以等角速度作连续回转,槽轮则时而转动,时而静止。当圆柱销未进入槽轮的径向槽时,槽轮的内凹弧被拨盘的外凸圆弧卡住,槽轮静止不动。图 5-8(a)为圆柱销刚开始进入槽轮径向槽时的位置。这时槽轮的内凹弧也刚好开始被松开,槽轮受圆柱销的驱使而转动。当圆柱销在另一边离开径向槽时,如图 5-8(b),内凹弧又被卡住,槽轮又静止不动,直至圆柱销再一次进入槽轮的下一个径向槽时,又重复上述的运动。拨盘每转一周(2π),槽轮转过 2φ 转角。

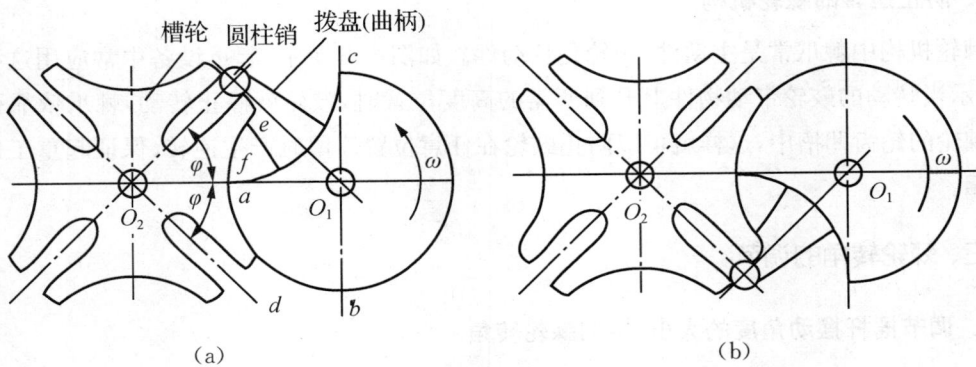

图 5-8　槽轮机构

2. 槽轮机构的特点与应用

（1）图 5-9（a）为槽轮机构应用在电影放映机上的卷片机构。为适应人们的视觉暂留现象，要求影片作间歇运动，槽轮开有 4 个径向槽，当传动轴带动圆柱销每转过一周时，槽轮转过 90°，所以能使影片的画面有一段停留时间。

（2）图 5-9（b）为转塔车床的刀架转位机构。为了按照零件加工工艺的要求，能自动地改变需要的刀具，采用了槽轮机构。刀架上装有 6 种可以变换的刀具，槽轮上开有 6 个径向槽，当圆柱销进、出槽轮一次，推动槽轮转 60°，这样可以间歇地将下一工步需要的刀具，依次转换到工作位置上。

（a）　　　　　　　　　　　　　　　　（b）

图 5-9　槽轮机构的应用

槽轮机构的特点是构造简单，外形尺寸小，机械效率较高，并能较平稳地、间歇地进行转位。

二、普通槽轮机构的运动系数及运动特性

1. 普通槽轮机构的运动系数

在单销外槽轮机构中，当主动拨盘回转一周时，从动槽轮运动时间 t_d 与主动拨盘转一周的总时间 t 之比称为槽轮机构的运动系数，并以 k 表示，即：

$$k = \frac{t_d}{t} = \frac{1}{2} - \frac{1}{z} \qquad (5-1)$$

式中 z 为槽轮的槽数。

如果在拨盘上均匀地分布 n 个圆销，则当拨盘转动一周时，槽轮将被拨动 n 次，则该槽轮机构的运动系数为：

$$k = n\left(\frac{1}{2} - \frac{1}{z}\right) \qquad (5-2)$$

运动系数必须大于零而小于 1。

2. 普通槽轮机构的运动特性

主动拨盘以等速度 ω_1 转动。当主动拨盘处在 φ_1 位置角时，从动槽轮所处的位置角 φ_2、角速度 ω_2 及角加速度 α_2 分别为：

$$\varphi_2 = \arctan\left[\lambda\sin\varphi_1/(1-\alpha\cos\varphi_1)\right](-\varphi_1 < \alpha < \varphi_1) \tag{5-3}$$

$$\omega_2 = \omega_1\lambda(\cos\varphi_1 - \lambda)/(1 - 2\lambda\cos\varphi_1 + \lambda^2) \tag{5-4}$$

$$\alpha_2 = \omega_1^2\lambda(\lambda^2 - 1)\sin\varphi_1/(1 - 2\lambda\cos\varphi_1 + \lambda^2)^2 \tag{5-5}$$

式中：$\lambda = k/L = \sin(\pi/z)$。

当拨盘的角速度 ω_1 一定时，槽轮的角速度及角加速度的变化取决于槽轮的槽数 z，且随槽数 z 的增多而减少。此外，圆销在啮入和啮出时，有柔性冲击，其冲击将随 z 减少而增大。

三、槽轮机构的设计要点

1. 槽轮槽数的确定

由式 $k = \dfrac{1}{2} - \dfrac{1}{z}$ 可知，槽轮槽数 z 愈多，k 愈大，槽轮转动的时间增加，停歇的时间缩短。因 $k > 0$，故槽数 $z \geqslant 3$，但当 $z > 12$ 时，k 值变化不大，故很少使用 $z > 12$ 的槽轮。因此，一般取 $z = 3 \sim 12$，而常用槽数为 3，4，6，8。

一般情况下，槽轮停歇时间为机器的工作行程时间；槽轮传动的时间则是空行程时间。为了提高生产率，要求机器的空行程时间尽量短，即 k 值要小，也就是槽数要少。由于 z 愈少，槽轮机构运动和动力性能愈差，故一般在设计槽轮机构时，应根据工作要求、受力情况、生产率等因素综合考虑，合理选择 k 值，再来确定槽数 z_0。一般取 $z = 4$ 或 6。

2. 圆销数目的确定

单销外啮合槽轮机构的 k 值总是小于 0.5，即槽轮的运动时间总是小于其停歇时间。如果要求 $k > 0.5$ 的间歇运动时，可以采用多销外啮合槽轮机构，其销数 n 应满足下式：

$$n \leqslant 2z(z-2) \tag{5-6}$$

式中：当 $z = 3$ 时，$n = 1 \sim 6$；

当 $z = 4$ 时，$n = 1 \sim 4$；

当 $z = 5$ 或 6 时，$n = 1 \sim 3$；

当 $z \geqslant 7$ 时，$n = 1 \sim 2$。

例 5-1 有一外啮合槽轮机构，已知槽轮槽数 $z = 6$，槽轮的停歇时间为 1 s，槽轮的运动时间为 2 s。求槽轮机构的运动特性系数及所需的圆销数目。

解：当主动拨盘 1 回转一周时，槽轮 2 的运动时间为 $t_d = 2 \times 6 = 12$ s，主动拨盘转一周的总时间为 $t = (1+2) \times 6 = 18$ s，所以 $k = t_d/t = 12/18 = \dfrac{2}{3}$。

$$\because k = \frac{2}{3} = n\left(\frac{1}{2} - \frac{1}{z}\right)$$

$$\therefore n = 2$$

第三节　不完全齿轮机构和凸轮式间歇机构简介

一、不完全齿轮机构

不完全齿轮机构也是最常用的一种间歇运动机构,如图 5-10 所示。它是由普通齿轮机构演化而来,主动轮 1 为一不完整的齿轮,其上只作出一个或一部分正常齿,而从动轮 2 则是由正常齿和带有内凹锁止弧的厚齿彼此相间地组成的特殊齿轮。当主动轮上的齿与从动轮上的正常齿啮合时,从动轮转动;当主动轮的无齿圆弧部分(凸锁止弧)与从动轮上的内凹锁止弧接合时,相互配合锁止,从动轮停歇在预定位置上。所以当主动轮作连续转动时,从动轮获得时转时停的间歇运动。外啮合不完全齿轮机构图 5-10(a)的主、从动轮转向相反;内啮合不完全齿轮机构图 5-10(b)的主、从动轮转向相同。图 5-11 为不完全齿条机构。

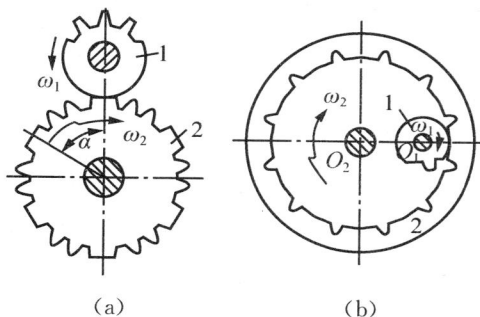

图 5-10　不完全齿轮机构

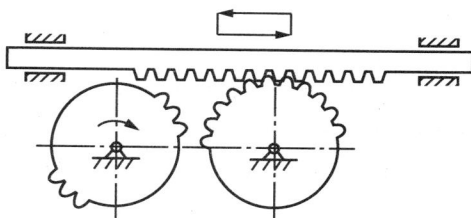

图 5-11　不完全齿条机构

不完全齿轮机构与其他间歇运动机构相比,它的结构简单,制造方便,从动轮的运动时间和静止时间的比例不受机构结构的限制。当主动轮匀速转动时,从动轮在其运动期间作匀速转动。但是当从动轮由停歇到突然转动,或由转动到突然停止时,都会产生刚性冲击。因此它不宜用于转速很高的场合。因从动轮在一周转动中可作多次停歇,所以常用于多工位、多工序的自动机械或生产线上,实现工作台的间歇转位和进给运动。

二、凸轮式间歇运动机构

滚子齿形凸轮式间歇运动机构,工程上又称为凸轮分度机构,常见的有圆柱分度凸轮机构和弧面分度凸轮机构等。

圆柱分度凸轮机构,如图 5-12 所示。该机构由圆柱凸轮 1、转盘 2 及机架组成。转盘上均匀分布着若干个滚子 3,滚子轴线与转盘轴线相平行,凸轮轴线与转盘轴线垂直交错。当凸轮匀速转动时,转盘作单向间歇运动,转盘的运动完全取决于凸轮轮廓曲线的形状,凸轮轮廓线由分度段和停歇段组成。当凸轮回转时,其分度段轮廓推动滚子使转盘分度转位;当凸轮转到停歇段轮廓时,转盘上两相邻滚子跨夹在凸轮的圆环面突脊上使转盘停歇。设计时通常取凸轮槽数为 1,转盘滚子数为 6~12,滚子做成上大下小的圆锥体,以改善磨损情况。

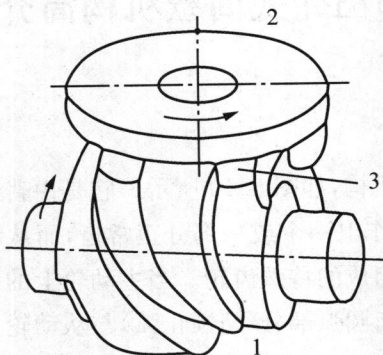

图 5-12 圆柱分度凸轮机构

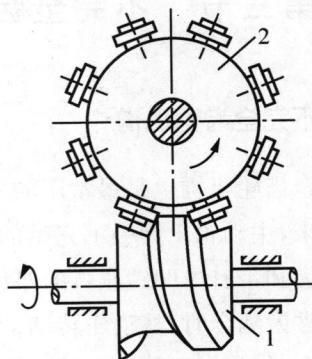

图 5-13 弧面分度凸轮机构

弧面分度凸轮机构,如图 5-13 所示。主动件凸轮 1 上有一条突脊犹如蜗杆,从动件转盘 2 的圆柱面上均布着若干滚子,滚子轴线沿转盘径线方向。凸轮与转盘两轴线垂直交错。该机构工作原理与圆柱分度凸轮机构完全相同,凸轮连续回转带动转盘作单向间歇性运动。设计时通常取凸轮蜗杆头数为 1,径向滚子数 6～12。

上述两种凸轮式间歇运动机构的共同点是定位可靠,转盘可实现任意运动规律,可以通过合理选择转盘的运动规律,使得机构传动平稳,适应中、高速运转。弧面分度凸轮机构与圆柱分度凸轮机构相比,更能适应高速重载,并且可以通过预载消除啮合间隙,传动精度很高,是目前工作性能最好的一种间歇转位机构。但缺点是凸轮加工较困难且制造成本高。在电机矽钢片的冲槽机、拉链嵌齿机、火柴包装机等机械装置中,都应用了凸轮间歇运动机构来实现高速分度运动。

思考题

5-1. 常用的间歇机构有哪些?

5-2. 常用的棘轮机构有哪些?

5-3. 棘轮机构主要是由哪几部分组成? 试说明棘轮机构的工作原理。

5-4. 有一外啮合槽轮机构,已知槽轮槽数 $z = 4$,槽轮的停歇时间为 2 s,槽轮的运动时间为 3 s。求槽轮机构的运动特性系数及所需的圆销数目。

5-5. 试简述不完全齿轮机构的工作原理。

第六章 联 接

联接是利用不同方式把机械零件联成一体的技术。机器由许多零部件所组成,这些零部件需要通过联接来实现机器的职能,因而联接是构成机器的重要环节。而可拆联接是机器和设备的各零部件间广泛采用的方式,常用的联接件有螺纹、键、销等。本章将分别讨论螺纹联接和螺旋传动的类型、结构以及设计计算问题,以及介绍键、花键、销等联接件知识,其中重点介绍螺纹联接的类型、单个螺栓联接的强度计算及提高螺栓联接强度的措施。

第一节 螺 纹

一、螺纹的形成及主要参数

1. 螺纹的形成

螺纹是零件上常见的一种结构,它被广泛地用于零件之间的联接,也可传递运动和动力的作用。国家标准对螺纹的结构、尺寸、画法和标注都作了相应的规定。

平面图形(三角形、矩形、梯形等)绕一圆柱(圆锥)作螺旋运动,形成一圆柱(圆锥)螺旋体。

工业上,常将螺旋体称为螺纹。在圆柱(或圆锥)外表面上所形成的螺纹称为外螺纹;在圆柱(或圆锥)内表面上所形成的螺纹称为内螺纹。

螺纹的加工方法很多,具体有:车制、碾压及丝锥、板牙等工具加工。内、外螺纹可以通过车削获得,如图 6-1(a)所示。而内螺纹可以通过钻孔后攻丝获得,如图 6-1(b)所示。

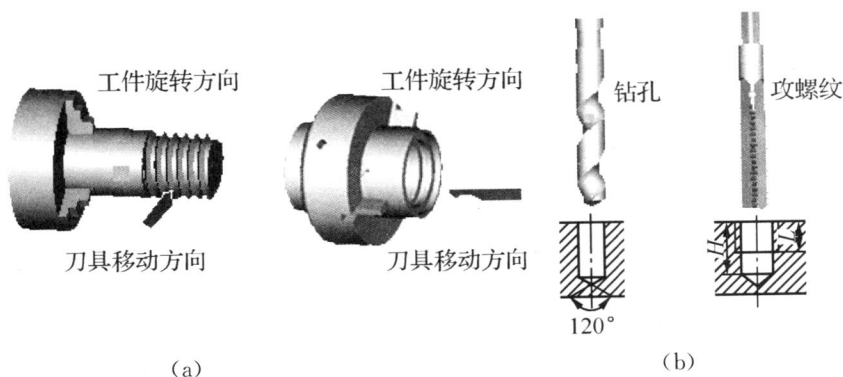

（a）　　　　　　　　　　　　　　　　（b）

图 6-1-1　螺纹的形成

在加工螺纹的过程中,由于刀具的切入(或压入)构成了凸起和沟槽两部分,凸起的顶端称为螺纹的牙顶,沟槽的底部称为螺纹的牙底。刀尖的形状不同,车制出的螺纹牙型也不同,如三角形螺纹、梯形螺纹、方牙螺纹和锯齿形螺纹等。

按照螺旋线的旋向不同分类,螺纹分为左旋螺纹和右旋螺纹。按照螺旋线的数目不同分类,螺纹可分为单线螺纹和多线螺纹,如图 6-2 所示。按螺纹的用途分有联接螺纹和传动螺纹。其中,用于联接的螺纹称为联接螺纹,用于传递运动和动力的螺纹称为传动螺纹。

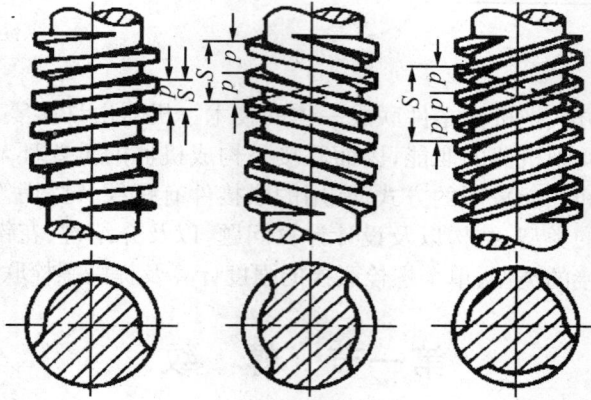

图 6-2　螺纹的旋向和线数

2. 螺纹的主要参数

现以图 6-3 所示的圆柱普通螺纹为例说明螺纹的主要参数:

(1) 大径 $d(D)$　与外螺纹的牙顶或内螺纹的牙底相重合的假想圆柱体的直径。大径也称为公称直径。

(2) 小径 $d_1(D_1)$　与外螺纹的牙底或内螺纹的牙顶相重合的假想圆柱体的直径。小径在螺纹联接的强度计算中经常用到。

(3) 中径 $d_2(D_2)$　在螺纹的轴向剖面内,牙厚与牙槽宽相等处的假想圆柱体直径。

(4) 螺距 P　相邻两螺纹牙在中径线上对应两点间的轴向距离。

(5) 导程 S　同一条螺旋线上相邻两螺纹牙在中径线上对应两点间的轴向距离。如果螺纹的线数为 n,则导程 $S = nP$。

(6) 升角 λ　中径为 d_2 的圆柱面上,螺旋线切线与垂直于螺纹轴线的平面间的夹角。

(7) 牙型角 α　在螺纹的轴向剖面内,螺纹牙型相邻两侧边的夹角称为牙型角。牙型侧边与螺纹轴线的垂线间的夹角称为牙侧角 β。

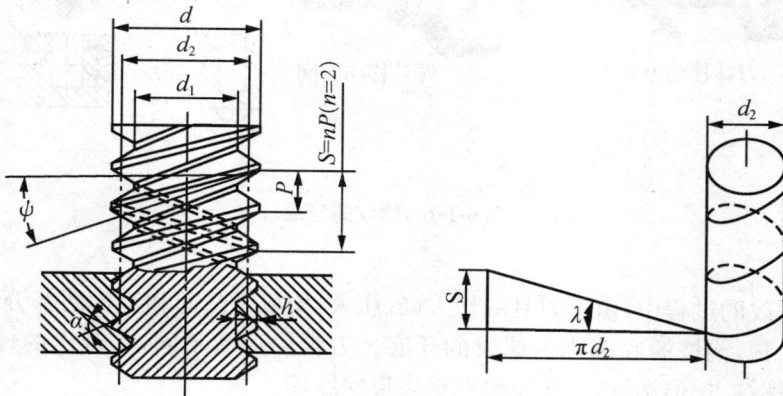

图 6-3　螺纹的主要几何参数

二、联接螺纹的类型和应用

常用螺纹的类型、特点和应用见表6-1。

表 6-1　常用螺纹的类型、特点和应用

类别		牙型图	特点和应用
联接用螺纹	普通螺纹	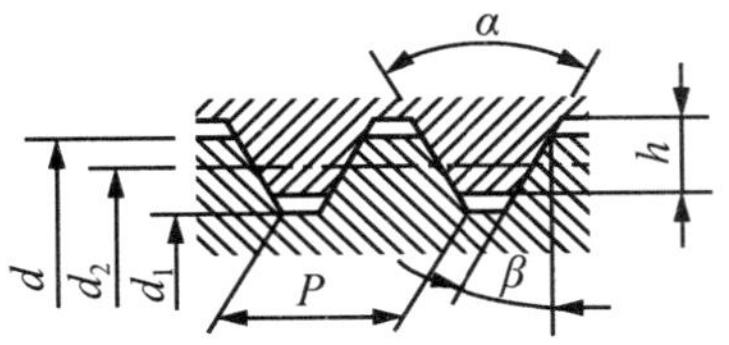	即米制三角形螺纹，其牙型角 $\alpha = 60°$，螺纹大径为公称直径，以 mm 为单位。同一公称直径下有多种螺距，其中螺距最大的称为粗牙螺纹，其余的称为细牙螺纹，普通螺纹的当量摩擦系数较大，自锁性能好，螺纹牙根的强度高，广泛应用于各种紧固联接。一般联接多用粗牙螺纹。细牙螺纹螺距小、升角小、自锁性能好，但螺牙强度低、耐磨性较差、易滑脱，常用于细小零件、薄壁零件或受冲击、振动和变载荷的联接，还可用于微调机构的调整
	圆柱管螺纹	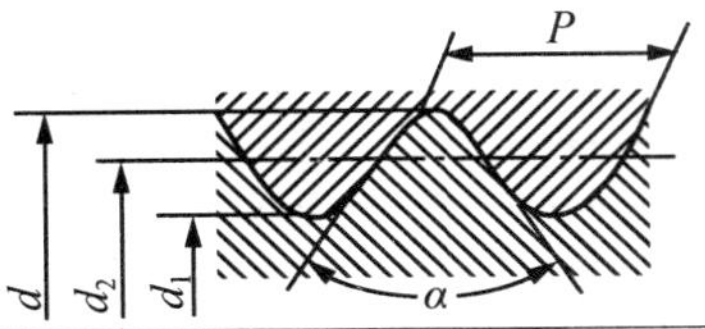	管螺纹是英制螺纹，牙型角 $\alpha = 55°$，公称直径为管子的内径。按螺纹是制作在柱面上还是锥面上，可将管螺纹分为圆柱管螺纹和圆锥管螺纹。前者用于低压场合，后者适用于高温、高压或密封性要求较高的管联接
传动用螺纹	矩形螺纹	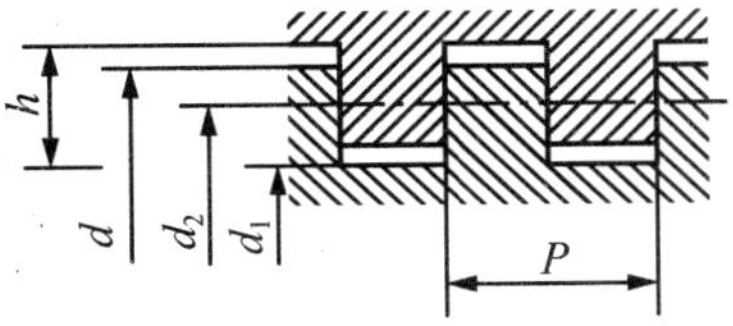	牙型为正方形，牙型角 $\alpha = 0°$。其传动效率最高，但精加工较困难，牙根强度低，且螺旋副磨损后的间隙难以补偿，使传动精度降低。常用于传力或传导螺旋。矩形螺纹未标准化，已逐渐被梯形螺纹所替代
	梯形螺纹	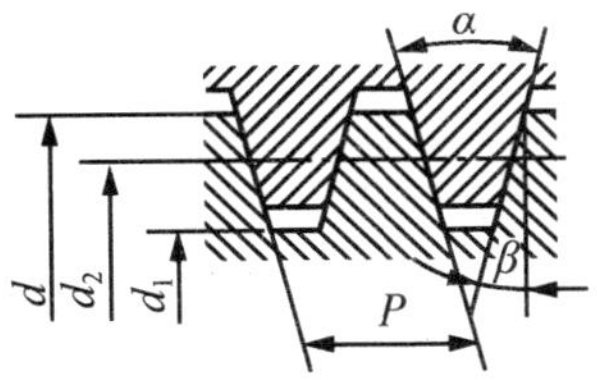	牙型为等腰梯形，牙型角 $\alpha = 30°$。其传动效率略低于矩形螺纹，但工艺性好，牙根强度高，螺旋副对中性好，可以调整间隙。广泛用于传力或传导螺旋，如机床的丝杠、螺旋举重器等
	锯齿形螺纹	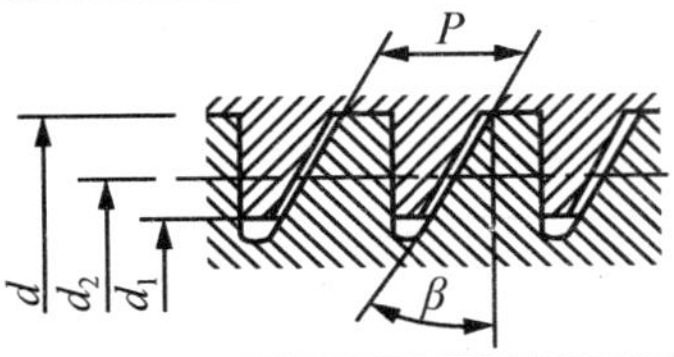	工作面的牙型斜角为3°，非工作面的牙型斜角为30°。它综合了矩形螺纹效率高和梯形螺纹牙根强度高的特点，但仅能用于单向受力的传力螺旋

第二节　标准螺纹联接件

一、标准螺纹联接零件

常用的标准螺纹联接零件有螺栓、双头螺柱、螺钉、螺母和垫圈等，如图6-4所示。这类零件的结构型式和尺寸都已标准化，设计时可根据有关标准选用，其主要尺寸如图6-5所示。

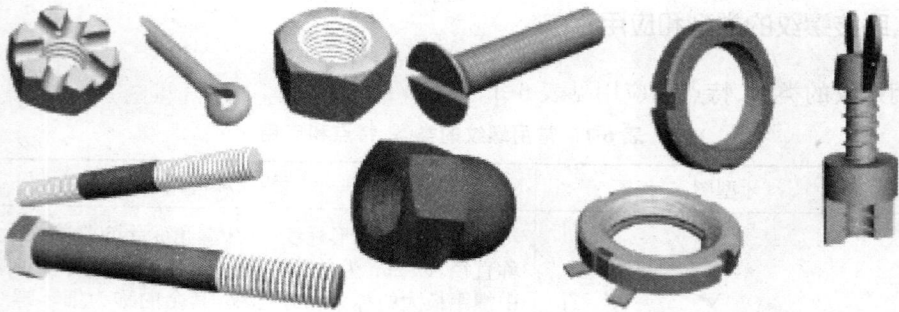

图 6-4　常用的标准螺纹联接零件示意图

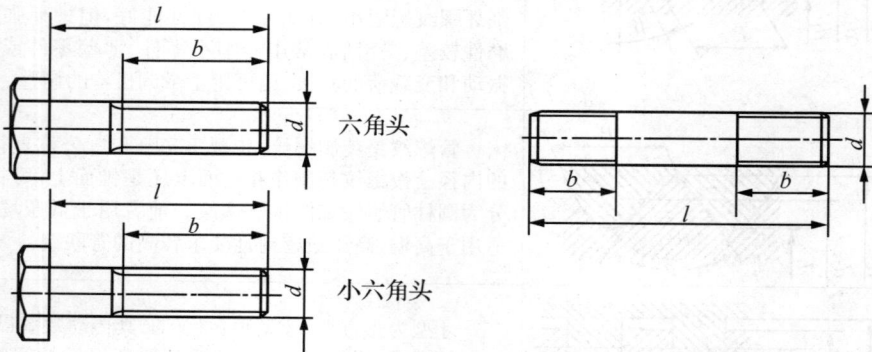

（a）螺栓

六角头

小六角头

（b）双头螺柱

内六角圆柱头

十字槽半圆头

十字槽沉头

锥端

平端

凹端

圆柱端

圆尖端

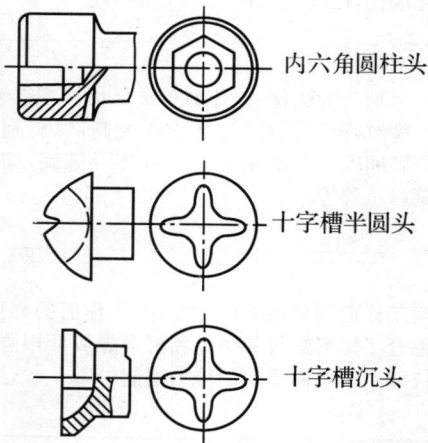

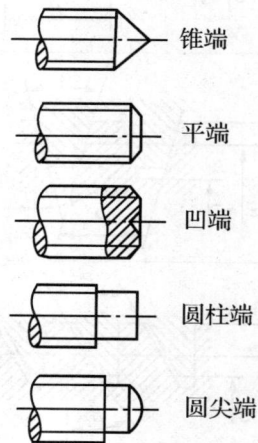

（c）螺钉、紧定螺钉的头部和末端

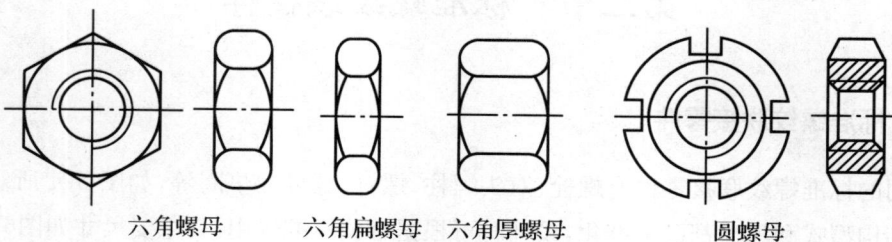

六角螺母　　六角扁螺母　　六角厚螺母　　　　圆螺母

（d）螺母

图 6-5　常用的标准螺纹联接零件的主要尺寸

二、螺纹联接的基本类型

螺纹联接是由带螺纹的零件,即螺纹紧固件和被联接件组成。合理选择螺纹联接需要了解螺纹联接类型的特点及应用场合。正确选用联接类型,熟悉常用联接件的有关国家标准是设计螺纹联接所必须掌握的基本知识。

常用联接的基本类型:螺栓联接、双头螺柱联接、螺钉联接、紧定螺钉联接。如表 6-2 所示。

表 6-2　螺纹联接的基本类型

类型	结构	特点和应用
螺栓联接	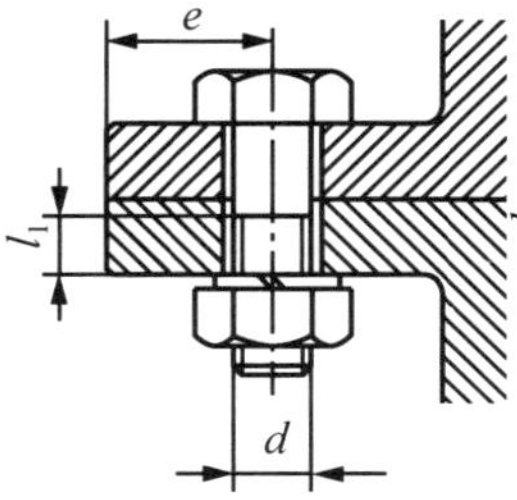 （a） 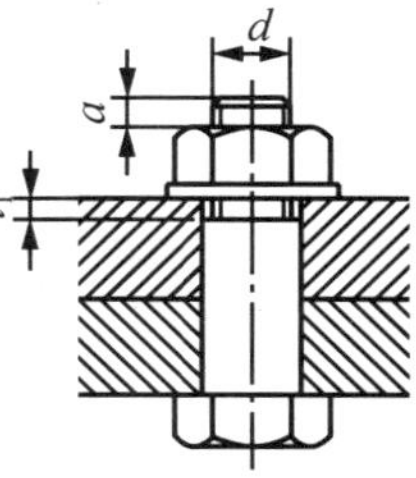　（b）	螺栓联接是将螺栓穿过被联接件上的光孔并用螺母锁紧。该联接结构简单、装拆方便、应用于两联接件都不太厚的场合。根据螺栓受力情况不同又将螺栓联接分为普通螺栓联接和铰制孔用螺栓联接两种类型。(a)为普通螺栓联接,其结构特点是:螺栓杆与被联接件孔壁之间有间隙,工作载荷只能使螺栓受拉伸。(b)为铰制孔用螺栓联接,其结构特点是:螺栓杆与被联接件的孔壁之间无间隙,且两者采用基孔制的过渡配合,螺栓杆受剪切和挤压
双头螺柱联接	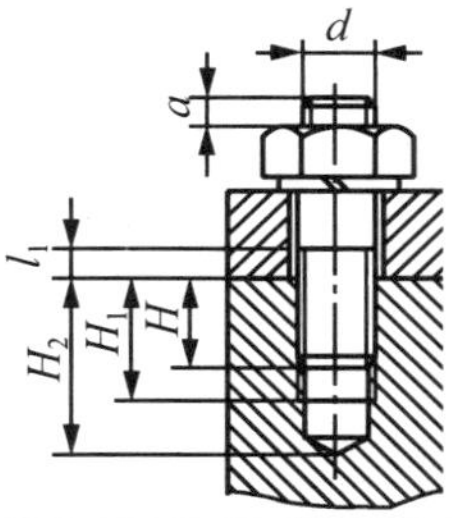	双头螺柱联接经常用于被联接件之一太厚,不易制成通孔且需经常拆卸的场合。装配时将双头螺柱的一端拧入被联接件的螺纹孔中,另一端穿过另一被联接件的通孔,再拧紧螺母即可
螺钉联接	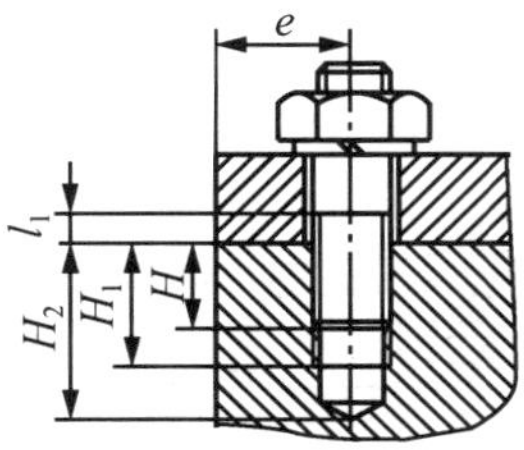	这种联接不需用螺母,螺钉直接拧入被联接件的螺纹孔中。适用于被联接件较厚,不便钻成通孔且受力不大,不需经常拆卸的场合
紧定螺钉联接	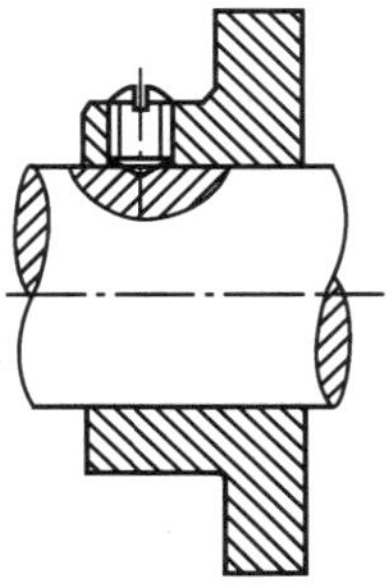	将紧定螺钉拧入一零件的螺纹孔中,并用螺钉端部顶住或顶入另一个零件,以固定两个零件的相对位置,并可传递不大的转矩

除上述基本的螺纹联接外,还有一些特殊的螺纹联接,如地脚螺栓联接、膨胀螺栓联接、吊环螺钉联接等。

第三节　螺纹联接的预紧与防松

一、螺纹联接的预紧

如图 6-6 所示,螺纹联接装配时,一般都要拧紧螺纹,使联接螺纹在承受工作载荷之前,受到预先作用的力,这就是螺纹联接的预紧,预先作用的力称为预紧力。螺纹联接预紧的目的在于增加联接的可靠性、紧密性和防松能力,保持正常工作。如汽缸螺栓联接,有紧密性要求,防漏气,接触面积要大,靠摩擦力工作,增大刚性等。螺纹联接可分为松联接和紧联接。在装配时不拧紧,只有承受外载时才受到力的作用,这种螺纹联接方式称为松联接;反之,在装配时需拧紧,即在承载时已预先受力,预紧力为 F_0,这种螺纹联接方式称为紧联接。

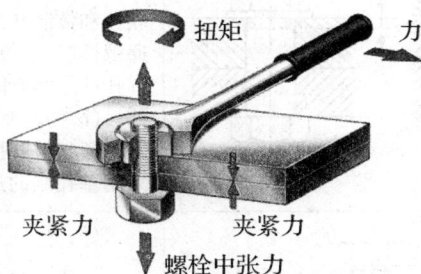

图 6-6　螺纹联接的预紧力

上述预紧力 F_0 指的是预先轴向作用力,表现为拉力。若预紧过紧即拧紧力 Q_P 过大,则螺杆静载荷增大、降低本身强度;若预紧过松,即拧紧力 Q_P 过小,工作不可靠。故需要对上述预紧力 F_0 进行控制。常用的一种方法是采用测力矩扳手,其工作原理是测出预紧力矩,如图 6-7(a) 所示;另一种方法是采用定力矩扳手,其工作原理是达到固定的拧紧力矩 T 时,弹簧受压将自动打滑,如图 6-7(b) 所示。

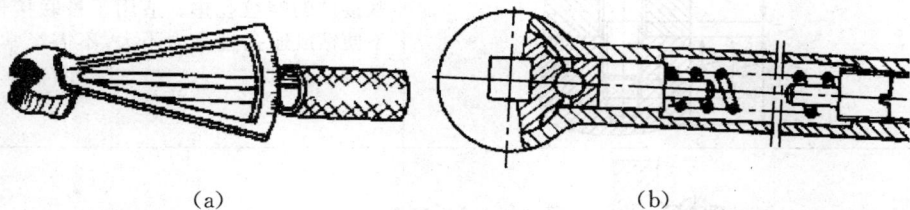

| (a) | (b) |

图 6-7　控制拧紧力矩用的扳手

上述扳手力矩为:

$$T = KF_0d \tag{6-1}$$

式中:F_0　预紧力,N;

　　　d　螺纹的公称直径,mm;

　　　K　拧紧力矩系数。

二、螺纹联接的防松

松动是螺纹联接最常见的失效形式之一。在静载荷条件下,普通螺栓由于螺纹的自锁性,一般可以保证螺栓联接的正常工作。但是,在冲击、振动或者变载荷作用下,或者当温度变化很大时,螺纹副间的摩擦力可能减少或者瞬时消失,致使螺纹联接产生自动松脱现象,特别是在交通、化工和高压密闭容器等设备、装置中,螺纹联接的松动可能会造成重大事故的发生。为了保证螺纹联接的安全可靠,许多情况下螺栓联接都采取一些必要的防松措施。

螺纹联接防松的根本问题是防止螺纹副的相对转动。按照工作原理来分,螺纹防松有摩擦防松、机械防松、破坏性防松以及粘合法防松等多种方法。常用螺纹防松方法如表 6-3 所示。

表 6-3　常用防松方法

摩擦防松	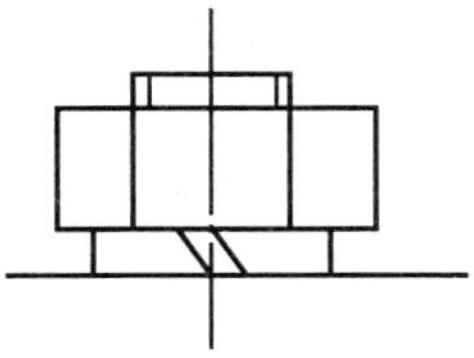 弹簧垫圈	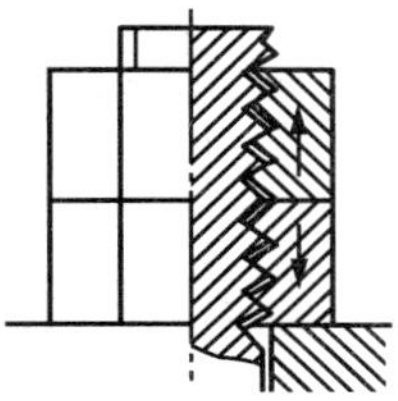 对顶螺母	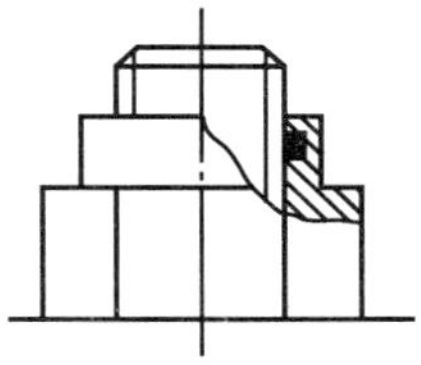 弹性圈螺母
	弹簧垫圈材料为弹簧钢,装配后垫圈被压平,其反弹力使螺纹间保持压紧力和摩擦力	利用两螺母的对顶作用使螺栓始终受到附加的拉力和附加的摩擦力。由于多用一个螺母,且工作并不十分可靠,目前已很少采用	螺纹旋入处嵌入纤维或尼龙来增加摩擦力。该弹性圈还起防止液体泄漏的作用
机械防松	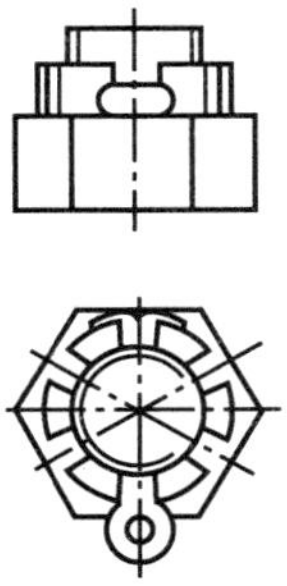 开口销和槽形螺母	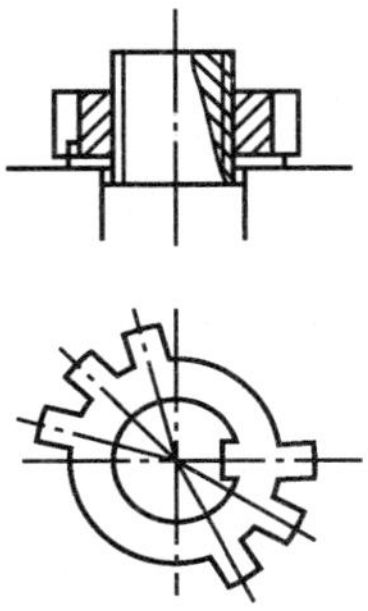 圆螺母和止动垫圈	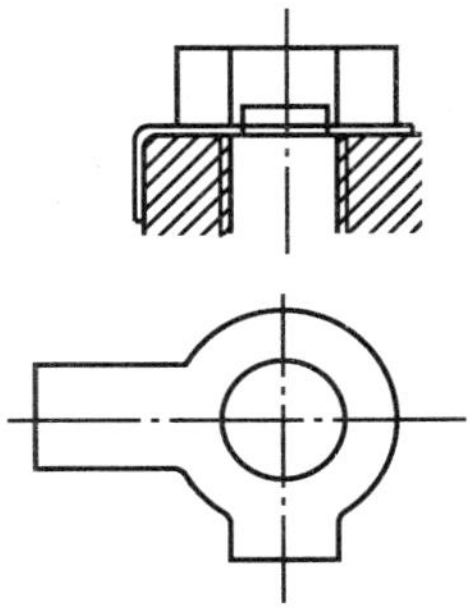 外舌止动垫圈
	槽形螺母拧紧后,用开口销穿过螺栓尾部小孔和螺母的槽,也可以用普通螺母拧紧后再配钻销孔	使垫圈内舌嵌入螺栓(轴)的槽内,拧紧螺母后将垫圈外舌之一褶嵌于螺母的一个槽内	将垫圈褶边以固定螺母和被联接件的相对位置

冲点法防松	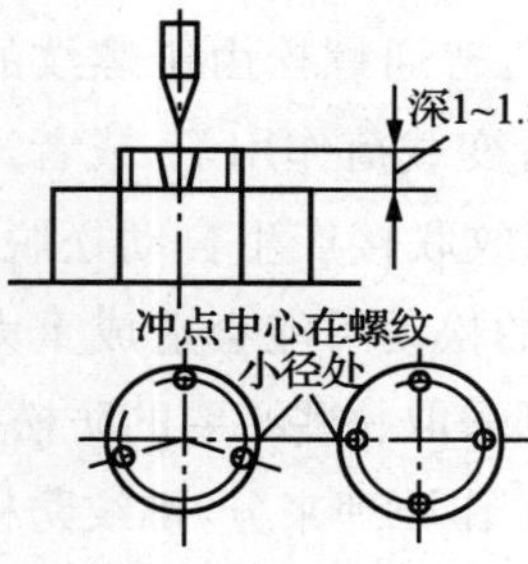 深1~1.5P 冲点中心在螺纹小径处 端面冲点	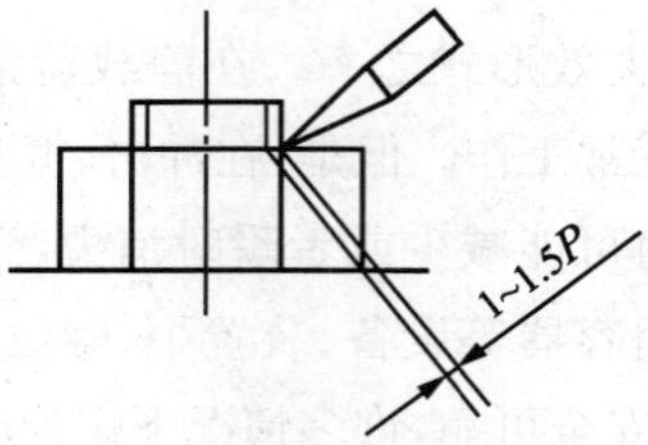 d>8 mm 冲三点 d<8 mm 冲二点 侧面冲点	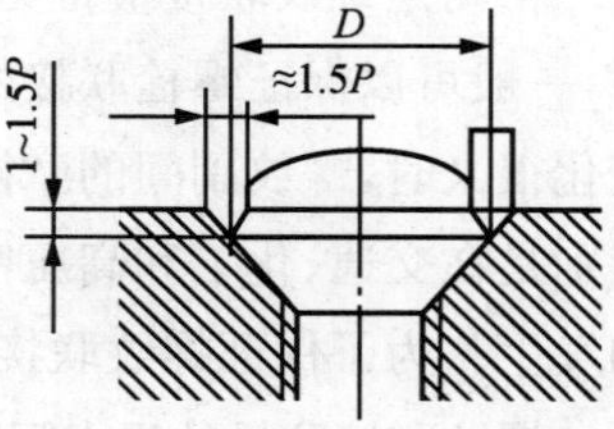 D ≈1.5P 1~1.5P 冲点中心在钉头直径上
粘合法防松	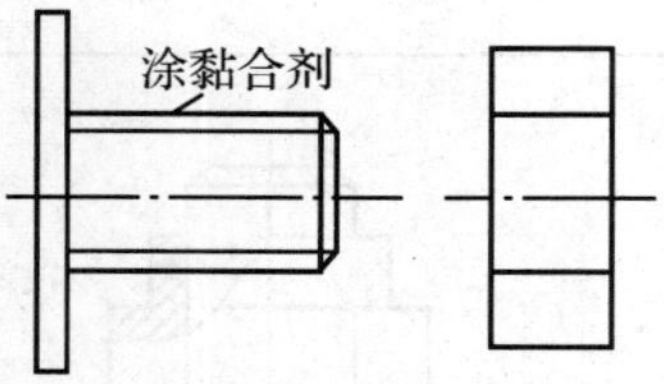 涂黏合剂 粘合防松通常采用厌氧性黏结剂涂于螺纹旋合表面,拧紧螺母后粘结剂能自行固化,防松效果良好	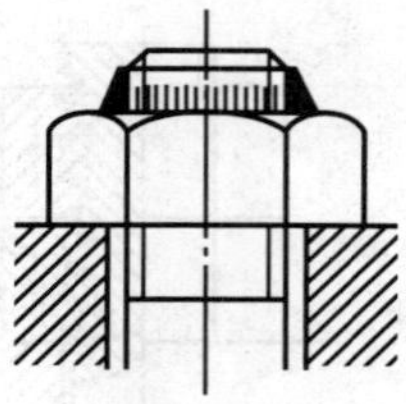 焊点防松	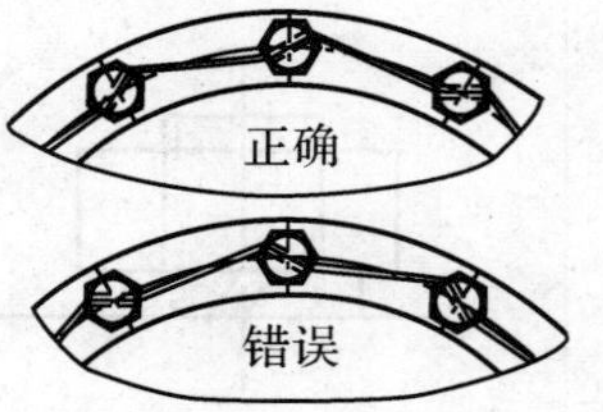 正确 错误 串联钢丝防松

第四节　螺纹联接的强度计算

　　螺栓联接强度计算的目的,主要是根据联接的结构形式、材料性质和载荷状态等条件,分析螺栓的受力和失效形式,然后按相应的计算准则计算螺纹小径 d_1,再按照标准选定螺纹公称直径 d 和螺距 P 等。螺栓其余部分尺寸及螺母、垫圈等,一般都可根据公称直径 d 直接从标准中选定,因为制定标准时,已经考虑了螺栓、螺母的各部分及垫圈的等强度和制造、装配等要求。

　　需要说明的是,螺栓联接、螺钉联接和双头螺柱联接的失效形式和计算方法基本相同,所以,本节对螺栓联接计算的讨论,其结论对螺钉联接和双头螺柱联接也基本适用。

一、受拉螺栓联接

1. 松螺栓联接

　　这种联接在承受工作载荷以前螺栓不拧紧,即不受力,如图 6-8 所示的起重吊钩尾部的松螺接联接。

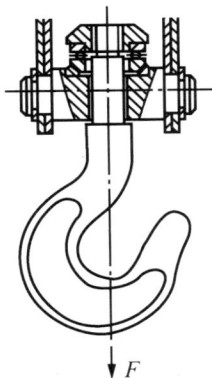

图 6-8　松螺栓联接

螺栓工作时受轴向力 F 作用,其强度条件为

$$\sigma = \frac{F}{A} = \frac{F_0}{\frac{\pi d_1^2}{4}} \leqslant [\sigma] \tag{6-2}$$

式中:d_1　螺栓危险截面的直径(即螺纹的小径),单位为 mm;

　　　$[\sigma]$　松联接的螺栓的许用拉应力,单位为 MPa。

由上式可得设计公式为

$$d_1 \geqslant \sqrt{\frac{4F}{\pi[\sigma]}} \tag{6-3}$$

计算得出 d_1 值后再从有关设计手册中查得螺纹的公称直径 d。

2. 紧螺栓联接

(1) 只受预紧力的紧螺栓联接

紧螺栓联接装配时需要将螺母拧紧,在拧紧力矩作用下,螺栓不仅受到预紧力 F_0 产生的拉应力 σ 作用,同时还受到螺纹副中摩擦阻力矩 T_1 所产生的剪切应力 τ 作用,即螺栓处于弯扭组合变形状态。对于钢制 M10～M68 普通螺纹,取 $\tau \approx 0.5\sigma$,根据第四强度理论,可求出螺栓危险剖面的当量应力为 $\sigma_e = \sqrt{\sigma^2 + 3\tau^2} = \sqrt{\sigma^2 + 3(0.5\sigma)^2} = 1.3\sigma$。因此,对紧螺栓联接的强度计算,只要将所受的拉应力增大 30% 来考虑剪应力的影响即可。故螺栓螺纹部分的强度条件为:

$$\sigma_e = \frac{1.3F_0}{\frac{\pi}{4}d_1^2} \leqslant [\sigma] \tag{6-4}$$

设计公式为:

$$d_1 \geqslant \sqrt{\frac{4 \times 1.3F_0}{\pi[\sigma]}} \tag{6-5}$$

由此可见,紧联接螺栓的强度也可按纯拉伸计算,但考虑螺纹摩擦力矩 T 的影响,需将预紧力增大 30%。

（2）承受横向外载荷的紧螺栓联接

如图 6-9 所示的受横向外载荷的普通螺栓联接，主要用于防止被联接件错动，其特点是杆孔间有间隙，靠拧紧的正压力（F_0）产生摩擦力来传递外载荷，保证联接可靠（不产生相对滑移）的条件为：

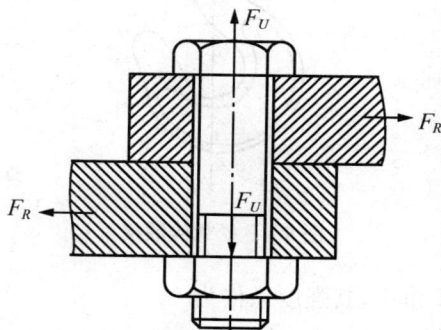

图 6-9　受横向外载荷的普通螺栓联接

$$F_0 f \geqslant F_R \tag{6-6}$$

若考虑联接的可靠性及接合面的数目，上式可改成：

$$F_0 fm = K_f F_R \tag{6-7}$$

即：

$$F_0 = \frac{K_f F_R}{fm} \tag{6-8}$$

式中：F_R　横向外载荷，N；

　　　f　接合面间的摩擦系数；

　　　m　接合面的数目；

　　　K_f　可靠性系数，取 $K_f = 1.1 \sim 1.3$。

强度校核公式为：

$$\sigma_e = \frac{1.3 F_0}{\frac{\pi}{4} d_1^2} \leqslant [\sigma] \tag{6-9}$$

设计公式为：

$$d_1 \geqslant \sqrt{\frac{4 \times 1.3 F_0}{\pi [\sigma]}} \tag{6-10}$$

（3）承受轴向静载荷的紧螺栓联接

这种受力形式的紧螺栓联接应用最广，也是最重要的一种螺栓联接形式。图 6-10 所示为气缸端盖的螺栓组，其每个螺栓承受的平均轴向工作载荷为：

$$F = \frac{p \pi D^2}{4z} \tag{6-11}$$

式中：p　缸内气压；

　　　D　缸径；

　　　z　螺栓数。

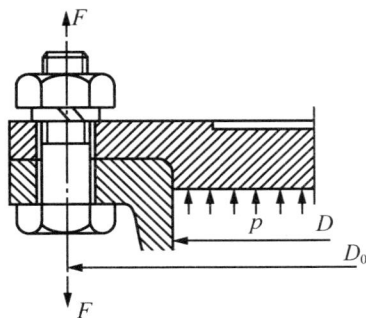

图 6-10 气缸盖螺栓联接

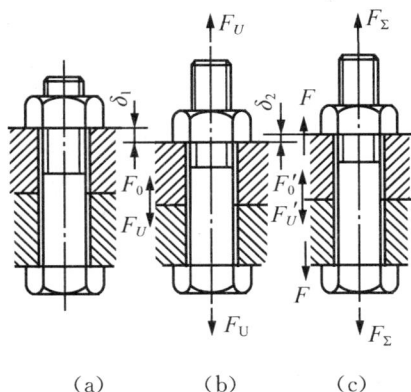

(a)   (b)   (c)

图 6-11 螺栓的受力与变形

图 6-10 所示为气缸端盖螺栓组中一个螺栓联接的受力与变形情况。假定所有零件材料都服从胡克定律,零件中的应力没有超过比例极限。图 6-11(a)所示为螺栓未被拧紧,螺栓与被联接件均不受力时的情况。图 6-11(b)所示为螺栓被拧紧后,螺栓受预紧力 F_0,被联接件受预紧压力 F_0 的作用而产小压缩变形 δ_1 的情况。图 6-11(c)所示为螺栓受到轴向外载荷(由气缸内压力而引起的)F 作用时的情况,螺栓被拉伸,变形增量为 δ_2,根据变形协调条件,δ_2 即等于被联接件压缩变形的减少量。此时被联接件受到的压缩力将减小为 F_0',称为残余预紧力。显然,为了保证被联接件间密封可靠,应使 $F_0' > 0$,即 $\delta_1 > \delta_2$。此时螺栓所受的轴向总拉力 F_Σ 应为其所受的工作载荷 F 与残余预紧力 F_0' 之和,即:

$$F_\Sigma = F + F_0' \tag{6-12}$$

不同的应用场合,对残余预紧力 F_0' 有着不同的要求. 一般可参考以下经验数据来确定:对于一般的联接,若工作载荷稳定,取 $F_0' = (0.2 \sim 0.6)F$,若工作载荷不稳定,取 $F_0' = (0.6 - 1.0)F$;对于气缸、压力容器等有紧密性要求的螺栓联接,取 $F_0' = (1.5 \sim 1.8)F$。

当选定残余预紧力 F_0' 后,即可按上式求出螺栓所受的总拉力 F,同时考虑到可能需要补充拧紧及扭转剪应力的作用,将 F_Σ 增加 30%,则螺栓危险截面的拉伸强度条件为:

$$\sigma = \frac{1.3 F_\Sigma}{\frac{\pi}{4} d_1^2} \leqslant [\sigma] \tag{6-13}$$

设计公式为:

$$d_1 \geqslant \sqrt{\frac{4 \times 1.3 F_\Sigma}{\pi [\sigma]}} \tag{6-14}$$

二、受剪切螺栓联接

如图 6-12 所示,受剪螺栓通常是六角头铰制孔用螺栓,螺栓与螺栓孔多采用过盈配合或过渡配合。当联接承受横向载荷时,在联接的结合处螺栓横截面受剪切,螺栓杆和被联接件孔壁接触表面受挤压,来传递外载荷 F_R 进行工作。

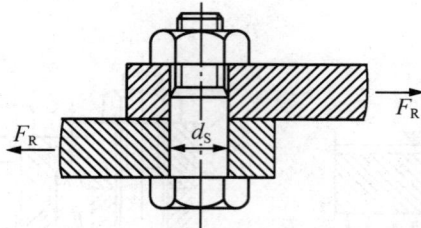

图 6-12　受横向外载荷的铰制孔用螺栓联接

螺栓的剪切强度条件为：

$$\tau = \frac{F_R}{m\pi d_S^2/4} \leqslant [\tau] \qquad (6-15)$$

螺栓与孔壁接触表面的挤压强度条件为：

$$\sigma_p = \frac{F_R}{d_S\delta} \leqslant [\sigma_p] \qquad (6-16)$$

式中：F_R　单个螺栓所受的横向工作载荷（N）；

　　　δ　螺栓杆与孔壁挤压面的最小高度（mm）；

　　　d_S　螺栓剪切面的直径（mm）；

　　　m　螺栓受剪面数；

　　　$[\sigma_p]$　螺栓或孔壁材料中较弱者的许用挤压应力（N/mm²），查表 6-5；

　　　$[\tau]$　螺栓材料的许用切应力（N/mm²），查表 6-5。

表 6-4　螺纹紧固件常用材料的力学性能　　　　（N/mm²）

钢　　号	Q215	Q235	35	45	40Cr
强度极限 σ_b	340～420	10～470	540	650	750～1000
屈服极限 σ_S	220	240	320	360	650～900

表 6-5　螺纹联接的许用应力和安全系数

联接情况	受载情况	许用应力 $[\sigma]$ 和安全系数 S
松联接	静载荷	$[\sigma] = \sigma_S/S, S = 1.2\sim1.7$
紧联接	静载荷	$[\sigma] = \sigma_S/S$，S 取值：控制预紧力时 $S = 1.2\sim1.5$，不严格控制预紧力时 S 查表 6-6
铰制孔用螺栓联接	静载荷	$[\tau] = \sigma_S/2.5$ 联接件为钢时 $[\sigma_p] = \sigma_S/1.25$，联接件为铁时 $[\sigma_p] = \sigma_S/2\sim2.5$
	变载荷	$[\tau] = \sigma_S/3.5\sim5$，$[\sigma_p]$ 按静载荷的 $[\sigma_p]$ 值降低 20%～30%

表 6-6　紧螺栓联接的安全系数（静载不控制预紧力时）

材　料	螺栓		
	M6～M16	M16～M30	M30～M60
碳钢	4～3	3～2	2～1.3
合金钢	5～4	4～2.5	2.5

第五节　螺纹联接的结构设计与提高强度的措施

一、螺纹联接的结构设计

大多数情况下,螺纹联接件都是成组使用的。螺栓组联接受力分析的目的是找出受力最大的螺栓,然后确定螺栓的公称直径。设计螺栓组联接时,应根据联接的用途及被联接件的结构,选定联接类型、螺栓数目及布置形式,确定螺栓联接的结构尺寸。

螺栓组联接的结构设计时应综合考虑以下几方面的问题:

(1) 联接接合面的几何形状通常都设计成轴对称的简单几何形状(图 6-13)。这样便于对称布置螺栓,使螺栓组的对称中心和联接结合面的形心重合,保证结合面的受力比较均匀,同时也便于加工制造。

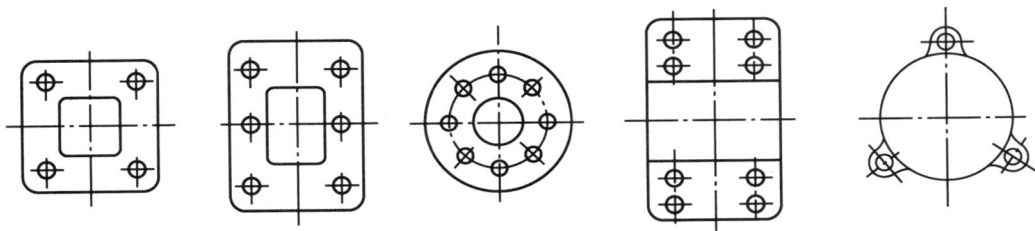

图 6-13　螺栓组联接接合面的形状

(2) 螺栓的布置应使各螺栓的受力合理(图 6-14)。当螺栓组联接承受弯矩或扭矩时,应使螺栓的位置适当靠近结合面的边缘,以减小螺栓的受力。不要在平行于工作载荷的方向上成排地布置 8 个以上的螺栓,以避免螺栓受力不均。若螺栓组同时承受较大的横向、轴向载荷,应采用销、套筒、键等零件来承受横向载荷,以减小螺栓的结构尺寸。

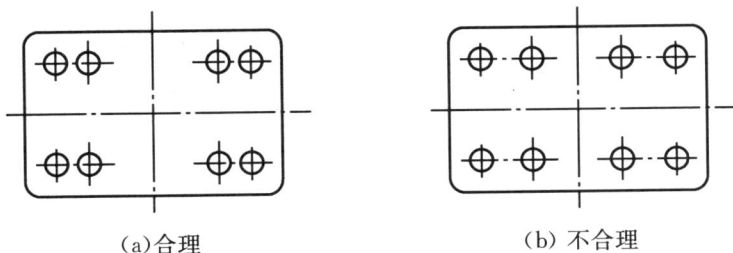

(a)合理　　　　　　　　　　(b) 不合理

图 6-14　接合面受弯矩或转矩时螺栓的布置

(3) 分布在同一圆周上的螺栓数目应取为 4、6、8 等偶数。同一螺栓组中螺栓的材料、直径和长度均应相同。

(4) 螺栓的排列应有合理的间距、边距;扳手空间的尺寸可查阅有关标准(见图 6-15)。对于压力容器等紧密性要求较高的重要联接,螺栓的间距 t_0 不得大于表 6-7 所推荐的数值。

图 6-15　扳手空间

表 6-7　螺栓间距 t_0

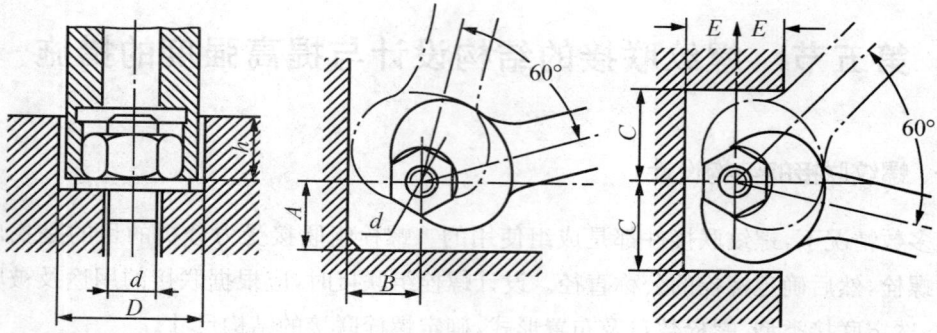

	工作压力/MPa					
	≤1.6	1.6~4	4~10	10~16	16~20	20~30
	t_{0max}/mm					
	7d	4.5d	4.5d	4d	3.5d	3d

注：表中 d 为螺纹公称直径。

（5）避免螺栓承受偏心载荷（如图 6-16 所示）。减小载荷相对于螺栓轴线的偏距，保证螺母或螺栓头部支承面平整并与螺栓轴线相垂直，被联接件上应设置凸台、沉头座（如图 6-17所示）或斜面垫圈（如图 6-18 所示）。

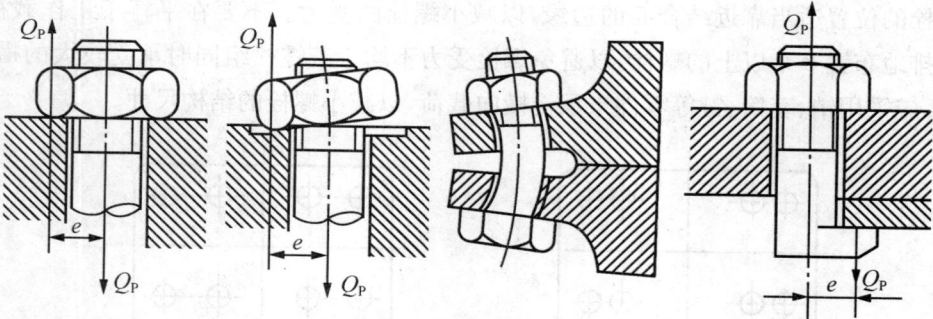

图 6-16　螺栓承受偏心载荷

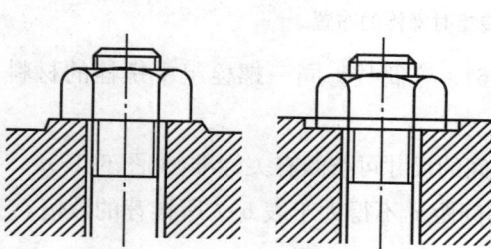

图 6-17　凸台与沉头座的应用

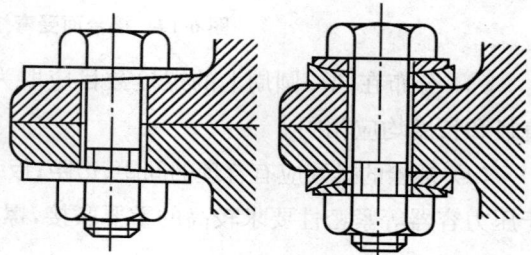

图 6-18　斜垫圈和球面垫圈

二、提高螺栓强度的措施

1. 提高螺栓的疲劳强度

理论和实践证明,变载荷工作时,在工作载荷和残余预紧力不变的情况下,减小螺栓刚度或增大被联接件刚度都能达到提高螺栓疲劳强度的目的,但应适当增大预紧力,以保证联接的密封性。

减小螺栓刚度的常用措施有:适当增加螺栓的长度、减小螺栓杆直径,或做成中空的结构——柔性螺栓。柔性螺栓受力时变形大,吸收能量作用强,也适于承受冲击和振动。在螺母下面安装弹性元件,当工作载荷由被联接件传来时,由于弹性元件的较大变形,也能起到柔性螺栓的效果。为了增大被联接件的刚度,不宜采用刚度小的垫片。紧密联接就以用密封环为佳。

2. 改善螺纹牙间的载荷分布

采用普通螺母时,轴向载荷在旋合螺纹各圈之间的分布是不均匀的,从螺母支承面算起,第一圈受载最大,以后各圈递减。理论分析和实验证明,旋合圈数越多,载荷分布不均的程度就越显著,第8~10圈以后的螺纹几乎不受载荷。所以,采用圈数多的厚螺母,并不能提高联接强度。若采用受拉螺母,则螺母锥形悬置段与螺栓杆均为拉伸变形,有助于减少螺母和螺栓杆的螺距变化差,从而使载荷分布比较均匀。

3. 减轻应力集中

螺纹的牙根和收尾、螺栓头部与栓杆交接处都有应力集中,是产生断裂的危险部位;特别是在旋合螺纹的牙根处,由于栓杆拉伸,牙受弯剪,而且受力不均,情况更为严重。适当加大牙根圆角半径以减轻应力集中,可提高螺栓疲劳强度达20%~40%;在螺纹收尾处用退刀槽、在螺母承压面以内的栓杆有余留螺纹等,都有良好效果。航空、航天器螺栓采用新发展的 MJ 螺栓,其主要结构特点就是牙根圆角半径增大。高强度钢螺栓对应力集中敏感,但由于可用更大的预紧力拧紧和具有更高的极限强度,结果还是有利的。

4. 采用合理的制造工艺

制造工艺对螺栓疲劳强度有很大的影响。采用碾制螺纹时,由于冷作硬化的作用,表层有残余压应力,金属流线合理,螺栓疲劳强度可比车制螺纹高30%~40%;热处理后再滚压的效果更好。另外,碳氮共渗、渗氮、喷丸处理都能提高螺栓疲劳强度。

第六节　螺旋传动

一、螺旋传动的类型

螺旋传动是利用由螺杆和螺母组成的螺旋副来实现传动要求的。它主要用于将回转运动转变为直线运动,同时传递运动和动力的场合。

1. 螺旋传动按其用途和受力情况分为如下三种类型:

(1) 传力螺旋　它主要用来传递轴向力,要求用较小的力矩转动螺杆(或螺母)而使螺母(或螺杆)产生直线移动和较大的轴向力,例如:如图 6-19 所示的螺旋千斤顶。

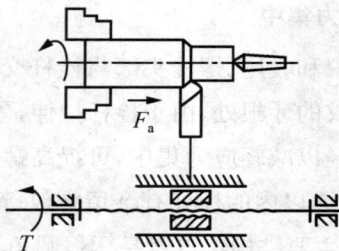

(2) 传导螺旋　它主要用来传递轴向力,要求具有较高的传动精度,例如:如图 6-20 所示的车床刀架和进给机构的螺旋。

(3) 调整螺旋　它主要用来调整和固定零件或工件的相互位置,不经常传动,受力也不大,如车床尾座和卡盘头的螺旋等。

这些螺旋传动一般采用梯形螺纹、锯齿形螺纹或矩形螺纹,其主要特点是结构简单,运转平稳无噪声,便于制造,易于自锁,但传动效率较低,摩擦和磨损较大等。

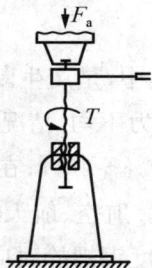

图 6-19　螺旋千斤顶　　　　　图 6-20　机床刀架进给机构

2. 按照螺旋副的摩擦性质不同分类,可以将其分为以下三种类型:

(1) 滑动螺旋传动　它结构简单、便于制造、易于自锁,但摩擦阻力较大、传动效率低、磨损大、传动精度低。

(2) 滚动螺旋传动　它是用滚动体在螺纹工作面间实现滚动摩擦的螺旋传动,又称滚珠丝杠传动。

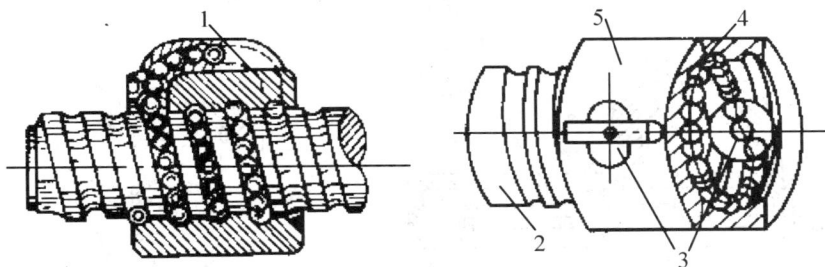

1—导路　2—螺杆　3—反向器　4—滚珠　5—螺母

图 6-21　滚动螺旋传动

滚动体通常为滚珠,也有用滚子的。按滚珠循环方式分外循环和内循环。如图 6-21 所示滚动螺旋传动的摩擦系数、效率、磨损、寿命、抗爬行性能、传动精度和轴向刚度等虽比静压螺旋传动稍差,但远比滑动螺旋传动为好。滚动螺旋传动的效率一般在 90% 以上。它不自锁,具有传动的可逆性;但结构复杂,制造精度要求高,抗冲击性能差。它已广泛地应用于机床、飞机、船舶和汽车等要求高精度或高效率的场合。

(3) 静压螺旋传动　它是利用工作面间形成液体静压油膜润滑的螺旋传动。如图 6-22 所示,静压螺旋传动摩擦系数小,传动效率可达 99%,无磨损和爬行现象,无反向空程,轴向刚度很高,不自锁,具有传动的可逆性。但螺母结构复杂,而且需要有一套压力稳定、温度恒定和过滤要求高的供油系统。静压螺旋常被用作精密机床进给和分度机构的传导螺旋。

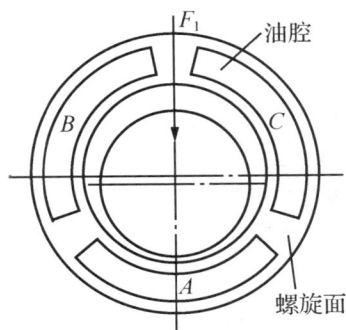

图 6-22　静压螺旋传动

3. 按照螺杆和螺母的相对运动关系,常将螺旋传动分为以下四种形式:

(1) 螺母固定不动螺杆回转并作直线运动

如图 6-23 所示为螺杆回转并作直线运动的台虎钳。与活动钳口 2 组成转动副的螺杆 1 以右旋单线螺纹与螺母 4 啮合组成螺旋副。螺母 4 与固定钳口 3 联接。当螺杆按图示方向相对螺母 4 作回转运动时,螺杆连同活动钳口向右作直线运动,与固定钳口实现对工件的夹紧;当螺杆反向回转时,活动钳口随螺杆左移,松开工件。通过螺旋传动,完成夹紧与松开工件的要求。

(2) 螺杆固定不动螺母回转并作直线运动

如图 6-24 所示为螺旋千斤顶中的一种结构形式,螺杆 4 联接于底座固定不动,转动手柄3使螺母2回转并作上升或下降的直线运动,从而举起或放下托盘1。

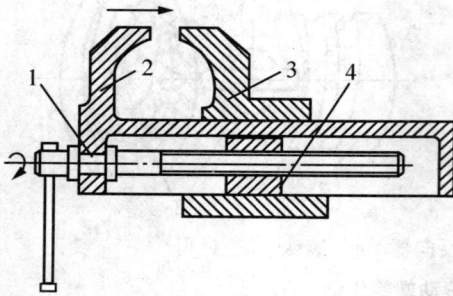

1—螺杆　2—活动钳口　3—固定钳口　4—螺母

图 6-23　台虎钳

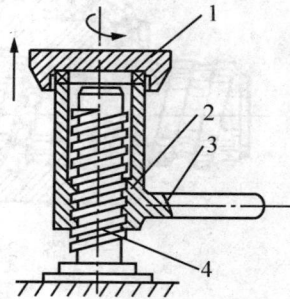

1—螺杆　2—螺母　3—手柄　4—螺杆

图 6-24　螺旋千斤顶

（3）螺杆回转螺母作直线运动

如图 6-25 所示为螺杆回转、螺母作直线运动的传动结构图。螺杆1与机架3组成转动副,螺母2与螺杆以左旋螺纹啮合并与工作台4联接。当转动手轮使螺杆按图示方向回转时,螺母带动工作台沿机架的导轨向右作直线运动。

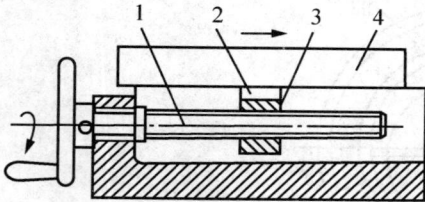

1—螺杆　2—螺母　3—机架　4—工作台

图 6-25　机床工作台进给机构

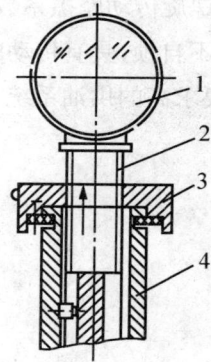

1—观察镜　2—螺杆　3—螺母　4—机架

图 6-26　观察镜螺旋调整装置

（4）螺母回转螺杆作直线运动

如图 6-26 所示为应力试验机上的观察镜螺旋调整装置。螺杆2、螺母3为左旋螺旋副。当螺母按图示方向回转时,螺杆带动观察镜1向上移动;螺母反向回转时,螺杆连同观察镜向下移动。

二、滑动螺旋的结构和材料

1. 螺母结构

（1）整体螺母　不能调整间隙,只能用在轻载且精度要求较低的场合。

（2）组合螺母　通过拧紧螺钉驱使楔块将其两侧螺母楔紧,以便减少间隙,提高传动精度,如图 6-27 所示。

（3）对开螺母　一般用于车床溜板箱的螺旋传动中,如图 6-28 所示。

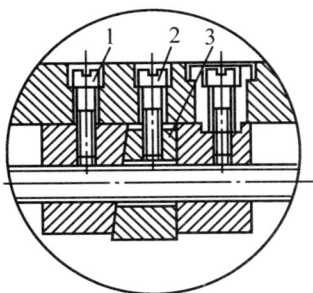

图 6-27　组合螺母

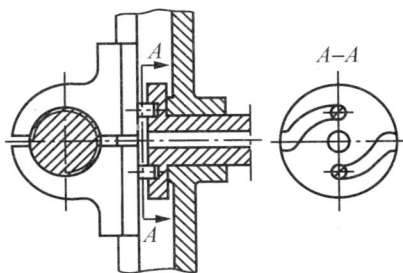

图 6-28　对开螺母

2. 螺杆结构

传动螺旋通常采用牙型为矩形、梯形或锯齿形的右旋螺纹。特殊情况下,如车床横向进给丝杠螺纹时,也采用左旋螺纹。

3. 材料

由于滑动螺旋传动中的摩擦较严重,故要求螺旋传动材料的耐磨性能、抗弯性能都要好。一般螺杆材料的选用原则为:

（1）高精度传动时多选碳素工具钢。

（2）需要较高硬度(50～60HRC)时采用铬锰合金钢。

（3）一般情况下选用 45、50 钢。

螺母材料可用铸造锡青铜,重载低速的场合选用强度高的铸造铝铁青铜,轻载低速时选用耐磨铸铁。

三、滑动螺旋传动的设计计算

1. 根据耐磨性计算螺杆直径

螺母所用的材料一般比螺杆的材料软,所以磨损主要发生在螺母的螺纹表面。影响螺纹磨损的因素很多,目前尚缺乏完善的计算方法,故通常用限制螺纹表面的压强不超过材料的许用压强来进行计算,即 $p \leqslant [p]$。螺杆直径可按下式计算:

$$d_2 \geqslant \sqrt{\frac{FP}{\pi \psi h [p]}}$$

(6-17)

式中:d_2　螺纹中径(mm);

$\quad\ [p]$　许用压强(N/mm²),查表 6-7;

$\quad\ h$　螺纹的工作高度(mm),对矩形、梯形螺纹 $h = 0.5P$,锯齿螺纹 $h = 0.75P$,

$\quad\ P$　螺矩(mm);

$\quad\ \psi$　螺母高度系数,对整体螺母取 $\psi = 1.5 \sim 2.5$,剖分式螺母或受载较大的取 $\psi = 2.5 \sim 3.5$;传动精度较高、载荷较大、要求寿命较长时取 $\psi = 4$。

根据公式算得螺纹中径 d_2 后,应按标准选取相应的公称直径 d 及螺距 P。由于圈数愈多各圈受力愈不均匀,所以螺纹圈数一般不宜超过 10 圈。

表 6-7　滑动螺旋传动的许用压强 $[p]$

螺纹副材料	滑动速度 (m/min)	许用压强 (N/mm²)	螺纹材料	滑动速度 (m/min)	许用压强 (N/mm²)
铜对青铜	低速	18~25	钢对铸铁	< 2.4	13~18
	< 3.0	11~18		6~12	4~7
	6~12	7~10	钢对钢	低速	7.5~13
	> 15	1~2			
钢对耐磨铸铁	6~12	6~8	淬火钢对青铜	6~12	10~13

注:$\psi < 2.5$ 或人力驱动时,$[p]$ 可提高约 20%,螺母为剖分式时 $[p]$ 应降低约 15%~20%。

2. 螺纹牙的强度计算

为降低摩擦系数螺母通常采用较软的材料,故螺纹牙的强度计算主要是计算螺母螺纹牙的剪切和弯曲强度。如图 6-29 所示,螺母上一圈螺纹牙展开后,可看作是悬臂梁,在载荷的作用下,螺纹牙根部 $a-a$ 处受弯曲和剪切作用,其抗剪强度条件为:

$$\tau = \frac{F}{z\pi db}$$

$$\tau = \frac{F}{z\pi db} \leqslant [\tau] \qquad (6\text{-}18)$$

弯曲强度条件为:

$$\sigma_b = \frac{M}{W} = \frac{Fh/2}{z\pi db^2/6} = \frac{3Fh}{z\pi db^2} \leqslant [\sigma_b] \qquad (6\text{-}19)$$

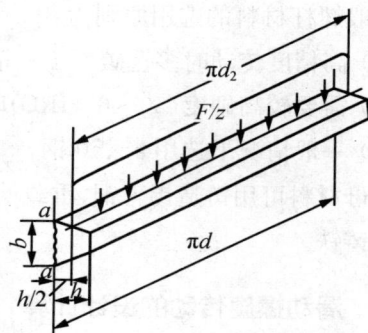

图 6-29　螺纹上一圈纹牙展开后的受力分析

式中:F　轴向载荷(N);

$\quad\quad H$　螺纹的工作高度;

$\quad\quad d$　螺母螺纹大径(mm);

$\quad\quad z$　螺纹工作圈数;

$\quad\quad b$　螺纹牙根部宽度(mm),对矩形螺纹 $b = 0.5P$、锯齿形螺纹 $b = 0.74P$、梯形螺纹 $b = 0.65P$;

$\quad\quad [\tau]$、$[\sigma_b]$ 分别为许用剪切和弯曲应力(N/mm²),可由表 6-8 查得。

3. 螺杆的强度计算

螺杆工作时有压力或拉力和转矩 T。根据第四强度理论可求出危险截面的强度条件为:

$$\sigma_e = \sqrt{\sigma^2 + 3\tau^2} = \frac{4}{\pi d_1^2}\sqrt{F^2 + 3\left(\frac{4T}{d_1}\right)^2} \leqslant [\sigma] \qquad (6\text{-}20)$$

式中:$[\sigma]$　许用应力(N/mm²),见表 6-8;

$\quad\quad T$　转矩(N/mm²)。

表 6-8　螺杆和螺母的许用应力 　　　（N/mm²）

项目	许用应力		
螺杆	$[\sigma] = \sigma_s/(3\sim5)$		
螺母	材料	$[\sigma]_b$	$[\tau]$
	青铜	40～60	30～40
	铸铁	45～55	40
	耐磨铸铁	50～60	40
	钢	$(1\sim1.2)[\sigma]$	$0.6[\sigma]$

4. 螺杆的稳定性计算

对于长径比大的受压螺杆，承受轴向力过大时，螺杆就会因失稳而破坏，故需进行稳定性验算。其校核计算式为：

$$F_c/F \geqslant 2.5\sim4 \qquad (6\text{-}21)$$

式中：F_c　螺杆的临界压力，具体值可查有关手册。

5. 自锁性验算

对于要求自锁的螺旋传动，应根据式 $\lambda \leqslant \rho_v$，即螺旋升角不超过螺旋副当量摩擦角，验算其自锁性。

第七节　键联接

键联接主要用于轴上零件的周向固定并传递转矩；有些兼作轴上零件的轴向固定；还有的对沿轴向移动的零件起导向作用。

一、键联接的类型、特点和应用

键是标准件，按结构特点及工作原理，键联接可分为平键联接、半圆键联接和楔键联接等。

1. 平键联接

如图 6-30 所示，键的两侧面为工作表面，靠键与键槽间的挤压力传递扭矩。平键联接由于结构简单、装拆方便、对中较好，广泛用于传动精度要求较高的场合。按用途将平键分为如下三种：

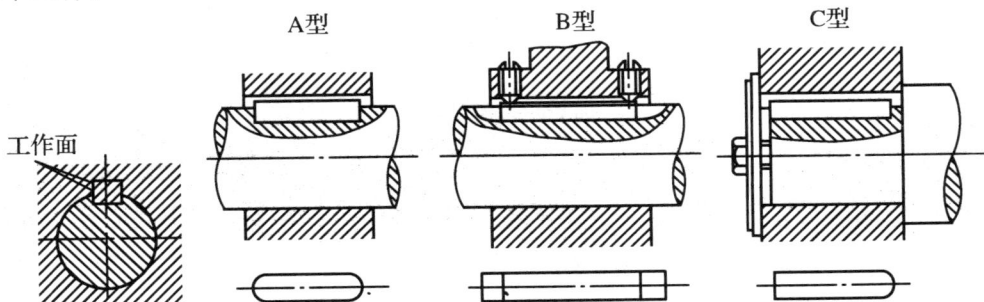

图 6-30　平键联接

（1）普通平键。如图 6-30 所示，按结构分为圆头（A 型）、平头（B 型）和单圆头（C 型）三种。A 型键定位好，应用广泛。C 型键用于轴端。A、C 型键的轴上键槽用立铣刀加工，端部应力集中较大。B 型键的轴上键槽用盘铣刀加工，轴上应力集中较小，但键在键槽中的轴向固定不好，故尺寸较大的键要用紧定螺钉压紧。

（2）导向平键。如图 6-31 所示，导向平键是加长的普通平键，有圆头（A 型）和方头（B 型）两种。导向平键用螺钉固定在轴上，轮毂可沿键作轴向移动。为拆卸方便，在键的中部制有起键用的螺孔。当轴上零件移动距离较大时，可用滑键联接（图 6-32）。滑键固定在轮毂上，轮毂带着滑键在轴上键槽中作轴向移动，固需要在轴上加工长键槽。

2. 半圆键联接

如图 6-33 所示，键的底面为半圆形。工作时靠两侧面传递转矩，键在槽中能绕几何中心摆动，以适应轮毂上键槽的斜度。但轴上键槽较深，对轴的强度削弱较大，主要用于轻载时锥形轴头与轮毂的联接。

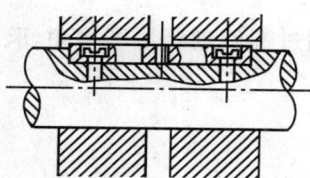

图 6-31　导向平键联接　　图 6-32　滑键联接　　图 6-33　半圆键联接

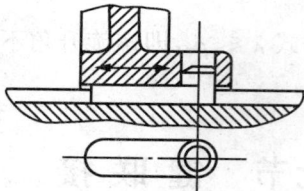

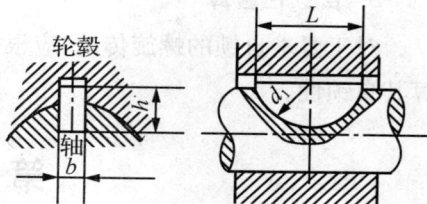

3. 楔键联接

如图 6-34 所示，楔键的上下面为工作面，分别与轮毂和轴上键槽底面紧贴。键的上表面与轮毂键槽底面均有 1：100 的斜度，装配时需把键打紧，使键楔紧在轴和毂之间，靠楔紧产生的摩擦力传递转矩和单向的轴向力。

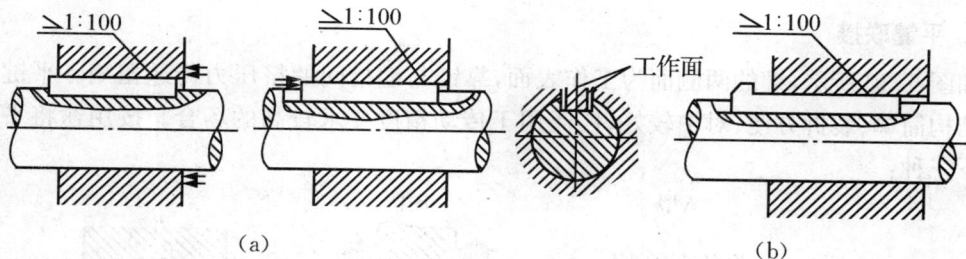

（a）　　　　　　　　　　　　　　　　（b）

图 6-34　楔键联接

楔键分为普通楔键（图 6-34(a)）和钩头楔键（图 6-34(b)），前者又分为圆头（A 型）和平头（B 型）两种。圆头普通楔键是放入式的（放入轴上键槽后打紧轮毂），其他楔键都是打入式的（先将轮毂装到适当位置再将键打紧）。

键楔紧后迫使轴上零件与轴产生偏斜，故受冲击、受载荷作用时，楔键联接容易松动。

楔键联接只适用于对中性要求不高、载荷平稳、低速运转的场合,如农业机械、建筑机械等。当轴径 $d > 100$ mm 且传递较大转矩时,可采用由一对楔键组成的切向键联接(图 6-35(a))。若要传递双向转矩,则需用两对相隔 120°~130° 的切向键(图 6-35(b))。

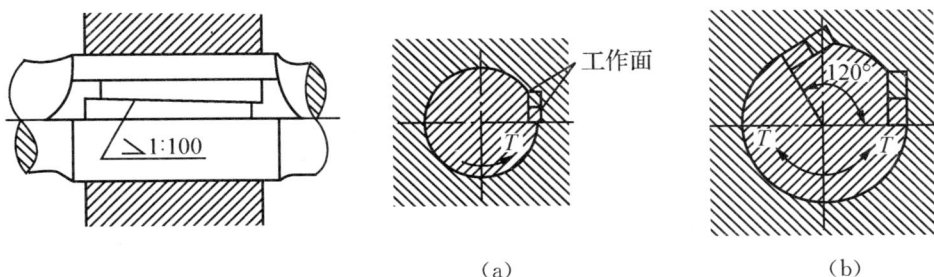

(a)   (b)

图 6-35 切向键联接

二、平键的选择和强度校核

1. 平键的选择

首先根据键联接的工作要求和使用特点选择平键的类型,再按照轴径 d 从标准中选取键的剖面尺寸 $b×h$(见表 6-9)。键的长度 l 一般按轮毂宽度选取,即键长等于或略短于轮毂宽度,并应符合标准值。

2. 平键联接的强度校核

键联接的主要失效形式是较弱工作面的压溃(静联接)或过度磨损(动联接)。因此按挤压应力或压强 p 进行条件性计算,其校核公式为:

$$\sigma_p = \frac{4T}{dhl} \leqslant [\sigma_p] \quad \text{或} \quad p = \frac{4T}{dhl} \leqslant [p] \tag{6-22}$$

式中:T　传递的转矩(N·mm);

　　　d　轴的直径(mm);

　　　h　键的高度(mm);

　　　l　键的工作长度(mm);

　　　$[\sigma_p]$(或$[p]$)　键联接的许用挤压应力(或许用压强$[p]$)(MPa),计算时应取联接中较弱材料的值。

表 6-9　平键联接尺寸 (mm) (摘自 GB 1096-79)

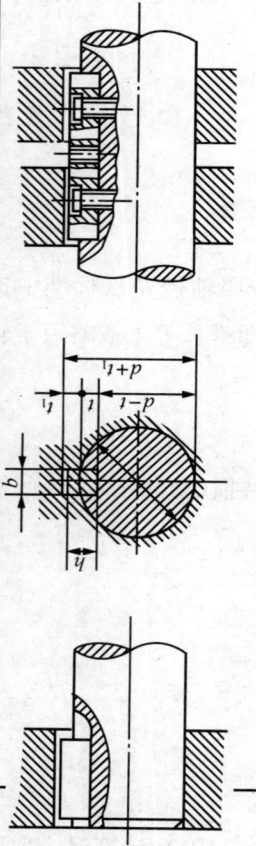

轴 公称直径 d	键 b (h9)	键 h (h11)	键 L (h14)	键槽 宽度 b 极限偏差 较松键联接 轴 H9	较松键联接 毂 D10	一般键联接 轴 N9	一般键联接 毂 Js9	较紧键联接 轴和毂 P9	深度 轴 t 公称尺寸	轴 t 极限偏差	毂 t 公称尺寸	毂 t 极限偏差	半径 r 最小	半径 r 最大
>10~12	4	4	8~45	+0.030 / 0	+0.078 / +0.030	0 / -0.030	±0.015	-0.012 / -0.042	2.5	+0.1 / 0	1.8	+0.1 / 0	0.08	0.16
>12~17	5	5	10~56						3.0		2.3			
>17~22	6	6	18~90						3.5		2.8			
>22~30	8	7	18~90	+0.036 / 0	+0.098 / +0.040	0 / -0.036	±0.018	-0.015 / -0.051	4.0	+0.2 / 0	3.3	+0.2 / 0	0.16	0.25
>30~38	10	8	22~110						5.0		3.3			
>38~44	12	8	28~140	+0.043 / 0	+0.120 / +0.050	0 / -0.043	±0.0215	-0.018 / -0.061	5.0		3.3		0.25	0.40
>44~50	14	9	36~160						5.5		3.8			
>50~58	16	10	45~180						6.0		4.3			
>58~65	18	11	50~200						7.0		4.4			
>65~75	20	12	56~220	+0.052 / 0	+0.149 / +0.065	0 / -0.052	±0.026	-0.022 / -0.074	7.5		4.9		0.40	0.60
>75~85	22	14	63~250						9.0		5.4			
>85~95	25	14	70~280						9.0		5.4			
95~110	28	16	80~320						10.0		6.4			

如果单键强度不够,可适当增加轮毂宽和键长,或用间隔180°的两个键。考虑到载荷分布的不均匀性,双键联接的强度可按1.5个键计算。

注:①在工作图中,轴槽深用 t 或 $(d-t)$ 标注,但 $(d-t)$ 的偏差应取负号;毂槽深用 t_1 或 $(d+t_1)$ 标注;轴槽的长度公差 H14。② 较松键联接用于导向平键;一般键联接用于载荷不大的场合;较紧键联接用于载荷较大、有冲击和双向转矩的场合。

第八节 花键联接和销联接

一、花键联接

花键联接是由在轴上加工出的外花键齿和在轮毂孔加工出的内花键齿所构成的联接,如图 6-36 所示。其优点是:齿数多,承载能力强;且槽较浅,应力集中小,对轴和毂的强度削弱较小,对中性和导向性好,广泛应用于定心精度要求高和载荷较大的场合。花键已标准化,按齿形不同,常用的花键分为矩形花键和渐开线花键。

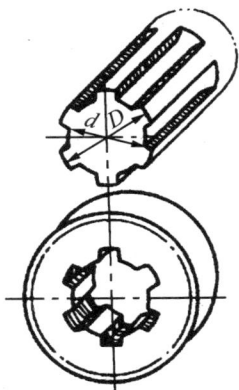

图 6-36 花键联接

图 6-37 矩形花键

1. 矩形花键

矩形花键(图 6-37)的键齿面为矩形,按齿数和尺寸不同,矩形花键分轻、中两系列。分别适用轻、中两种不同的载荷情况。如汽车、机床变速箱中滑移齿轮与轴的联接。矩形花键联接采用小径定心,其定心精度高。花键轴和孔可采用热处理后再磨削的加工方法。

2. 渐开线花键

渐开线花键(图 6-38)的键齿面为渐开线,齿根较厚,强度较高,受载时齿上有径向分力,能起自动定心作用,有利于保证同轴度。其工艺性好,可用加工齿轮的方法加工。适用于载荷较大、尺寸较大的联接。如起重运输机械、矿山机械等。

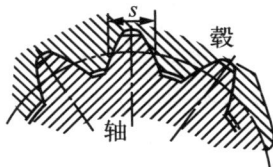

图 6-38 渐开线花键

渐开线的主要参数为模数 m、齿数 z、分度圆压力角 α(30°或

$45°$)。$\alpha = 45°$的渐开线花键齿数多、模数小，不易发生根切，多用于轻载、薄壁零件和较小直径的联接。

表 6-10　键联接材料的许用应力

许用应力（压强）	联接性质	键或轴、毂材料	载荷性质		
			静载荷	轻微冲击	冲击
$[\sigma_p]$	静联接	钢	120～150	100～120	60～90
		铸铁	70～80	50～60	30～45
$[p]$	动联接	钢	50	40	30

例 6-1　已知齿轮减速器输出轴与齿轮间用键联接，传递的转矩 $T = 700\ \text{N}\cdot\text{m}$，轴的直径 $d = 60\ \text{mm}$，轮毂宽 $B = 85\ \text{mm}$，载荷有轻微冲击，齿轮材料为铸钢。试设计该键联接。

解：1）选择键的类型。为保证齿轮传动啮合良好，要求轴毂对中性好，故选用 A 型普通平键。

2）选择键的尺寸。按轴径 $d = 60\ \text{mm}$，从表 6-9 中选择键的尺寸 $b \times h = 18\ \text{mm} \times 11\ \text{mm}$，根据轮毂宽取键长 $L = 80\ \text{mm}$，标记为：键 18×80　GB 1096-79。

3）校核键联接强度。由表 6-10 查铸钢材料 $\sigma_p = 100 \sim 120\ \text{MPa}$，由式（6-22）计算键联接的挤压强度

$$\sigma_p = \frac{4T}{dhl} = \frac{4 \times 700}{60 \times 11 \times (80 - 18) \times 10^{-9}} = 68.4\ \text{MPa} < [\sigma_p]$$

故所选键联接强度足够。

二、销联接

销主要用于零件定位，也可用于轴与轴上零件的联接，还可作为过载剪断元件，见图 6-39、6-40。按形状可分为圆柱销、圆锥销和开口销等。圆柱销靠微量的过盈与铰制的销孔配合，不宜多次装拆，以免降低牢固性和定位精度。圆锥销有 1:50 的锥度，以小端直径为标准值，靠锥面的挤压作用固定在铰光的孔中，定位精度高，自锁性能好，装拆方便。开口销是一种防松零件，它常与槽形螺母一起使用。

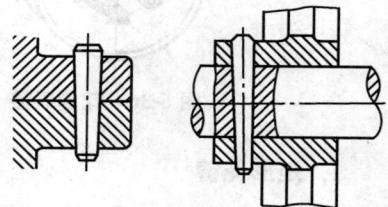

图 6-39　定位销　图 6-40　联接销

销是标准件，销的类型按工作要求选择。用于联接的销可根据联接的结构特点按经验确定直径，必要时再作强度校核；定位销一般不受载荷或受很小的载荷，其直径按结构确定，数目不得少于两个；安全销直径按销的剪切强度计算。

⭐ **思考题**

6-1. 常用螺纹的种类有哪些？各用于什么场合？

6-2. 螺纹的主要参数有哪些？

6-3. 螺纹的导程和螺距有何区别？导程、螺距、线数三者之间有何关系？

6-4. 根据牙型的不同,螺纹可分为哪几种？各有哪些特点？常用的联接和传动螺纹都有哪些牙型？

6-5. 螺纹联接的基本形式有哪几种？各适用于哪种场合？有何特点？

6-6. 为什么螺纹联接通常采用防松措施？常用的防松方法和装置有哪些？

6-7. 被联接件承受横向载荷时,螺栓是否一定受到剪切力？

6-8. 铰制孔用螺栓联接有何特点？用于承受何种载荷？

6-9. 判断下列说法是否正确？

(1) 对于受轴向工作载荷的紧螺栓联接有：$F_{\Sigma} = F_E + F_0$。

(2) 紧螺栓联接的强度条件是按拉应力建立的,因此没有考虑剪切应力的影响。

(3) 受拉螺栓联接只能承受轴向载荷。

6-10. 如图所示为一拉杆螺纹联接。已知拉杆受的载荷 $F = 50$ kN,载荷稳定,拉杆材料为 Q235,试计算此拉杆螺栓的直径。

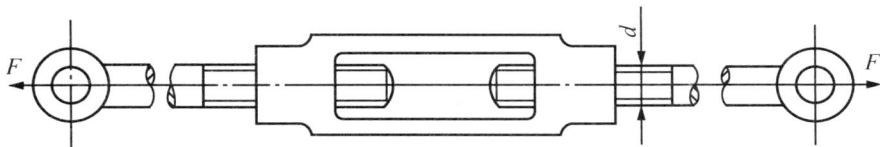

第 6-10 题图

6-11. 如图所示凸缘联轴器,用分布在直径为 $D_0 = 250$ mm 的圆周上的 6 个材料为 Q235 的普通螺栓,将两半联轴器紧固在一起,需传递的转矩 $T = 1\,000$ N·m,试计算螺栓的直径。(合面上的摩擦系数 f 取 0.15,可靠性系数 k_f 取 1.2。)

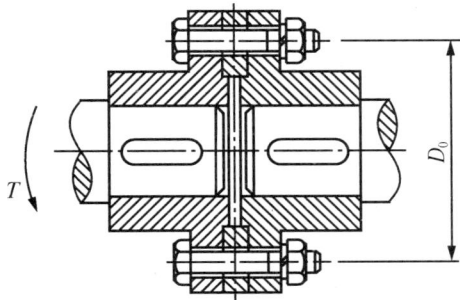

第 6-11 题图

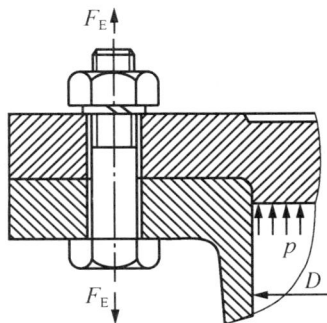

第 6-12 题图

6-12. 某气缸的蒸汽压强 $p = 1.5$ MPa,气缸内径 $D = 200$ mm,气缸与气缸盖采用螺栓联接(如图所示),螺栓分布圆周直径 $D_0 = 300$ mm。为保证紧密性要求,螺栓间距不得大于 80 mm，试设计此气缸盖的螺栓组联接。

    6-13. 螺旋传动是如何分类的？各有哪些基本类型？

    6-14. 如何进行滑动螺旋传动和滚动螺旋传动的设计计算？

    6-15. 键的用途有哪些？有哪些类型？

    6-16. 如何选择平键？

    6-17. 花键和销各有什么用途？

第七章　带传动机构

带传动是利用中间挠性件(带)来进行传动的。它的主要功用是传递转矩和改变转速，并且主要应用于两轴中心距较大、转动比要求不严格的中小功率的场合。本章主要介绍带传动的工作原理、V带的结构和规格、受力及应力分析，带传动的主要失效形式、设计计算等内容。

第一节　带传动的类型、特点及应用

一、带传动的类型

1. 按带传动的工作原理分类

(1) 摩擦带传动　靠传动带与带轮间的摩擦力实现传动。摩擦带传动通常由主动带轮、从动带轮和张紧在两轮上的挠性传动带组成，如图7-1所示。

(2) 啮合带传动　靠带内侧凸齿与带轮外缘上的齿槽相啮合实现传动。啮合型带传动由主动同步带轮、从动同步带轮和套在两轮上的环形同步带组成，如图7-2所示。带的工作面制成齿形，与有齿的带轮相啮合实现传动。

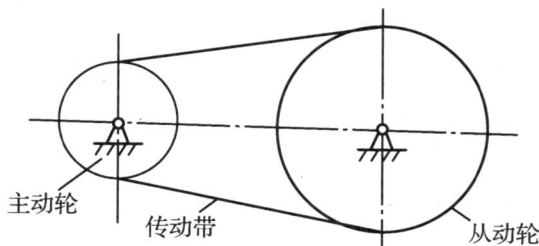

图7-1　摩擦型带传动

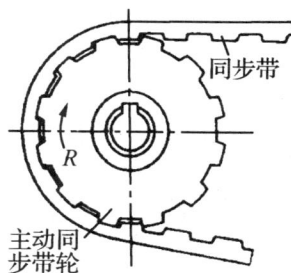

图7-2　啮合型带传动

2. 按用途分类

(1) 传动带　传递运动和动力。

(2) 输送带　输送物料。

3. 按带的截面形状分

(1) 平带

平带的横截面为扁平矩形,其工作面是与轮面相接触的内表面,如图 7-3(a)所示。主要应用在传动功率较小,传动中心距很大的场合。

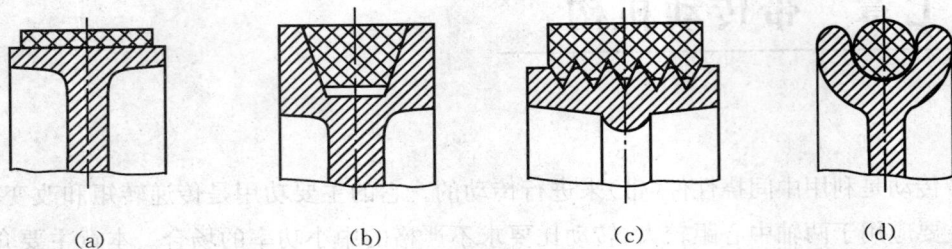

图 7-3 带传动的截面形状

(2) V 带

V 带的横截面为等腰梯形,两侧面为工作表面,如图 7-3(b)所示。

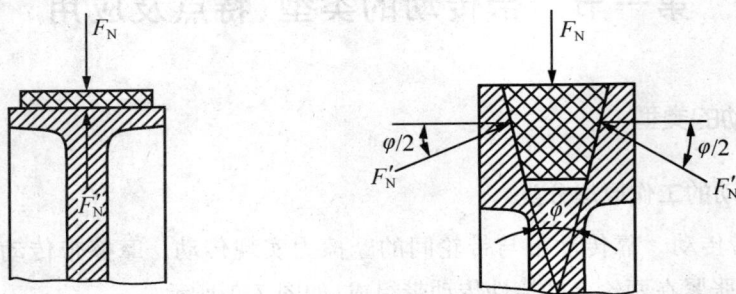

图 7-4 平带传动和 V 带传动摩擦力比较

当平带和 V 带受到同样的压紧力 F_N 时,它们的法向力 F'_N 却不相同,如图 7-4 所示。平带与带轮接触面上的摩擦力为:

$$F_N f = F'_N f \tag{7-1}$$

V 带与带轮接触面上的摩擦力为:

$$2F'_N f = F_N f / \sin \frac{\varphi}{2} = F_N f' \tag{7-2}$$

式(7-2)中,φ 为 V 带轮轮槽角,$f' = f/\sin\frac{\varphi}{2}$ 当量摩擦系数,显然 $f' > f$。由上述两式可知,在相同条件下,V 带能传递较大的功率;而在传递相同功率的情况下,V 带传动结构更紧凑,故应用最广。

(3) 多楔带

多楔带是在平带基体上由多根 V 带组成的传动带。多楔带结构紧凑,主要用于传递很大功率的场合。如图 7-3(c)所示。

(4) 圆带

横截面为圆形,只用于小功率传动。如图 7-3(d)所示。

(5) 同步齿形带

纵截面为齿形,靠带上的带齿与带轮的齿槽相互啮合传递运动和动力。传递功率很大,传动比准确,主要应用在计算机、录音机、数控机床等传动精度要求较高的场合,如图 7-2 所示。

二、带传动的特点和应用

1. 带传动的特点

优点:

(1) 因带是挠性体,具有弹性,能缓冲吸振,使传动平稳,噪声小。

(2) 适用于中心距较大的传动。

(3) 过载时将引起带和带轮间的打滑,可防止其他零件的损坏。

(4) 结构简单,成本低廉,制造、安装和维护比较方便。

缺点:

(1) 传动的外廓尺寸较大。

(2) 工作时存在弹性滑动,不能保证准确的传动比。

(3) 带的寿命较短,一般为 2 000～3 000 小时。

(4) 传动效率较低,一般平带传动为 0.96,V 带传动为 0.95。

(5) 不宜在高温、油污、灰尘及易燃、易爆场合下工作。

2. 带传动的应用

带传动适用于要求传动平稳,对传动比无严格要求,中小功率的远距离传动。目前 V 带传动应用最广,一般带速 $v = 5\sim25$ m/s,传动比 $i \leqslant 7$,传动功率 $P \leqslant 100$ kW。

三、传动的传动形式

带传动的主要传动形式有开口传动、交叉传动、半交叉传动、相交轴传动等,V 带传动主要采用开口带传动形式,如图 7-5 所示。

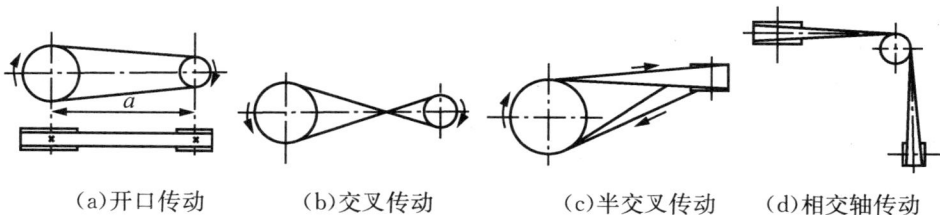

(a)开口传动　　　　(b)交叉传动　　　　(c)半交叉传动　　　(d)相交轴传动

图 7-5　带传动的传动形式

四、普通 V 带的结构和尺寸标准

V 带有普通 V 带、窄 V 带、宽 V 带、汽车 V 带、大楔角 V 带等几种类型。其中以普通 V 带和窄 V 带应用较广,我们主要讨论普通 V 带传动。

标准 V 带都制成无接头的环形带,其横截面结构 7-6 所示。V 带由顶胶 1、抗拉体 2、底胶 3、包布层 4 四部分组成。抗拉体的结构形式有帘布结构和线绳结构两种。帘布结构抗拉强度高,但柔韧性和抗弯强度不如线绳结构好。线绳结构适用于转速高、带轮直径较小的场合。

(a) 帘布结构   (b) 线绳结构

图 7-6　V 带的结构

(1) 包布层:由胶帆布制成,起保护作用。

(2) 顶胶:由橡胶制成,当带弯曲时承受拉伸。

(3) 底胶:由橡胶制成,当带弯曲时承受压缩。

(4) 抗拉体:由几层挂胶的帘布或浸胶的棉线(或尼龙)绳构成,承受基本拉伸载荷。

普通 V 带尺寸已标准化,按其截面大小由小到大的顺序分为 Y、Z、A、B、C、D、E 共 7 种型号,如表 7-1 所示。截面尺寸越大则传递功率越大。

表 7-1　普通 V 带截面尺寸

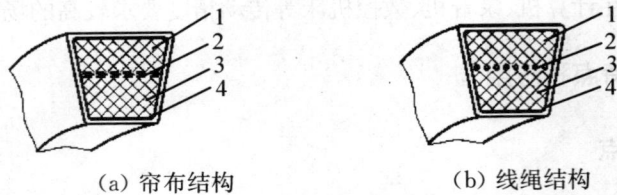

带型		节宽 b_p	顶宽 b	高 度 h	质量 q (kg/m)	楔角 θ
普通 V 带	窄 V 带					
Y		5.3	6	4	0.03	
Z	SPZ	8.5	10	6　8	0.06　0.07	
A	SPA	11.0	13	8　10	0.11　0.12	
B	SPB	14.0	17	11　14	0.19　0.20	40°
C	SPC	19.0	22	14　18	0.33　0.37	
D		27.0	32	19	0.66	
E		32.0	38	23	1.02	

注:在一列中有两个数据的,左边一个对应普通 V 带、右边一个对应窄 V 带。

V 带绕在带轮上产生弯曲,外层受拉伸变长,内层受压缩变短,两层之间存在一长度不变的中性层。中性层面叫做节面,节面的宽度称为节宽,用 b_p 表示。V 带装在带轮上,和节宽 b_d 相对应的带轮直径称为基准直径,用 d_d 表示。带轮的基准直径为标准值,必须符合国家标准规定的基准直径系列。见表 7-2。

表 7-2　V 带轮的最小基准直径和基准直径系列

V 带轮槽型	Y	Z	A	B	C	D	E
最小基准直径 d_{min}	20	50	75	125	200	355	500
基准直径系列	25　28　31.5　35.5　40　45　50　56　63　71　75　80　82　90　95　100　106　112　118 125　132　140　150　160　170　180　200　212　224　236　250　265　280　300　315　335 355　375　400　425　450　475　500　530　560　600　630　670						

V 带在规定的张紧力下,位于带轮基准直径上的周线长度称为 V 带的基准长度,用 L_d 表示。V 带的基准长度是标准值,必须符合国家标准规定的长度系列。见表 7-3。

表 7-3　普通 V 带的基准长度系列和带长修正系数 K_L

基准长度 L_d/mm	K_L										
	Y	Z	A	B	C	D	E	SPZ	SPA	SPB	SPC
200	0.81										
224	0.82										
250	0.84										
280	0.87										
315	0.89										
355	0.92										
400	0.96	0.87									
450	1.00	0.89									
500	1.02	0.91									
560		0.94									
630		0.96	0.81					0.82			
710		0.99	0.83					0.84			
800		1.00	0.85					0.86	0.81		
900		1.03	0.87	0.82				0.88	0.83		
1000		1.06	0.89	0.84				0.90	0.85		
1120		1.08	0.91	0.86				0.93	0.87		
1250		1.11	0.93	0.88				0.94	0.89	0.82	
1400		1.14	0.96	0.90				0.96	0.91	0.84	
1600		1.16	0.99	0.92	0.83			1.00	0.93	0.86	
1800		1.18	1.01	0.95	0.86			1.01	0.95	0.88	
2000			1.03	0.98	0.88			1.02	0.96	0.90	0.81
2240			1.06	1.00	0.91			1.05	0.98	0.92	0.83
2500			1.09	1.03	0.93			1.07	1.00	0.94	0.86
2800			1.11	1.05	0.95	0.83		1.09	1.02	0.96	0.88
3150			1.13	1.07	0.97	0.86		1.11	1.04	0.98	0.90
3550			1.17	1.09	0.99	0.89		1.13	1.06	1.00	0.92
4000			1.19	1.13	1.02	0.91			1.08	1.02	0.94
4500				1.15	1.04	0.93	0.90		1.09	1.04	0.96
5000				1.18	1.07	0.96	0.92			1.06	0.98
5600					1.09	0.98	0.95			1.08	1.00
6300					1.12	1.00	0.97			1.10	1.02
7100					1.15	1.03	1.00			1.12	1.04
8000					1.18	1.06	1.02			1.14	1.06
9000					1.21	1.08	1.05			1.08	
10000					1.23	1.11	1.07				1.10
11200						1.14	1.10				1.12
12500						1.17	1.12				1.14
14000						1.20	1.15				
16000						1.22	1.18				

五、窄 V 带的结构

窄 V 带的截面高度 h 和其节宽 b_p 之比为 0.9。窄 V 带的强力层采用高强度绳芯。按国家标准窄 V 带截面尺寸分为 SPZ、SPA、SPB、SPC 四个型号。窄 V 带不仅具有普通 V 带的特点，而且能够承受较大的张紧力。当窄 V 带带高与普通 V 带相同时，其带宽较普通 V 带约小 1/3，而承载能力可提高 1.5～2.5 倍，因此适用于传递大功率且传动装置要求紧凑的场合。

六、V 带的标记

普通 V 带和窄 V 带的标记由带型、基准长度和标准号组成。例如 A 型普通 V 带，基准长度为 1 400 mm，其标记为：A-1400　GB 11544-89；又如 SPA 型窄 V 带，基准长度为 1 250 mm，其标记为：SPA-1250　GB 12730-91。带的标记通常压印在带的外表面上，以便选用识别。

七、普通 V 带轮的结构

1. 带轮的材料

当带速 $v \leqslant 25$ m/s 时采用 HT150；当 $v = 25\sim30$ m/s 时采用 HT200；当 $v \geqslant 25\sim45$ m/s 时采用球墨铸铁、铸钢或锻钢，也可采用钢板冲压后焊接带轮。小功率传动时带轮也可采用铸铝或塑料等材料。

2. 带轮的结构

带轮由轮缘、轮辐、轮毂三部分组成。轮槽部分的尺寸见表 7-4。

V 带轮按照轮辐部分的结构不同可以分为实心式、腹板式、孔板式、轮辐式带轮结构。带轮直径较小时采用实心实带轮结构，直径大于 350 mm 时采用轮辐式，中等直径时采用腹板式或孔板式带轮结构，如图 7-8 所示。

八、带传动的几何参数

带传动的主要几何参数有中心距 a、带轮直径 d、带长 L 和包角 α 等，如图 7-7 所示。

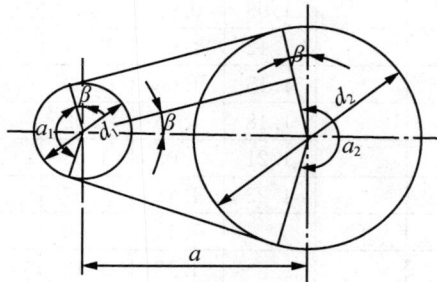

图 7-7　带传动的几何参数

（1）中心距 a：当带处于规定张紧力时，两带轮轴线间的距离。

（2）带轮直径 d：在 V 带传动中，指带轮的基准直径，用 d_d 表示带轮的基准直径。

（3）带长 L：对 V 带传动，指带的基准长度。用 L_d 表示带的基准长度。

（4）包角 α：带与带轮接触弧所对的中心角。

由图 7-7 可知，带长

$$L \approx 2a + \frac{\pi}{2}(d_1 + d_2) + \frac{(d_2 - d_1)^2}{4a} \qquad (7-3)$$

根据计算所得的带长 L，由表 7-3 选用带的基准长度。

$$\alpha = 180° \pm \frac{d_2 - d_1}{a} \times 57.3° \qquad (7-4)$$

式中"＋"号用于大轮包角 α_2，"－"号用于小轮包角 α_1。

表 7-4　V 带轮的轮槽尺寸

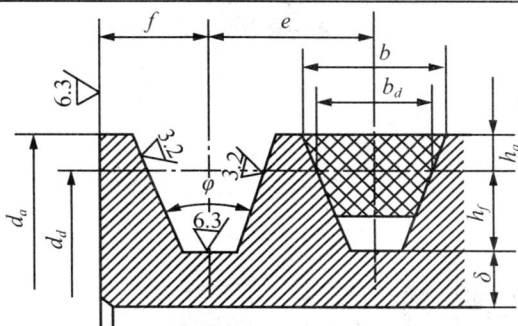

项　目	符　号	槽型						
		Y	Z　SPZ	A　SPA	B　SPB	C　SPC	D	E
基准宽度	b_d	5.3	8.5	11.0	14.0	19.0	27.0	32.0
基准线上槽深	$h_{a\min}$	1.6	2.0	2.75	3.5	4.8	8.1	9.6
基准线下槽深	$h_{f\min}$	4.7	7.0　9.0	8.7　11.0	10.8　14.0	14.3　19.0	19.9	23.4
槽间距	e	8±0.3	12±0.3	15±0.3	19±0.4	25.5±0.5	37±0.6	44.5±0.7
槽边距	$f_{\min}$	6	7	9	11.5	16	23	28
最小轮缘厚	$\delta_{\min}$	5	5.5	6	7.5	10	12	15
带轮宽	B	$B = (z-1)e + 2f$　　z — 轮槽数						
外　径	d_a	$d_a = d_d + 2h_a$						
轮槽角 φ　32°	相应的基准直径 d_d	≤60	—	—	—	—	—	—
34°		—	≤80	≤118	≤190	≤315	—	—
36°		>60	—	—	—	—	≤475	≤600
38°		—	>80	>118	>190	>315	>475	>600
偏　差		±30′						

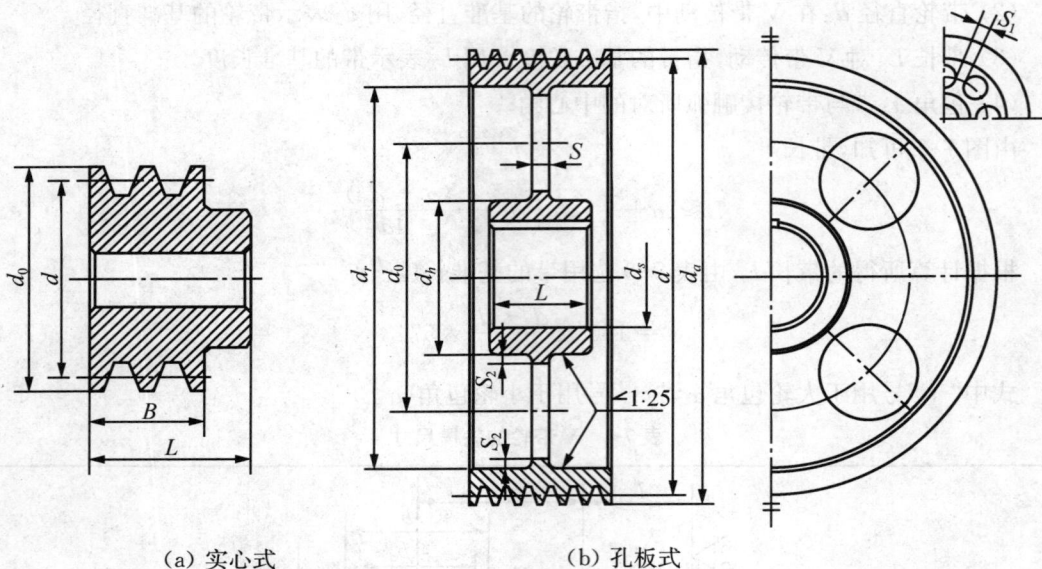

（a）实心式　　　　　　（b）孔板式

$d_h=(1.8\sim2)d_s, d_o=(d_h+d_r)/2, d_r=d_a-2(H+\delta), s=(0.2\sim0.3)B, s_1\geqslant1.5\,s, s_2\geqslant0.5\,s, L=(1.5\sim2)d_s$

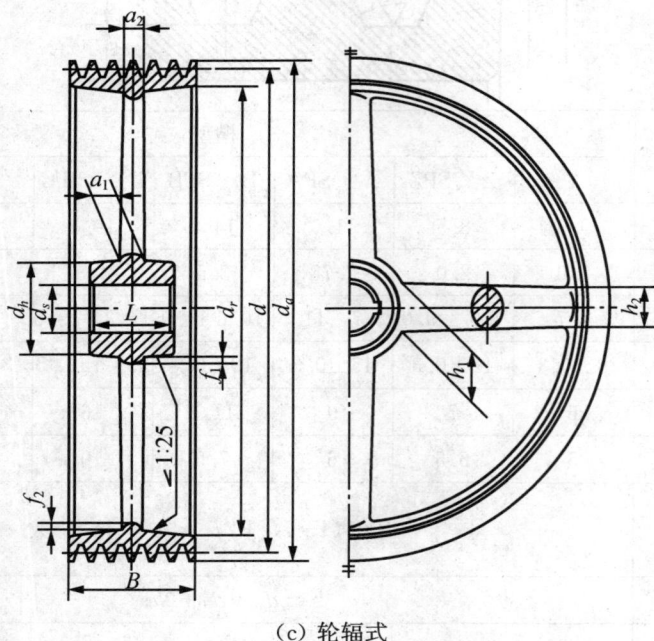

（c）轮辐式

图 7-8　V 带轮结构

　　由于带绕在带轮上以后，顶胶长度要伸长，顶宽 b 缩短；底胶长度缩短，底宽加大，致使带绕到带轮上后，实际楔角变小。为了保证 V 带和带轮的紧密接触，与之相配合的带轮的槽角必须小于 40°。并且带轮的直径越大，带的弯曲变形越小，实际楔角减小越少，带轮的槽角就应该越大。所以随着带轮基准直径的变化，带轮槽角又有 32°、34°、36° 和 38° 之分。

第二节　带传动的受力分析和应力分析

一、带传动的受力分析

如图 7-9(a)所示,带必须以一定的初拉力张紧在带轮上,使带与带轮的接触面上产生正压力。带传动未工作时,带的两边具有相等的初拉力 F_0。

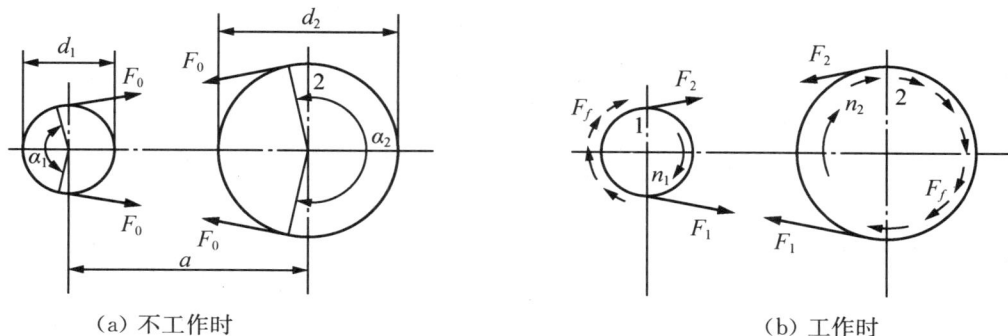

（a）不工作时　　　　　　　　　　（b）工作时

图 7-9　带传动的受力分析

当主动轮 1 在转矩作用下以转速 n_1 转动时,由图 7-9(b)可知,由于摩擦力的作用,主动轮 1 拖动带,带又驱动从动轮 2 以转速 n_2 转动,从而把主动轮上的运动和动力传到从动轮上。在传动中,两轮与带的摩擦力方向如图所示,这就使进入主动轮一边的带拉得更紧,拉力由 F_0 加到 F_1,称为紧边,绕入从动轮的一边被放松,拉力由 F_0 减少为 F_2,称为松边。设环形带的总长不变,则在紧边拉力的增加量 $F_1 - F_0$ 应等于在松边拉力的减少量 $F_0 - F_2$,即:

$$F_0 = \frac{1}{2}(F_1 + F_2) \tag{7-5}$$

带紧边和松边的拉力差应等于带与带轮接触面上产生的摩擦力的总和 $\sum F_f$,称为带传动的有效拉力,也就是带所传递的圆周力 F,即:

$$F = \sum F_f = F_1 - F_2 \tag{7-6}$$

圆周力 F(N),带速 v(m/s)和传递功率 P(kW)之间的关系为:

$$P = \frac{Fv}{1\,000} \tag{7-7}$$

由式(7-7)可知,当功率 P 一定时,带速 v 小,则圆周力 F 大,因此通常把带传动布置在机械设备的高速级传动上,以减小带传递的圆周力;当带速一定时,传递的功率 P 愈大,则圆周力 F 愈大,需要带与带轮之间的摩擦力也愈大。实际上,在一定的条件下,摩擦力的大小有一个极限值,即最大摩擦力 $\sum F_{max}$,若带所需传递的圆周力超过这个极限值时,带与带轮将发生显著的相对滑动,这种现象称为打滑。出现打滑时,虽然主动轮还在转动,但带和从动轮都不能正常运动,甚至完全不动,这就使传动失效。经常出现打滑将使带的磨损加剧,传动效率降低,故在带传动中应防止出现打滑。

在一定条件下当摩擦力达到极限值时,带的紧边拉力 F_1 与松边拉力 F_2 之间的关系可用柔韧体摩擦的欧拉方式来表示：

$$\frac{F_1}{F_2} = e^{f\alpha} \tag{7-8}$$

式中：F_1、F_2 紧边和松边拉力，N；

$\quad\quad F$ 带与轮之间的摩擦系数；

$\quad\quad \alpha$ 带在带轮上的包角，rad。

由式(7-3)、(7-4)、(7-6)可得：

$$F = 2F_0 \frac{e^{f\alpha} - 1}{e^{f\alpha} + 1} \tag{7-9}$$

上式表明，带所传递的圆周力 F 与下列因素有关：

（1）初拉力 F_0　F 与 F_0 称正比，增大初拉力 F_0，带与带轮间正压力增加，传动时产生的摩擦力就越大，因此圆周力 F 越大。但 F_0 过大会加剧带的磨损，致使带的使用寿命降低。

（2）摩擦系数 f　f 越大，摩擦力也越大，圆周力 F 越大。f 与带和带轮的材料、表面状况，工作环境、条件等有关。

（3）包角 α　增大 α 会使整个接触弧上摩擦力的总和增加，从而使圆周力 F 增加。由于大带轮的包角 α_2 始终大于小带轮的包角 α_1，打滑首先在小带轮上发生，所以只需考虑小带轮的包角 α_1。

联立(7-6)和(7-8)可得带传动不打滑条件下所能传递的最大圆周力为：

$$F_{\max} = F_1 \left(1 - \frac{1}{e^{f\alpha}}\right) \tag{7-10}$$

二、带传动的运动分析

带是弹性体，它在受力情况下会产生弹性变形。由于带在紧边和松边上所受的拉力不相等，因而产生的弹性变形也不相同。从图 7-9(b)可知，在主动轮上，带由 A 点运动到 B 点时，带中拉力由 F_1 降到 F_2，带的弹性伸长相应地逐渐减小，即带在轮上逐渐缩短并沿轮面向后滑动，使带的速度小于主动轮的圆周速度（即 $v_带 < v_1$）。在从动轮上，带从 C 点到 D 点时，带中拉力由 F_2 逐渐增加到 F_1，带的弹性伸长也逐渐增大，带沿轮面向前滑动，所以，从动轮的圆周速度又小于带速（即 $v_2 < v_带$）。这种由于材料的弹性变形而产生的带与带轮间的滑动称为弹性滑动。带传动中弹性滑动是不可避免的。从上述可知，由于弹性滑动的影响，从动轮的圆周速度 v_2 总是小于主动轮的圆周速度 v_1。其速度的降低率用弹性滑动率 ε 表示：

$$\varepsilon = \frac{v_1 - v_2}{v_1} = \frac{\pi d_1 n_1 - \pi d_2 n_2}{\pi d_1 n_1} = 1 - \frac{d_2 n_2}{d_1 n_1}$$

式中 n_1、n_2 分别为主动轮和从动轮的转速，单位为 $r/\min$；d_1、d_2 分别为主动轮和从动轮的直径，单位为 mm，对 V 带传动则为带轮的基准直径。由上式可得带传动的传动比为：

$$i = \frac{n_1}{n_2} = \frac{d_2}{d_1(1 - \varepsilon)} \tag{7-11}$$

从动轮的转速为：

$$n_2 = \frac{n_1 d_1 (1 - \varepsilon)}{d_2} \tag{7-12}$$

由于带传动的滑动率 $\varepsilon = (0.01 \sim 0.02)$，其值很小，所以在一般传动计算中不予考虑。

三、带的应力分析

带传动工作时,带中产生的应力由以下三部分组成:

1. 由拉力产生的拉应力

紧边拉应力:
$$\sigma_1 = \frac{F_1}{A}$$

松边拉应力:
$$\sigma_2 = \frac{F_2}{A}$$

式中 A 为带的横截面积。

2. 弯曲应力 σ_b

带绕过带轮时发生弯曲,从而产生弯曲应力。由材料力学可知弯曲应力为:

$$\sigma_b = \frac{2Eh_a}{d}$$

式中:E 带的弹性模量,单位为 MPa;

D V 带轮的基准直径,单位为 mm;

h_a 从 V 带的节线到最外层的垂直距离,单位为 mm。

由上式可知,带在两轮上产生的弯曲应力的大小与带轮基准直径成反比,故小轮上的弯曲应力较大。

3. 由离心力产生的应力 σ_c

当带沿带轮轮缘作圆周运动时,带上每一质点都受离心力作用。离心拉力为 $F_c = qv^2$,它在带的所有横剖面上所产生的离心拉应力 σ_c 是相等的。

$$\sigma_c = \frac{F_c}{A} = \frac{qv^2}{A} \text{ MPa}$$

式中:q 每米带长的质量,单位为 kg/m;其值可以查表 7-1;

v 带速,单位为 m/s。

图 7-10 所示为带的应力分布情况,从图中可见,带上的应力是变化的,因此带很容易发生疲劳破坏。最大应力位于紧边与小轮的接触处。最大应力的计算公式为

$$\sigma_{max} = \sigma_1 + \sigma_c + \sigma_{b1} \tag{7-13}$$

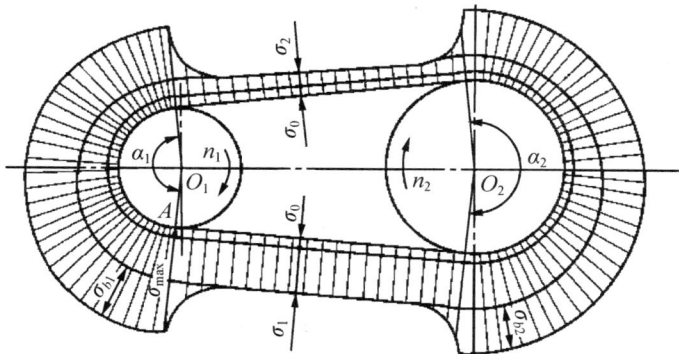

图 7-10 带的应力分布

四、带传动的失效形式及设计准则

1. 主要失效形式

（1）打滑　当传递的圆周力 F 超过了带与带轮接触面之间摩擦力总和的极限时，发生过载打滑，使传动失效。

（2）疲劳破坏　传动带在变应力的反复作用下，发生裂纹、脱层、松散、直至断裂。

2. 设计准则

保证带传动不发生打滑的前提下，具有一定的疲劳强度和寿命。

第三节　V 带传动的设计计算

一、V带传动的设计步骤

普通 V 带传动设计计算时，通常已知传动的用途和工作情况；传递的功率 P；主动轮、从动轮的转速 n_1、n_2（或传动比 i）；传动位置要求和外廓尺寸要求；原动机类型等。

设计时主要确定带的型号、长度和根数，带轮的尺寸、结构和材料，传动的中心距，带的初拉力和压轴力，张紧和防护等。

1. 确定计算功率

设 P 为传动的额定功率(kW)，K_A 为工作情况系数(见表 7-5)：

$$P_C = K_A P \tag{7-14}$$

表 7-5　工作情况系数 K_A

载荷性质	工作机	原动机					
		I 类			II 类		
		每天工作时间(h)					
		<10	10~16	>16	<10	10~16	>16
载荷平稳	离心式水泵、通风机(≤7.5 kW)、轻型输送机、离心式压缩机	1.0	1.1	1.2	1.1	1.2	1.3
载荷变动小	带式运输机、通风机(>7.5 kW)、发电机、旋转式水泵、机床、剪床、压力机、印刷机、振动筛	1.1	1.2	1.3	1.2	1.3	1.4
载荷变动较大	螺旋式输送机、斗式提升机、往复式水泵和压缩机、锻锤、磨粉机、锯木机、纺织机械	1.2	1.3	1.4	1.4	1.5	1.6
载荷变动很大	破碎机(旋转式、鄂式等)、球磨机、起重机、挖掘机、辊压机	1.3	1.4	1.5	1.5	1.6	1.8

注：I 类—普通鼠笼式交流电动机，同步电动机，直流电动机（并激），$n \geqslant 600$ r/min 内燃机。
　　II 类—交流电动机（双鼠笼式，滑环式、单相、大转差率），直流电动机，$n \leqslant 600$ r/min 内燃机。

2. 选定 V 带的型号

根据计算功率 P_C 和小带轮转速 n_1，按图 7-11 选择普通 V 带的型号，根据图 7-12 选择窄 V 带型号。若临近两种型号的交界线时，可按两种型号同时计算，通过分析比较决定取舍。

3. 确定带轮基准直径 d_{d_1}、d_{d_2}

表 7-2 列出了 V 带轮的最小基准直径和带轮的基准直径系列，选择小带轮基准直径时，应使 $d_{d1} > d_{min}$，以减小带内的弯曲应力。大带轮的基准直径 d_{d2} 由式（7-15）确定：

$$d_{d2} = \frac{n_1}{n_2} d_{d1} = i d_{d1} \tag{7-15}$$

d_{d2} 值应圆整为整数并取标准值。

4. 验算带速 v

由于带和带轮之间弹性滑动很小，所以带的速度和带轮的速度相等。其计算公式为：

$$v = \frac{\pi d_{d1} n_1}{60 \times 1000} \text{ m/s} \tag{7-16}$$

带速 v 应在 5～25 m/s 的范围内，其中以 10～20 m/s 为宜，若 $v > 25$ m/s，则因带绕过带轮时离心力过大，使带与带轮之间的压紧力减小，摩擦力降低，从而使传动能力下降，而且离心力过大降低了带的疲劳强度和寿命。而当 $v < 5$ m/s 时，在传递相同功率时带所传递的圆周力增大，使带的根数增加。

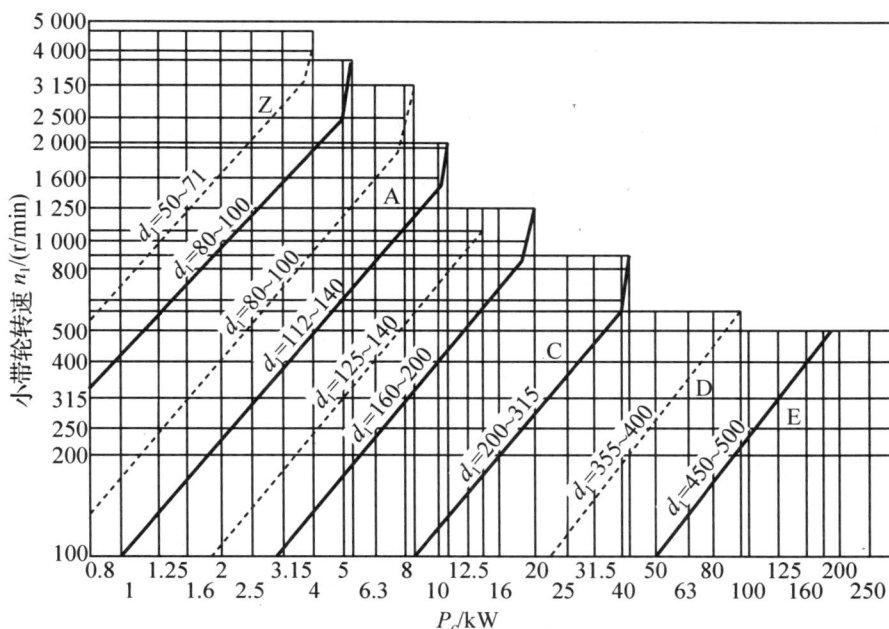

图 7-11 普通 V 带型号选择线图

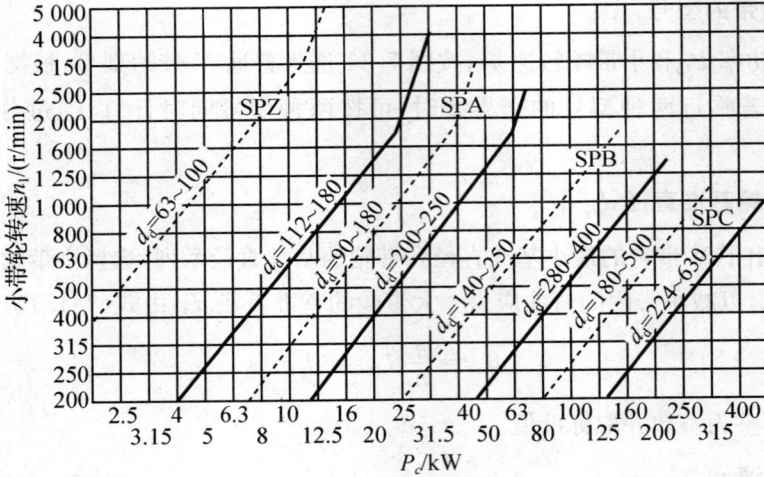

图 7-12　窄 V 带型号选择线图

5. 确定中心距 a 和基准长度 L_d

传动中心距小则结构紧凑,但小带轮上的包角较小,传动时容易打滑,另外单位时间内带绕过带轮的次数也增多,降低传动带的工作寿命。中心距增大,将有利于增大包角,但太大则使结构外廓尺寸大,还会因载荷变化引起带的颤动,从而降低其工作能力。若已知条件未对中心距提出具体的要求,一般可按下式初选中心距 a_0,即:

$$0.7(d_{d1}+d_{d2}) \leqslant a_0 \leqslant 2(d_{d1}+d_{d2}) \tag{7-17}$$

由式(7-2)可得初定的 V 带基准长度

$$L_0 = 2a_0 + \frac{\pi}{2}(d_{d1}+d_{d2}) + \frac{(d_{d2}-d_{d1})^2}{4a_0} \tag{7-18}$$

根据初定的 L_0,由表 7-3 选取相近的基准长度 L_d。最后按下式近似计算实际所需的中心距

$$a \approx a_0 + \frac{L_d - L_0}{2} \tag{7-19}$$

考虑到安装和张紧的需要,应将中心距设计成可调式,使其有一定的调整范围,一般取:

$$a_{\max} = a + 0.03L_d$$
$$a_{\min} = a - 0.015L_d$$

6. 验算小轮包角 α_1

由式(7-4)可知:

$$\alpha_1 = 180° - \frac{d_{d2}-d_{d1}}{a} \times 57.3°$$

一般要求 $\alpha \geqslant 120°$,否则可加大中心距或增设张紧轮。

7. 确定带的根数 z

$$z = \frac{P_c}{(P_0 + \Delta P_0)K_a K_L} \tag{7-20}$$

102

式中，P_0 —— 单根 V 带的基本额定功率（查表 7-6 和 7-7），kW；

ΔP_0 —— $i \neq 1$ 时的单根普通 V 带额定功率的增量（查表 7-8），kW；

K_L —— 带长修正系数，考虑带长不等于特定长度时对传动能力的影响（表 7-3）；

K_α —— 包角修正系数，考虑 $\alpha_1 \neq 180°$ 时，传动能力有所下降（表 7-9）。

z 应圆整为整数，通常 $z < 10$，以使各根带受力均匀。

表 7-6　包角 $\alpha = 180°$、特定带长、工作平稳情况下，单根 V 带的额定功率 P_0（kW）

型号	小带轮直径 d_{d1} (mm)	小带轮转速 n_1（r/min）												
		200	400	730	800	980	1200	1460	1600	2000	2400	2800	3200	3600
Z	56	—	0.06	0.11	0.12	0.14	0.17	0.19	0.20	0.25	0.30	0.33	0.35	0.37
	63	—	0.08	0.13	0.15	0.18	0.22	0.25	0.27	0.32	0.37	0.41	0.45	0.47
	71	—	0.09	0.17	0.20	0.23	0.27	0.31	0.33	0.39	0.46	0.50	0.54	0.58
	80	—	0.14	0.20	0.22	0.26	0.30	0.36	0.39	0.44	0.50	0.56	0.61	0.64
	90	—	0.14	0.22	0.24	0.28	0.33	0.37	0.40	0.48	0.54	0.60	0.64	0.68
A	75	0.16	0.27	0.42	0.45	0.52	0.60	0.68	0.73	0.84	0.92	1.00	1.04	1.08
	90	0.22	0.39	0.63	0.68	0.79	0.93	1.07	1.15	1.34	1.50	1.64	1.75	1.83
	100	0.26	0.47	0.77	0.83	0.97	1.14	1.32	1.42	1.66	1.87	2.05	2.19	2.28
	112	0.31	0.56	0.93	1.00	1.18	1.39	1.62	1.74	2.04	2.30	2.51	2.68	2.78
	125	0.37	0.67	1.11	1.19	1.40	1.66	1.93	2.07	2.44	2.74	2.98	3.16	3.26
	140	0.43	0.78	1.31	1.41	1.66	1.96	2.29	2.45	2.87	3.22	3.48	3.65	3.72
	160	0.51	0.94	1.56	1.69	2.00	2.36	2.74	2.94	3.42	3.80	4.06	4.19	4.17
B	125	0.48	0.84	1.34	1.44	1.67	1.93	2.20	2.33	2.64	2.85	2.96	2.94	2.80
	140	0.59	1.05	1.69	1.82	2.13	2.47	2.83	3.00	3.42	3.70	3.85	3.83	3.63
	160	0.74	1.32	2.16	2.32	2.72	3.17	3.64	3.86	4.40	4.75	4.89	4.80	4.46
	180	0.88	1.59	2.61	2.81	3.30	3.85	4.41	4.68	5.30	5.67	5.76	5.52	4.92
	200	1.02	1.85	3.06	3.30	3.86	4.50	5.15	5.46	6.13	6.47	6.43	5.95	4.98
	224	1.19	2.17	3.59	3.86	4.50	5.26	5.99	6.33	7.02	7.25	6.95	6.05	4.47
C	200	—	1.39	1.92	2.41	2.87	3.30	3.80	4.66	5.29	5.86	6.07	6.28	6.34
	224	—	1.70	2.37	2.99	3.58	4.12	4.78	5.89	6.71	7.47	7.75	8.00	8.05
	250	—	2.03	2.85	3.62	4.33	5.00	5.82	7.18	8.21	9.06	9.38	9.63	9.62
	280	—	2.42	3.40	4.32	5.19	6.00	6.99	8.65	9.81	10.74	11.06	11.22	11.04
	315	—	2.86	4.04	5.14	6.17	7.14	9.34	10.23	11.53	12.48	12.72	12.67	12.14
	400	—	3.91	5.54	7.06	8.52	9.82	11.52	13.67	15.04	15.51	15.24	14.08	11.95
D	355	3.01	5.31	7.35	9.24	10.90	12.39	14.04	16.30	17.25	16.70	15.63	12.97	—
	400	3.66	6.52	9.13	11.45	13.55	15.42	17.58	20.25	21.20	20.03	18.31	14.28	—
	450	4.37	7.90	11.02	13.85	16.40	18.67	21.12	24.16	24.84	22.42	19.59	13.34	—
	500	5.08	9.21	12.88	16.20	19.17	21.78	24.52	27.60	27.61	23.28	18.88	9.59	—
	560	5.91	10.76	15.07	18.95	22.38	25.32	28.28	31.00	29.67	22.08	15.13	—	—
E	500	6.21	10.86	14.96	18.55	21.65	24.21	26.62	28.52	25.53	16.25	—	—	—
	560	7.32	13.09	18.10	22.49	26.25	29.30	32.02	33.00	28.49	14.52	—	—	—
	630	8.75	15.65	21.69	26.95	31.36	34.83	37.64	37.14	29.17	—	—	—	—
	710	10.31	18.52	25.69	31.83	36.85	40.58	43.07	39.56	25.91	—	—	—	—
	800	12.05	21.70	30.05	37.05	42.53	46.26	47.79	39.08	16.46	—	—	—	—

表 7-7　包角 α = 180°、特定带长、工作平稳情况下，窄 V 带的额定功率 P_0（kW）

型号	小带轮直径 d_1（mm）	小带轮转速 n_1（r/min）												
		100	200	300	400	500	600	730	980	1200	1460	1600	1800	2000
SPZ	63	0.20	0.35	0.56	0.60	0.70	0.81	0.93	1.00	1.17	1.32	1.45	1.56	1.66
	71	0.25	0.44	0.72	0.78	0.92	1.08	1.25	1.35	1.59	1.81	2.00	2.18	2.33
	75	0.28	0.49	0.79	0.87	1.02	1.21	1.41	1.52	1.79	2.04	2.27	2.48	2.65
	80	0.31	0.55	0.88	0.99	1.15	1.38	1.60	1.73	2.05	2.34	2.61	2.85	3.06
	90	0.37	0.67	1.12	1.21	1.44	1.70	1.98	2.14	2.55	2.93	3.26	3.57	3.84
	100	0.43	0.79	1.33	1.44	1.70	2.02	2.36	2.55	3.05	3.49	3.90	4.26	4.58
SPA	90	0.43	0.75	1.21	1.30	1.52	1.76	2.02	2.16	2.49	2.77	3.00	3.16	3.26
	100	0.53	0.94	1.54	1.65	1.93	2.27	2.61	2.80	3.27	3.67	3.99	4.25	4.42
	112	0.64	1.16	1.91	2.07	2.44	2.86	3.31	3.57	4.18	4.71	5.15	5.49	5.72
	125	0.77	1.40	2.33	2.52	2.98	3.5	4.06	4.38	5.15	5.80	6.34	6.76	7.03
	140	0.92	1.68	2.81	3.03	3.58	4.23	4.91	5.29	6.22	7.01	7.64	8.11	8.39
	160	1.11	2.04	3.42	3.70	4.38	5.17	6.01	6.47	7.60	8.53	9.24	9.72	9.94
SPB	140	1.08	1.92	3.13	3.35	3.92	4.55	5.21	5.54	6.31	6.86	7.15	7.17	6.89
	160	1.37	2.47	4.06	4.37	5.13	5.98	6.89	7.33	8.38	9.13	9.52	9.53	9.10
	180	1.65	3.01	4.99	5.37	6.31	7.38	8.50	9.05	10.34	11.21	11.62	11.43	10.77
	200	1.94	3.54	5.88	6.35	7.47	8.74	10.07	10.70	12.18	13.11	13.41	13.01	11.83
	224	2.28	4.18	6.97	7.52	8.83	10.33	11.86	12.59	14.21	15.10	15.14	14.22	—
	250	2.64	4.86	8.11	8.75	10.27	11.99	13.72	14.51	16.19	16.89	16.44	—	—
SPC	224	2.90	5.19	8.38	8.99	10.39	11.89	13.26	13.81	14.58	14.01	—	—	—
	250	3.50	6.31	10.27	11.02	12.76	14.61	16.26	16.92	17.70	16.69	—	—	—
	280	4.18	7.59	12.40	13.31	15.40	17.60	19.49	20.20	20.75	18.86	—	—	—
	315	4.97	9.07	14.82	15.90	18.37	20.88	22.92	23.58	23.47	19.98	—	—	—
	355	5.87	10.72	17.50	18.76	21.55	24.34	26.32	26.80	25.37	19.22	—	—	—
	400	6.86	12.56	20.41	21.84	25.15	27.33	29.40	29.53	25.81	—	—	—	—

表 7-8 单根普通 V 带额定功率的增量 ΔP_0(kW)
（在包角 $\alpha = 180°$、特定长度、平稳工作条件下）

带型	小带轮转速 n_1/(r/min)	传 动 比 i									
		1.00 ~ 1.01	1.02 ~ 1.04	1.05 ~ 1.08	1.09 ~ 1.12	1.13 ~ 1.18	1.19 ~ 1.24	1.25 ~ 1.34	1.35 ~ 1.51	1.52 ~ 1.99	≥2.0
Z	400	0.00	0.00	0.00	0.00	0.00	0.00	0.00	0.00	0.01	0.01
	730	0.00	0.00	0.00	0.00	0.00	0.00	0.01	0.01	0.01	0.02
	800	0.00	0.00	0.00	0.00	0.01	0.01	0.01	0.01	0.02	0.02
	980	0.00	0.00	0.00	0.01	0.01	0.01	0.01	0.02	0.02	0.02
	1200	0.00	0.00	0.01	0.01	0.01	0.01	0.02	0.02	0.02	0.03
	1460	0.00	0.00	0.01	0.01	0.01	0.01	0.02	0.02	0.02	0.03
	2800	0.00	0.01	0.02	0.02	0.03	0.03	0.03	0.04	0.04	0.04
A	400	0.00	0.01	0.01	0.02	0.02	0.03	0.03	0.04	0.04	0.05
	730	0.00	0.01	0.02	0.03	0.04	0.05	0.06	0.07	0.08	0.09
	800	0.00	0.01	0.02	0.03	0.04	0.05	0.06	0.08	0.09	0.10
	980	0.00	0.01	0.03	0.04	0.05	0.06	0.07	0.08	0.10	0.11
	1200	0.00	0.02	0.03	0.05	0.07	0.08	0.10	0.11	0.13	0.15
	1460	0.00	0.02	0.04	0.06	0.08	0.09	0.11	0.13	0.15	0.17
	2800	0.00	0.04	0.08	0.11	0.15	0.19	0.23	0.26	0.30	0.34
B	400	0.00	0.01	0.03	0.04	0.06	0.07	0.08	0.10	0.11	0.13
	730	0.00	0.02	0.05	0.07	0.10	0.12	0.15	0.17	0.20	0.22
	800	0.00	0.03	0.06	0.08	0.11	0.14	0.17	0.20	0.23	0.25
	980	0.00	0.03	0.07	0.10	0.13	0.17	0.20	0.23	0.26	0.30
	1200	0.00	0.04	0.08	0.13	0.17	0.21	0.25	0.30	0.34	0.38
	1460	0.00	0.05	0.10	0.15	0.20	0.25	0.31	0.36	0.40	0.46
	2800	0.00	0.10	0.20	0.29	0.39	0.49	0.59	0.69	0.79	0.89
C	400	0.00	0.04	0.08	0.12	0.16	0.20	0.23	0.27	0.31	0.35
	730	0.00	0.07	0.14	0.21	0.27	0.34	0.41	0.48	0.55	0.62
	800	0.00	0.08	0.16	0.23	0.31	0.39	0.47	0.55	0.63	0.71
	980	0.00	0.09	0.19	0.27	0.37	0.47	0.56	0.65	0.74	0.83
	1200	0.00	0.12	0.24	0.35	0.47	0.59	0.70	0.82	0.94	1.06
	1460	0.00	0.14	0.28	0.42	0.58	0.71	0.85	0.99	1.14	1.27
	2800	0.00	0.27	0.55	0.82	1.10	1.37	1.64	1.92	2.19	2.47

表 7-9 包角修正系数 K_α

包角 α	180°	170°	160°	150°	140°	130°	120°	110°	100°	90°
K_α	1.00	0.98	0.95	0.92	0.89	0.86	0.82	0.78	0.74	0.69

8. 确定单根 V 带初拉力 F_0

保持适当的初拉力是带传动工作的首要条件。初拉力不足,极限摩擦力小,传动能力下降;初拉力过大,将增大作用在轴上的载荷并降低带的寿命。单根普通 V 带合适的初拉力 F_0 可按下式计算:

$$F_0 = \frac{500P_c}{zv}\left(\frac{2.5}{K_\alpha}-1\right)+qv^2 \tag{7-21}$$

式中各符号的意义同前。

9. 确定作用在带轮轴上的压力 F_Q

V带的张紧对轴和轴承产生的压力 F_Q 会影响轴和轴承的强度和寿命。为简化运算可近似地按带两边的预拉力 F_0 的合力来计算。由图7-13可得,作用在轴上的载荷 F_Q 为:

$$F_Q = 2zF_0 \sin \frac{\alpha_1}{2} \qquad (7\text{-}22)$$

式中各符号的意义同前。

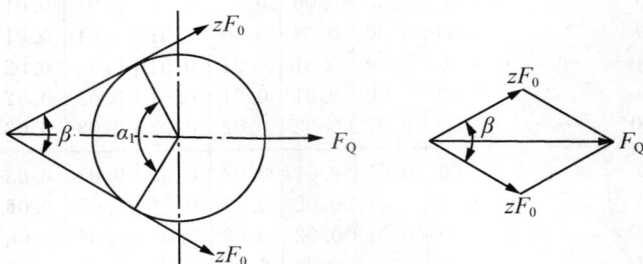

图7-13 作用在带轮轴上的压力

10. 定带轮结构,画出带轮零件图

11. 写出普通V带的标记

二、带传动的张紧、安装及维护

1. 带传动的张紧与调整

带传动的张紧程度对其传动能力、寿命和轴压力都有很大的影响。V带传动初拉力的测定是在带与带轮两切点中心加一垂直于带的载荷 G,如果每100 mm跨距产生的挠度为1.6 mm,说明此时传动带的初拉力 F_0 是合适的(即总挠度 $y = 1.6a/100$),如图7-14所示。

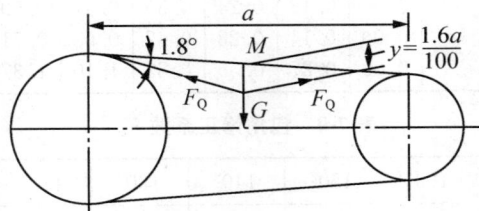

图7-14 V带初拉力的测定

对于普通V带传动,施加于跨度中心的垂直力 G 按下列公式计算:

新装的带 $G = (1.5F_0 + \Delta F_0)/16$

运转后的带 $G = (1.3F_0 + \Delta F_0)/16$

最小极限值 $G = (F_0 + \Delta F_0)/16$

带传动工作一段时间后会由于塑性变形而松弛,使初拉力减小、传动能力下降,此时在规定载荷 G 作用下总挠度 y 变大,需要重新张紧。常用张紧方法有以下几种:

(1)调整中心距法

1）定期张紧　如图 7-15 所示,将装有带轮的电动机 1 装在滑道 2 上,旋转调节螺钉 3 以增大或减小中心距从而达到张紧或松开的目的。图 7-16 为把电机装在一摆动底座 2 上,通过调节螺钉 3 调节中心距达到张紧的目的。

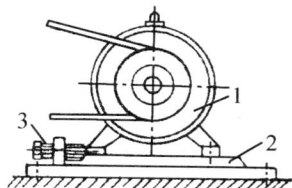

图 7-15　水平传动定期张紧装置

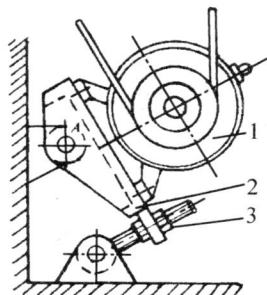

图 7-16　垂直传分理处定期张紧装置

2）自动张紧　把电动机 1 装在如图 7-17 所示的摇摆架 2 上,利用电机的自重,使电动机轴心绕铰点 A 摆动,拉大中心距达到自动张紧的目的。

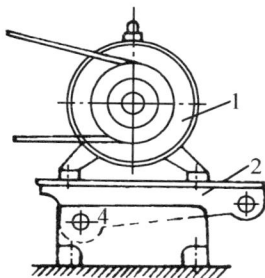

图 7-17　自动张紧装置

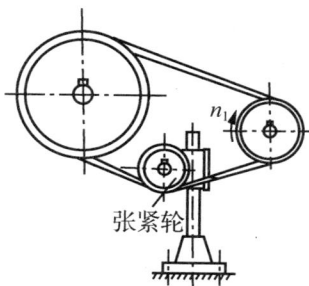

（a）

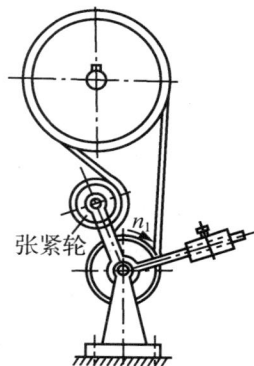

（b）

图 7-18　张紧轮的布置

（2）使用张紧轮法

带传动的中心距不能调整时,可采用张紧轮法。图 7-18（a）所示为定期张紧装置,定期调整张紧轮的位置可达到张紧的目的。图 7-18（b）所示为摆锤式自动张紧装置,依靠摆捶重力可使张紧轮自动张紧。

V 带和同步带张紧时,张紧轮一般放在带的松边内侧并应尽量靠近大带轮一边,这样可使带只受单向弯曲,且小带轮的包角不致过分减小。如图 7-18（a）所示为定期张紧装置。

平带传动时,张紧轮一般应放在松边外侧,并要靠近小带轮处。这样小带轮包角可以增大,提高了平带的传动能力。如图 7-18（b）所示为摆锤式自动张紧装置。

2. 带传动的安装与维护

正确的安装和维护是保证带传动正常工作、延长胶带使用寿命的有效措施，一般应注意以下几点：

（1）平行轴传动时各带轮的轴线必须保持规定的平行度。V带传动主、从动轮轮槽必须调整在同一平面内，误差不得超过 $20'$，否则会引起 V 带的扭曲使两侧面过早磨损。如图 7-19 所示。

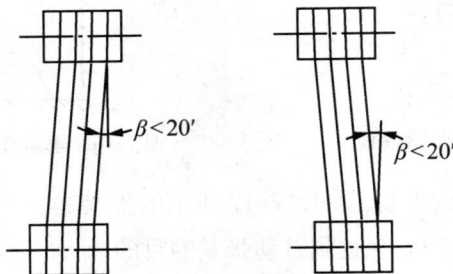

图 7-19　带轮的安装位置

（2）套装带时不得强行撬入。应先将中心距缩小，将带套在带轮上，再逐渐调大中心距拉紧带，直至所加测试力 G 满足规定的挠度 $y = 1.6a/100$ 为止。

（3）多根 V 带传动时，为避免各根 V 带载荷分布不均，带的配组公差（请参阅有关手册）应在规定的范围内。

（4）对带传动应定期检查及时调整，发现损坏的 V 带应及时更换，新旧带、普 V 带和窄 V 带、不同规格的 V 带均不能混合使用。

（5）带传动装置必须安装安全防护罩。这样既可防止绞伤人，又可以防止灰尘、油及其他杂物飞溅到带上影响传动。

例 7-1　设计某机床上电动机与主轴箱的 V 带传动。已知：电动机额定功率 $P = 7.5\,\text{kW}$，转速 $n_1 = 1\,440\,\text{r/min}$，传动比 $i_{12} = 2$，中心距 a 为 800 mm 左右，三班制工作，开式传动。

解：

1. 确定设计功率 P_c

由于工作机为机床、原动机为电动机，工作时间为三班制工作（24 小时），查表 7-5 可得：$K_A = 1.3$，所以带传动的计算功率 $P_c = K_A P = 1.3 \times 7.5 = 9.75\,\text{kW}$。

2. 确定 V 带型号

按照 $P_c = 9.75\,\text{kW}$，$n_1 = 1\,440\,\text{r/min}$，查图 7-11 可得带的型号为 A 型带。

3. 确定带轮的基准直径

查表 7-2 可知 A 型 V 带的最小基准直径 $d_{min} = 75\,\text{mm}$，根据 $d_{d1} > d_{min}$，并且要符合标准标准直径系列，取 $d_{d1} = 140\,\text{mm}$。

根据公式 $d_{d2} = id_{d1}$ 可得：$d_{d2} = 2 \times 140 = 280$ mm，查表 7-2 取 $d_{d2} = 280$ mm。

4. 验算带速 v

根据公式(7-16)可得：$v = \dfrac{\pi d_{d1} n_1}{60 \times 1\,000} = 3.14 \times 140 \times 1\,440/(60 \times 1\,000) = 10.55$ m/s

带速在 $5 \sim 25$ m/s 之间，符合要求。

5. 确定带的基准长度和实际中心距

根据中心距的要求初选中心距 $a_0 = 800$ mm。根据(7-18)公式可得：

$$L_0 = 2a_0 + \frac{\pi}{2}(d_{d1} + d_{d2}) + \frac{(d_{d2} - d_{d1})^2}{4a_0}$$

$$= 2 \times 800 + \frac{\pi}{2}(120 + 240) + \frac{(240 - 120)^2}{4 \times 800}$$

$$= 2265.53 \text{ mm}$$

由于带的基准长度为标准值，所以查表 7-3 可得：$L_d = 2240$ mm

由公式(7-19)可得实际中心距为：

$$a \approx a_0 + \frac{L_d - L_0}{2} = 800 + \frac{(2240 - 2265.53)}{2} = 787.24 \text{ mm}$$

中心距 a 的变动范围为：

$$a_{\max} = a + 0.03 L_d = 787.24 + 0.03 \times 2\,240 = 854.44 \text{ mm}$$

$$a_{\min} = a - 0.015 L_d = 787.24 - 0.015 \times 2\,240 = 753.64 \text{ mm}$$

6. 验算小带轮的包角 α_1

根据公式(7-4)可得：

$$\alpha_1 = 180° - \frac{d_{d2} - d_{d1}}{a} \times 57.3° = 180° - \frac{240 - 120}{787.24} \times 57.3°$$

$$= 169.81° > 120°$$

小带轮包角符合要求。

7. 确定 V 带根数 z

由公式(7-20)可得：$z = \dfrac{P_c}{(P_0 + \Delta P_0) K_a K_L}$，其中 P_0 为单根 V 带的基本额定功率，其数值可以查表 7-6，根据 $d_{d1} = 140$ mm，小带轮转速 $n_1 = 1\,460$ r/min 查表可得 $P_0 = 2.29$ kW；

ΔP_0 为 $i \neq 1$ 时的单根普通 V 带额定功率的增量，其值可以查表 7-8。根据带的型号为 A 型带，小带轮转速为 $1\,460$ r/min，传动比 $i \geqslant 2.0$ 查表可得 $\Delta P_0 = 0.17$ kW；K_L 为带长修正系数，其数值可查表 7-3。根据 $L_d = 2\,240$ mm 查表可得 $K_L = 1.06$；K_a 为包角修正系数，其数值可查表 7-9。根据小带轮包角 $\alpha_1 = 169.81°$ 查表可得 $K_a \approx 0.98$；将以上数值代入公式得：

$$z = \frac{P_c}{(P_0 + \Delta P_0) K_a K_L} = \frac{9.75}{(2.29 + 0.17) \times 1.06 \times 0.98} = 3.81$$

圆整后取 $z = 4$ 根。

8. 确定单根 V 带的初拉力 F_0

由公式(7-21)可知初拉力 F_0 为：$F_0 = \dfrac{500P_c}{zv}\left(\dfrac{2.5}{K_a}-1\right)+qv^2$，其中 q 的数值可以查表 7-1。根据带的型号为 A 型带查表可得 $q = 0.11$ kg/m，将其代入上述公式后可得：

$$F_0 = \frac{500P_c}{zv}\left(\frac{2.5}{K_a}-1\right)+qv^2 = \frac{500\times9.75}{4\times10.55}\left(\frac{2.5}{0.98}-1\right)+0.11\times10.55^2 = 191.42 \text{ N}。$$

9. 确定作用在带轮轴上的压力 F_Q

由公式(7-22)可知作用在带轮轴上的压力 F_Q 为：

$$F_Q = 2zF_0\sin\frac{\alpha_1}{2} = 2\times4\times191.42\times\sin\frac{169.81°}{2} = 1525.31 \text{ N}。$$

10. 带轮的结构设计（略）

11. 设计结果

选用 4 根 A-2240 GB 11544-89 普通 V 带，中心距 $a = 787.24$ mm，带轮直径 $d_{d1} = 120$ mm，$d_{d2} = 240$ mm，轴上压力 $F_Q = 1525.31$ N。

☪ 思考题

7-1. 带传动的主要类型有哪些？各有何特点？试分析摩擦带传动的工作原理。

7-2. 普通 V 带的结构主要由哪几部分构成？按国标规定，普通 V 带横截面尺寸有哪几种？

7-3. 什么是 V 带的基准长度和 V 带轮的基准直径？

7-4. 小带轮的包角 α_1 对 V 带传动有何影响？为什么要求 $\alpha_1 \geqslant 120°$？

7-5. 什么是初拉力？什么是有效拉力？它们之间有何关系？

7-6. 有效拉力与哪些因素有关？这些因素如何影响有效拉力的大小？

7-7. 什么叫打滑？什么叫弹性滑动？两者有何区别？

7-8. 带传动的主要失效形式有哪些？设计计算准则是什么？

7-9. 带速大小和中心距大小对带传动有何影响？

7-10. 带传动中为什么要张紧？V 带传动和平带传动张紧轮的布置位置有什么不同，为什么？

7-11. 某 V 带传动传递的功率 $P = 5.5$ kW，带速 $v = 10$ m/s，紧边拉力 F_1 是松边拉力 F_2 的 2 倍，求该带传动的有效拉力及紧边拉力 F_1。

7-12. 某普通 V 带传动由电动机直接驱动，已知电动机转速 $n_1 = 1\,450$ r/min，主动带轮基准直径 $d_{d1} = 160$ mm，从动带轮直径 $d_{d2} = 400$ mm，中心距 $a = 1\,120$ mm，用两根 B 型 V 带传动，载荷平稳，两班制工作。试求该传动可传递的最大功率。

7-13. 某带式运输机其异步电动机与齿轮减速器之间用普通 V 带传动，电动机额定功率 $P = 5.5$ kW，转速 $n_1 = 960$ r/min，V 带传动速比 $i_{12} = 2.5$，运输机单向运转，载荷平稳，一班制工作，试设计此 V 带传动。（允许传动比误差 $\Delta i \leqslant \pm 5\%$。）

第八章 链传动

第一节 概　述

一、链传动的特点

链传动是应用较广的一种机械传动,如图 8-1 所示,它是由装在两平行轴上的主动链轮 1、从动链轮 2 及绕在两轮上的环形链条 3 所组成。

如图 8-2 示,链传动是以链条作为中间挠性件,通过链条、链节与链轮轮齿的啮合来传递运动和动力的,因此链传动是一种具有中间挠性件的啮合传动。

链传动的特点介于齿轮传动和皮带传动之间。

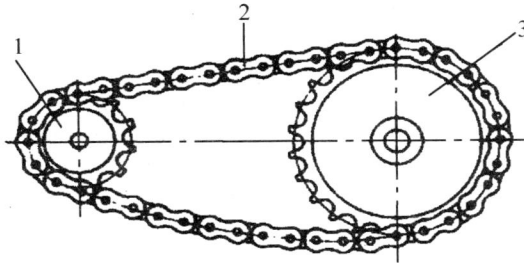

图 8-1　链传动组成

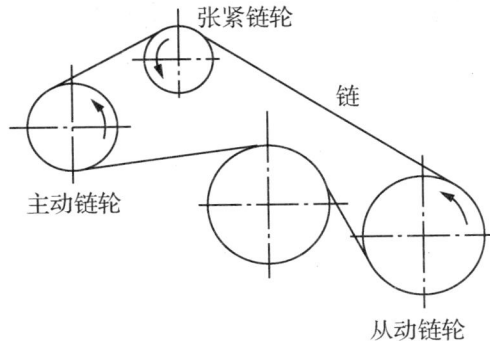

图 8-2　链传动原理

链传动的主要优点是:没有滑动;工况相同时,传动尺寸比较紧凑;不需要很大的张紧力,作用在轴上的载荷较小;效率较高,可以达到 $\eta \approx 98\%$;能在温度较高、湿度较大的环境中使用等;需要时轴间距离可以很大。

链传动的缺点是:只能用于平行轴间的传动;瞬时速度不均匀,高速运转时不如带传动平稳;不宜在载荷变化很大和急促反向的传动中应用;工作时有噪声;制造费用比带传动高等。

二、链传动的类型与应用

按照用途不同来分类,链条可以分为传动链、起重链、曳引链;按结构分,传递动力用的链条主要有滚子链和齿形链两种,如图 8-3 所示。其中,齿形链运转平稳、噪声小、适用于高速、运动精度要求较高的场合,但齿形链结构复杂,价格较高,因此其应用不如滚子链广泛,本模块主要讨论套筒滚子传动链传动。链传动主要用于要求工作可靠,且两轴相距较远,以及其他不宜采用齿轮传动的场合。广泛用于农业、采矿、冶金、起重、运输、石油、化工、纺织等各种机械的动力传动中。

目前,最大传递功率达到 5 000 kW,最高速度达到 40 m/s,最大传动比达到 15,最大中心距达到 8 m。由于经济及其他原因,链传动的传动功率一般小于 100 kW,速度小于 15 m/s,传动比小于 8。

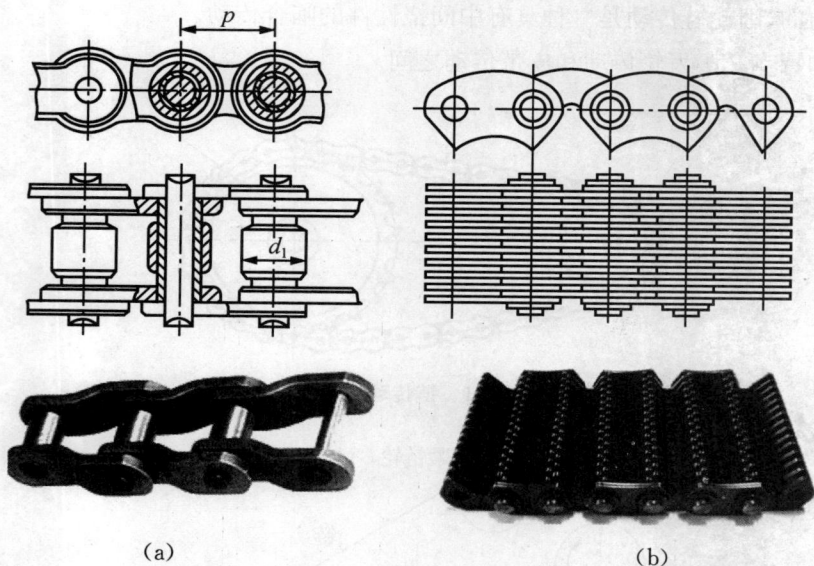

(a)　　　　　　　(b)

图 8-3　链条种类

第二节　滚子链和链轮的结构

一、滚子链链条的结构

1. 滚子链的结构

如图 8-4 所示,滚子链由内链板 1、外链板 2、套筒 3、销轴 4 和滚子 5 组成。外链板与销轴、内链板与套筒之间采用过盈配合，而销轴与套筒、滚子与套筒之间为间隙配合。内、外链板均为8字形，且交错连接并构成铰链，这样既可保证链板各横截面等强度，又可以减轻链的质量，节约材料。

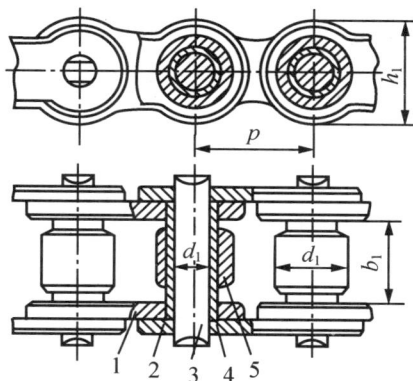

图 8-4　滚子链结构

相邻两滚子轴线间的距离称链为节距，用 p 表示。p 值愈大，链的各部分尺寸愈大，承载能力愈高，且在齿数一定时，链轮尺寸随之增大。

如图 8-5 所示，滚子链有单排或多排结构，排数愈多，承载能力愈高，但各排链受载不均匀现象愈严重。一般链的排数不超过 4 排。

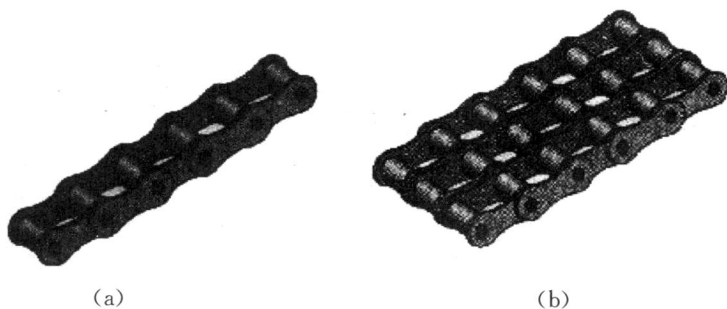

（a）　　　　　　　（b）

图 8-5　滚子链的排数

滚子链的接头形式，当链节数为偶数时，采用开口销或弹簧卡来固定，如图 8-6(a)、(b)所示。

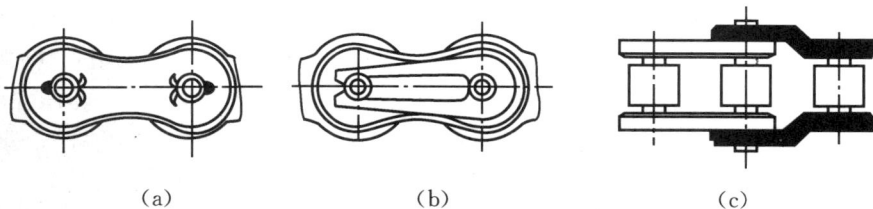

（a）　　　　　　（b）　　　　　　（c）

图 8-6　滚子链接头形式

当链节数为奇数时，需用一个过渡链节，如图 8-6(c)由于过渡链节的弯链板工作时受到附加弯曲应力,因此应尽量避免使用奇数链节。

2. 滚子链的标准

我国目前使用的滚子链的标准为 GB/T 1243-1997,分为 A、B 两个系列,常用的是 A 系列,其主要参数见表 8-1。国际上链节距 p 均采用英制单位,我国标准中规定链节距 p 采用米制单位。对应于链节距 p 有不同的链号,用链号乘 25.4/16 所得的数值即为链节距 p。

表 8-1 A 系列滚子链的主要参数(摘自 GB/T 1243-1997)

链号	节距 p mm	排距 p_1 mm	滚子外径 d_1 mm	极限载荷 F_Q(单排)N	每米长质量 q(单排)kg/m
08A	12.70	14.38	7.95	13800	0.60
10A	15.875	18.11	10.16	21800	1.00
12A	19.05	22.78	11.91	21100	1.50
16A	25.40	29.29	15.88	55600	2.60
20A	31.75	35.76	19.05	86700	3.80
24A	38.10	45.44	22.23	124600	5.60
28A	44.45	48.87	25.40	169000	7.50
32A	50.80	58.55	28.58	222400	10.10
40A	63.50	71.55	39.68	347000	16.10
48A	76.20	87.83	47.63	500400	22.60

注:a. 链号乘以 25.4/16 即为链节距(mm)。后缀 A 表示 A 系列。

  b. 使用过渡链节时,其极限载荷按表列数值 80% 计算。

  c. 多排链的极限拉伸载荷按照表列 F_Q 值乘以排数计算。

滚子链标记:链号—排数×链节数 标准号。例如:A 系列滚子链,节距为 19.05 mm,双排,链节数为 100,其标记为:

12A-2×100 GB/T 1243-1997。

二、滚子链链轮

1. 链轮的齿形

链轮的齿形应能使链条能顺利地进入和退出与轮齿的啮合,使其不易脱链,且应该形状简单,便于加工。根据 GB/T 1243-1997 的规定,链轮端面的齿形推荐采用"三圆弧一直线"的形状(三段圆弧 aa、ab、cd 和一段直线 bc)。链轮的齿形已有国家标准,并用标准刀具以范成法加工。这种标准化齿形可由标准成型刀具加工,故链轮图上不必绘出端面齿形,只注明"齿形按 3R GB 1244-85 规定制造"即可。

图 8-7　链轮齿形

2. 滚子链链轮结构尺寸

滚子链链轮结构尺寸参数,主要包括链节距 p、齿数 z、分度圆直径 d 等。其中,分度圆直径 d 是指链轮上被链条节距等分的圆。具体结构尺寸如表 8-2 和表 8-3。

表 8-2　滚子链链轮结构尺寸

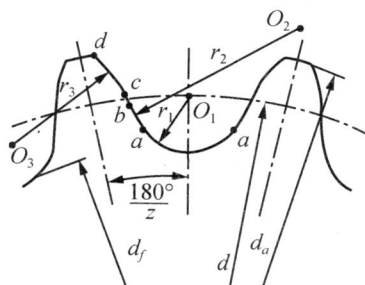

名　　称	代号	计　算　公　式	备　　注
分度圆直径	d	$d = p / \sin \dfrac{180°}{z}$	
齿顶圆直径	d_a	$d_{a\max} = d + 1.25p - d_1$ $d_{a\min} = d + \left(1 - \dfrac{1.6}{z}\right)p - d_1$	可在 $d_{a\max}$、$d_{a\min}$ 范围内任意选取,但选用 $d_{a\max}$ 时,应考虑采用展成法加工时有发生顶切的可能性
分度圆弦齿高	h_a	$h_{a\max} = \left(0.625 + \dfrac{0.8}{z}\right)p - 0.5d_1$ $h_{a\min} = 0.5(p - d_1)$	h_a 是为简化放大齿形图的绘制而引入的辅助尺寸(见表 8-3)。 $h_{a\max}$ 对应于 $d_{a\max}$,$h_{a\min}$ 对应于 $d_{a\min}$
齿根圆直径	d_f	$d_f = d - d_1$	
齿侧凸缘 (或排间槽) 直径	d_g	$d_g \leqslant p\cot\dfrac{180°}{z} - 1.04h_2 - 0.76$ h_2 ——内链板高度	

注:d_a、d_g 值取整数,其他尺寸精确到 $0.01\ \mathrm{mm}$。

表 8-3　滚子链链轮的齿槽尺寸计算公式

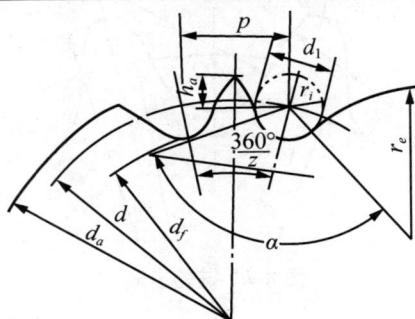

名　　称	单 位	计　算　公　式	
		最 大 齿 槽 形 状	最 小 齿 槽 形 状
齿面圆弧半径 r_e	mm	$r_{emin} = 0.008d_1(z^2+180)$	$r_{emax} = 0.12d_1(z+2)$
齿沟圆弧半径 r_i	mm	$r_{imax} = 0.505d_1 + 0.069 \times \sqrt[3]{d_1}$	$r_{imin} = 0.505d_1$
齿沟角 α	(°)	$\alpha_{min} = 120° - \dfrac{90°}{z}$	$\alpha_{max} = 140° - \dfrac{90°}{z}$

3. 链轮的结构和材料

链轮有整体式、孔板式、组合式,如图 8-8 所示。其中,小直径链轮可做成整体式(图 8-8(a));中等直径链轮多用孔板式(图 8-8(b));大直径链轮可制成组合式(图 8-8(c)、(d)),此时齿圈与轮心可用不同材料制造。

如表 8-4 所示,链轮材料应能满足强度和耐磨性的要求;在低速、轻载、平稳传动中,链轮可采用中碳钢制造;中速、中载时,采用中碳钢淬火处理,其硬度 > 40HRC;高速、重载、连续工作的传动,采用低碳钢、低碳合金钢表面渗碳淬火(如用 15、20Cr、12CrNi3 等钢淬硬至 55HRC~60HRC)或中碳钢、中碳合金钢表面淬火(如用 45、40Cr、45Mn、35SiMn、35CrMo 等钢淬硬到 40HRC~50HRC)。

载荷平稳、速度较低、齿数较多时,也允许采用铸铁制造链轮。

由于小链轮的啮合次数比大链轮多,所受冲击力也大,因此对材料的要求也比大链轮高。当大链轮用铸铁制造时,小链轮通常都用钢。

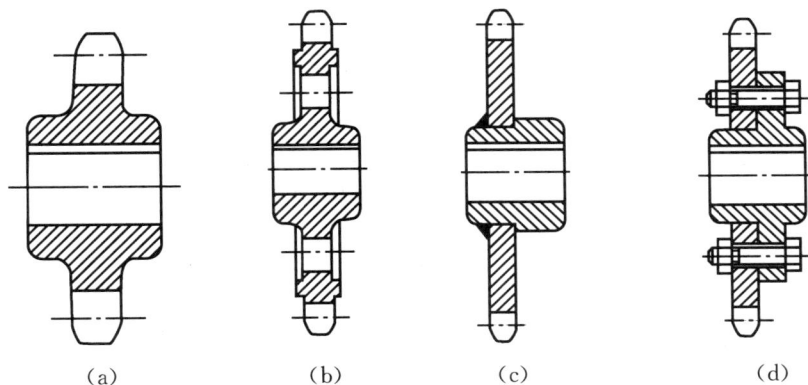

（a）　　　　（b）　　　　（c）　　　　（d）

图 8-8　链轮结构形式

表 8-4　滚子链链轮的材料

材料	齿面硬度	应用范围
15,20	渗碳淬火 50～60 HBS	$z \leqslant 25$ 的高速、重载、有冲击载荷的链轮
35	正火 160～200 HBS	$z > 25$ 的低速、轻载、平稳传动的链轮
45,50,ZG45	淬火 40～45 HRC	低、中速,轻、中载,无激烈冲击、振动和易磨损工作条件下的链轮
15Cr,20Cr	渗碳淬火 50～60 HRC	$z < 25$ 的大功率传动链轮,高速、重载的重要链轮
355SiMn,35CrMo,40Cr	淬火 40～45 HRC	高速、重载、有冲击、连续工作的链轮
灰铸铁(不低于 HT200)	260～280 HBS	载荷平稳、速度较低、齿数较多($z > 50$)的从动链轮
灰布胶木	—	传递功率小于 6 kW,速度较高、要求传动平稳、噪声小的链轮

第三节　链传动的运动特性

具有刚性链板的链条呈多边形绕在链轮上如同具有柔性的传动带绕在正多边形的带轮上,多边形的边长和边数分别对应于链条的节距 p 和链轮的齿数 z。

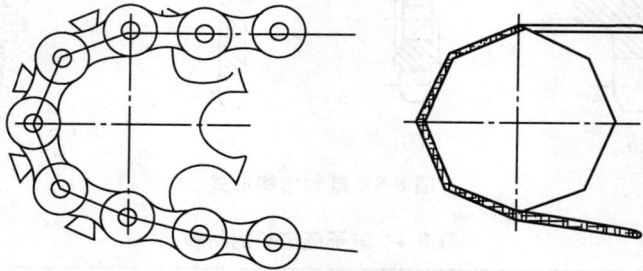

图 8-9　链传动多边形效应

链的平均速度为:

$$v = \frac{z_1 n_1 p}{60 \times 1\,000} = \frac{z_2 n_2 p}{60 \times 1\,000} \tag{8-1}$$

链传动的平均传动比为:

$$i = \frac{n_1}{n_2} = \frac{z_2}{z_1} \tag{8-2}$$

如图 8-10 所示的链传动条运动分析图,链条铰链 A 点的前进分速度:

$$v = v_1 \cos\beta = R_1 \omega_1 \cos\beta \tag{8-3}$$

式中:R_1　主动链轮的分度圆直径,mm;

　　　β　A 点的圆周速度与水平线的夹角。

上下运动分速度:

$$v' = v_1 \sin\beta = R_1 \omega_1 \sin\beta \tag{8-4}$$

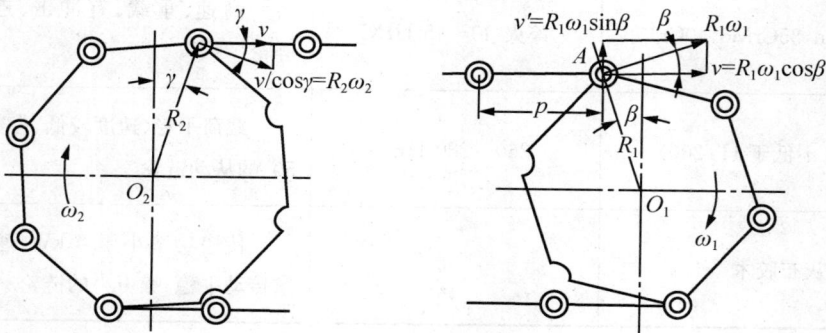

图 8-10　链传动运动分析图

任一链节从进入啮合到退出啮合,β 角在 $-\dfrac{180°}{z_1}$ 到 $+\dfrac{180°}{z_1}$ 的范围内变化。当 $\beta = 0°$,链速最大,$v_{max} = R_1\omega_1$;当 $\beta = \pm\dfrac{180°}{z_1}$ 时,链速最小,$v_{min} = R_1\omega_1 \cos\dfrac{180°}{z_1}$。

由此可知,当主动轮以角速度 ω_1 等速转动时,链条的瞬时速度 v 周期性地由小变大,又由大变小,每转过一个节距变化一次。同理,链条在垂直于链节中心线方向的分速度 $v' = R_1\omega_1\sin\beta$,也作周期性变化,从而使链条上下抖动。由于链速是变化的,工作时不可避免地要产生振动和动载荷。

而在从动链轮上,γ 角的变化范围为 $-\dfrac{180°}{z_2} \sim +\dfrac{180°}{z_2}$,由于链速 v 不等于常数和 γ 角的不断变化,因此从动轮的角速度 $\omega_2 = \dfrac{v}{R_2\cos\gamma}$ 也是周期性变化的。即链传动的瞬时传动比 i' 是变化的。

由于从动轮角速度 ω_2 的速度波动将引起链条与链轮轮齿的冲击,产生振动和噪音,并加剧磨损,随着链轮齿数的增加,v 和 γ 相应减小,传动中的速度波动、冲击、振动和噪音也都减小,所以链轮的最小齿数不宜太少,通常取主动链轮(即小链轮)的齿数大于17。

链传动中,链条的前进速度和上下抖动速度是周期性变化的,链轮的节距越大,齿数越少,链速的变化就越大。

当主动链轮匀速转动时,从动链轮的角速度以及链传动的瞬时传动比都是周期性变化的,因此链传动不宜用于对运动精度有较高要求的场合。

第四节　滚子链传动的设计计算

一、失效形式

(1) 铰链元件疲劳破坏　由于链条受变应力的作用,经过一定的循环次数后,链板会发生疲劳破坏,在正常润滑条件下,疲劳强度是限定链传动承载能力的主要因素。

(2) 脱链现象　因铰链销轴磨损使链节距过度伸长(在标准试验条件下允许伸长率为3%),从而破坏正确啮合和造成脱链现象。

(3) 销轴和套筒的胶合破坏　当润滑不良或速度过高时,销轴与套筒的工作表面摩擦发热较大,而使两表面发生粘附磨损,严重时则产生胶合。

(4) 冲击破断　链节与链轮啮合时,滚子与链轮间会产生冲击,高速时冲击载荷较大,套筒与滚子表面发生冲击疲劳破坏。

(5) 拉断　在低速($v < 6$ m/s)重载或瞬时严重过载时,链条可能被拉断。

(6) 链轮轮齿磨损　链在工作过程中,销轴与套筒的工作表面会因相对滑动而磨损,导致链节的伸长,容易引起跳齿和脱链。

二、额定功率曲线

利用图 8-11,可确定链传动各种失效形式下,小链轮转速与额定功率之间的关系。具体额定功率的数值,可查阅图 8-12 滚子链的额定功率曲线。其数值是在下列条件下测定的:

两链轮安装在同一个水平面上;单列链水平布置、载荷平稳、工作环境正常、按推荐的润滑方式润滑、使用寿命 15 000 h;链因磨损而引起链节距的相对伸长量不超过 3% 等。

对于一般链速($v > 0.6$ m/s)的链传动,其主要失效形式为疲劳破坏,设计计算通常以疲劳强度为主并综合考虑其他失效形式的影响。实际的链传动设计计算,可对其中参数进行修正,代入公式(8-1)中,即可得到实际的链传动额定功率。

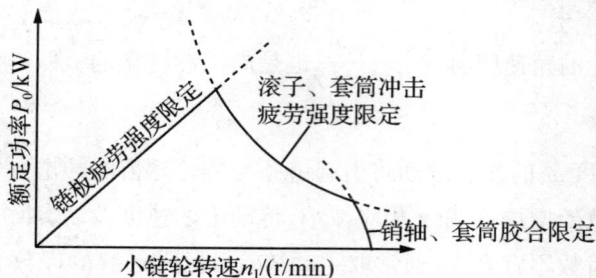

图 8-11　各种失效形式下转速与额定功率关系

$$P_c = \frac{K_A P}{K_z K_p K_L} \leqslant P_0 \tag{8-5}$$

式中:K_A　工作情况系数,由表 8-5 确定;P_0 为单排链的额定功率,kW;

$\quad P$　链传动传递的功率,kW;

$\quad K_z$　小链轮的齿数系数,由表 8-6 确定,当工作点落在图 8-11 所示的曲线顶点左侧时(属于链板疲劳),查表中 K_z;当工作点落在图 8-11 的曲线右侧时(属于套筒、滚子冲击疲劳),查表中 K_z'。

$\quad K_L$　链长系数,查图 8-13 中曲线 1 为链板疲劳计算用,曲线 2 为套筒、滚子冲击疲劳计算用;当失效形式无法预先估计时,取曲线中小值代入计算;

$\quad K_p$　多排链系数,查表 8-7。

对于低速的链传动,链的主要失效形式是过载拉断,应进行静强度校核。静强度安全系数应满足下列要求:

$$S = \frac{z_p F_Q}{K_A F_1 + F_z + F_f} \geqslant 4 \sim 8 \tag{8-6}$$

式中:F_Q　单排链的极限拉伸载荷;

$\quad M$　链条排数;

$\quad F$　链的工作拉力,单位为 N,$F = 1\,000P/v$(其中 P 为名义功率,单位为 kW;v 为链速,单位为 m/s)。

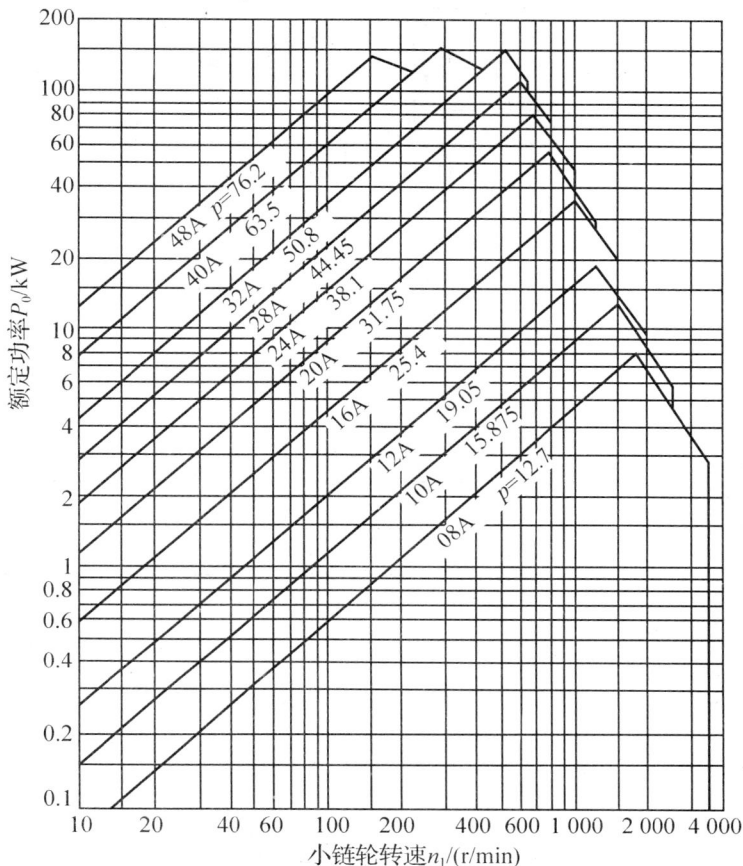

图 8-12　滚子链的额定功率曲线

表 8-5　工作情况系数 K_A

载荷性质	原动机	
	电动机或汽轮机	内燃机
载荷平稳	1.0	1.2
中等冲击	1.3	1.4
较大冲击	1.5	1.7

表 8-6　小链轮齿数系数 K_z

Z_1	17	19	21	23	25	27	29	31	33	35
K_z	0.887	1.00	1.11	1.23	1.34	1.46	1.58	1.70	1.82	1.93
K_z'	0.846	1.00	1.16	1.33	1.51	1.69	1.89	2.08	2.29	2.50

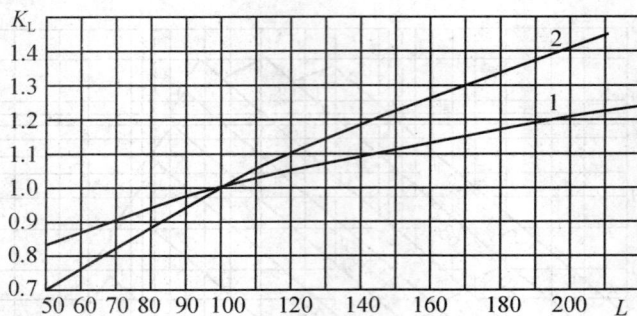

图 8-13 链长系数

1—链板疲劳；2—滚子套筒冲击疲劳

表 8-7 多排链系数 K_P

排数	1	2	3	4	5	6
K_P	1	1.7	2.5	3.3	4.0	4.6

三、滚子链传动参数的选择

1. 链轮齿数 z_1、z_2

由链传动的运动特性得知，齿数越少，瞬时链速变化越大，而且链轮直径也较小。当传递功率一定时，链和链轮轮齿的受力也会增加，为使传动平稳，小链轮齿数不宜过少。但如齿数过多，又会造成链轮尺寸过大。而且，当链条磨损后，也容易从链轮上脱落。滚子链传动的小链轮齿数 z_1 应根据链速 v 和传动比 i，由表 8-8 进行选取，然后按 $z_2 = iz_1$，选取大链轮的齿数；并控制 $z_2 \leqslant 120$。

表 8-8 小链轮齿数

链速 $v/(\text{m/s})$	0.6~3	3~8	>8
z_1	$\geqslant 15\sim17$	$\geqslant 19\sim21$	$\geqslant 23\sim25$

因链节数常取偶数，故链轮齿数最好取与链节数互为质数的奇数，以使磨损均匀。

2. 链的节距 p

链的节距 p 是决定链的工作能力、链及链轮尺寸的主要参数，正确选择 p 是链传动设计时要解决的主要问题。链的节距越大，承载能力越高，但其运动不均匀性和冲击就越严重。因此，在满足传递功率的情况下，应尽可能选用较小的节距，高速重载时可选用小节距多排链。

3. 传动比 i

传动比受链轮最小齿数和最大齿数的限制，且传动尺寸也不能过大，因此传动比一般不大于 6。传动比过大时，小链轮上的包角 α_1 将会太小，同时啮合的齿数也太少，将加速轮齿的磨损。因此，通常要求包角 α_1 不小于 $120°$。

4. 中心距 a 和链节数 L_p

若链传动中心距过小，则小链轮上的包角也小，同时啮合的链轮齿数也减少，导致磨损加剧，并且容易产生跳齿、脱链现象；若中心距过大，则易使链条抖动。一般可取中心距 $a = (30\sim50)p$，最大中心距 $a_{max} \leqslant 80p$。

链的长度以链节数 L_P（节距 p 的倍数）来表示。与带传动相似，链节数 L_p 与中心距 a 之间的关系为：

$$L_p = \frac{2a}{p} + \frac{z_1 + z_2}{2} + \left(\frac{z_2 - z_1}{2\pi}\right)^2 \cdot \frac{p}{a} \qquad (8-7)$$

计算出的 L_p 应圆整为整数，最好取为偶数。

如已知 L_p 时，也可由式（10—37）计算出实际中心距 a，即：

$$a = \frac{p}{4}\left[\left(L_p - \frac{z_1 + z_2}{2}\right) + \sqrt{\left(L_p - \frac{z_1 + z_2}{2}\right)^2 - 8\left(\frac{z_2 - z_1}{2\pi}\right)^2}\right] \qquad (8-8)$$

为了便于链条的安装和调节链的张紧，通常中心距设计成可调的；若中心距不能调节而又没有张紧装置时，应将计算的中心距减小 2~5 mm。使链条有小的初垂度，以保持链传动的张紧。

第五节　链传动的布置、张紧及润滑

一、链传动的合理布置

如图 8-14 所示的传动链的布置图，两链轮的回转平面应在同一垂直平面内；两链轮中心连线最好是水平的，或与水平面成 45°以下的倾斜角，尽量避免垂直传动。

属于下列情况时，紧边最好布置在传动的上面：

（1）中心距 $a \leqslant 30p$ 和 $i \geqslant 2$ 的水平传动；

（2）倾斜角相当大的传动；

（3）中心距 $a \geqslant 60p$、传动比 $i \leqslant 1.5$ 和链轮齿数 $z_1 \leqslant 25$ 的水平传动。

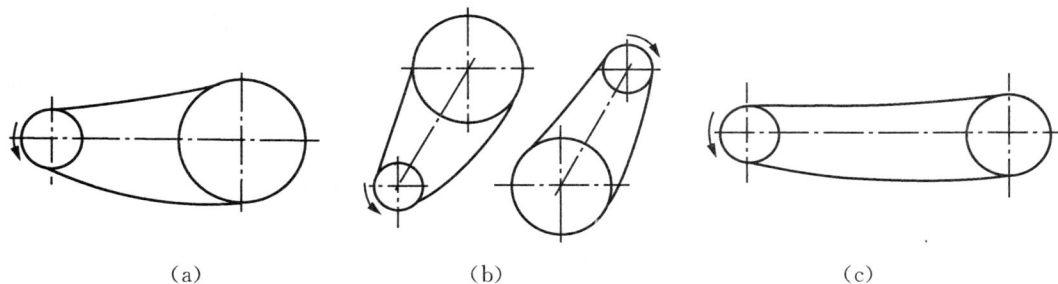

(a)　　　　　　　　　　(b)　　　　　　　　　　(c)

图 8-14　传动链的布置

二、链传动的张紧方法

链传动张紧的目的,主要是为了避免由于链条垂度过大产生啮合不良和链条振动现象,同时也为了增加链条的包角。张紧力并不决定链的工作能力,而只是决定垂度的大小。当两轮中心连线倾角大于60°时,一般都要设置张紧装置。

最常见的张紧方法是移动链轮以增大两轮的中心距。但如中心距不可调时,也可以采用张紧轮传动。如图8-15所示的链传动的张紧方法。张紧轮应装在靠近主动链轮的松边上,如图8-15(a)。不论是带齿的还是不带齿的张紧轮,其分度圆直径最好与小链轮的分度圆直径相近,如图8-15(b)。不带齿的张紧轮可以用夹布胶木制成,宽度应比链约宽5 mm。此外还可用压板或托板张紧,如图8-15(c)。对于中心距大的链传动,用托板控制垂度更为合理,如图8-15(d)。

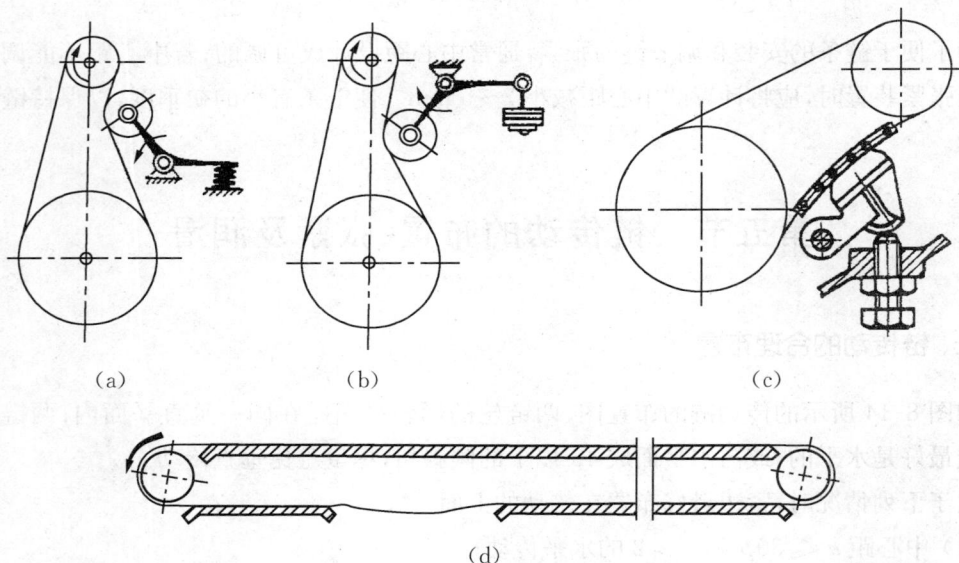

图 8-15　链传动的张紧方法

三、链传动的润滑

链传动良好的润滑将会减少磨损、缓和冲击,提高承载能力,延长使用寿命,因此链传动应合理地确定润滑方式和润滑剂种类。润滑方式的选择可以根据链速和链节距查图8-16。

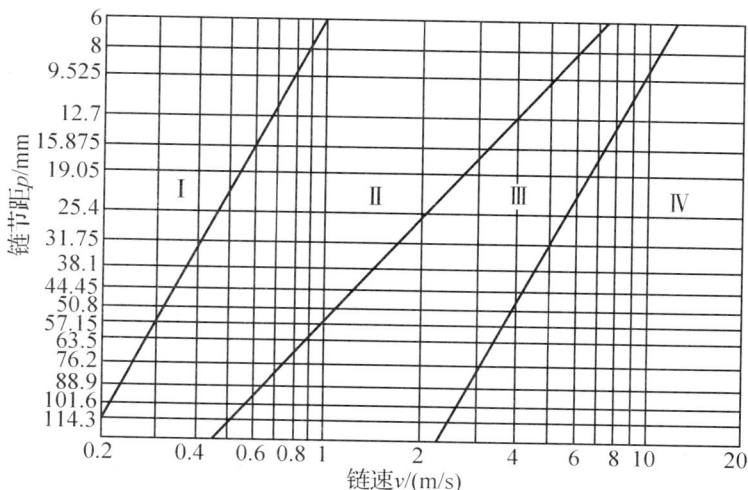

Ⅰ—人工定期润滑；Ⅱ—滴油润滑；Ⅲ—油浴或飞溅润滑；Ⅳ—压力喷油润滑

图 8-16　链传动润滑方法

常用的润滑方式有几种：

（1）人工定期润滑：如图 8-17（a）所示，用油壶或油刷给油，每班注油一次，适用于链速 $v \leqslant 4$ m/s 的不重要传动。

（2）滴油润滑：如图 8-17（b）所示，用油杯通过油管向松边的内、外链板间隙处滴油，用于链速 $v \leqslant 10$ m/s 的传动。

（3）油浴润滑：如图 8-17（c）所示，链从密封的油池中通过，链条浸油深度以 6~12 mm 为宜，适用于链速 $v = 6$~12 m/s 的传动。

（4）飞溅润滑：如图 8-17（d）所示，在密封容器中，用甩油盘将油甩起，经由壳体上的集油装置将油导流到链上。甩油盘速度应大于 3 m/s，浸油深度一般为 12~15 mm。

（5）压力油循环润滑：如图 8-17（e）所示，用油泵将油喷到链上，喷口应设在链条进入啮合之处，适用于链速 $v \geqslant 8$ m/s 的大功率传动。

链传动常用的润滑油有 L-AN32、L-AN46、L-AN68、L-AN100 等全损耗系统用油。

（a）

（b）

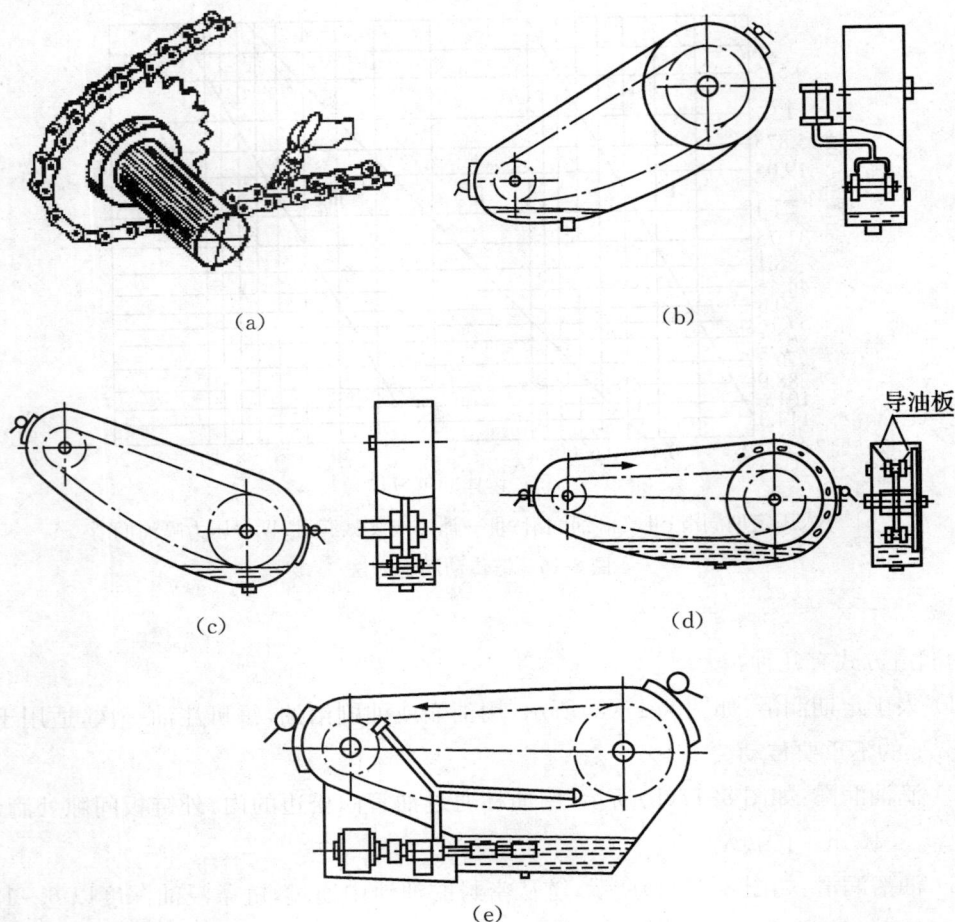

（c）

导油板

（d）

（e）

图 8-17　链传动润滑装置

⭐ 思考题

8-1. 链传动和带传动相比有什么优缺点？应用范围如何？

8-2. 传动链有哪几种结构形式？各有何特点？

8-3. 链传动的传动比及圆周速度不均匀性是怎样产生的？变化过程如何？

8-4. 链传动的失效形式有哪些？极限功率曲线如何获得？

8-5. 在设计链传动时，传动比、链轮齿数、链速和链轮的极限转速、链节距、链长度和中心距等参数如何选定？

8-6. 如何对链传动进行合理布置及张紧？

8-7. 如何对链传动进行润滑？

第九章 齿轮传动

第一节 概 述

一、齿轮传动的特点

齿轮传动是机械传动中最重要的、也是应用最为广泛的一种传动型式。

齿轮传动的主要优点是：

（1）能保证传动比恒定不变；

（2）传动效率高；

（3）结构紧凑；

（4）适用的功率和速度范围广；

（5）工作可靠、寿命较长。

主要缺点是：

（1）加工和安装精度要求较高,制造成本也较高；

（2）不适于中心距较大的两轴间；

（3）使用维护费用较高；

（4）精度低时、噪音、振动较大。

二、齿轮传动的类型

（1）两齿轮轴线之间的相对位置、齿向、啮合情况分类,齿轮传动可以分为以下几种类型：

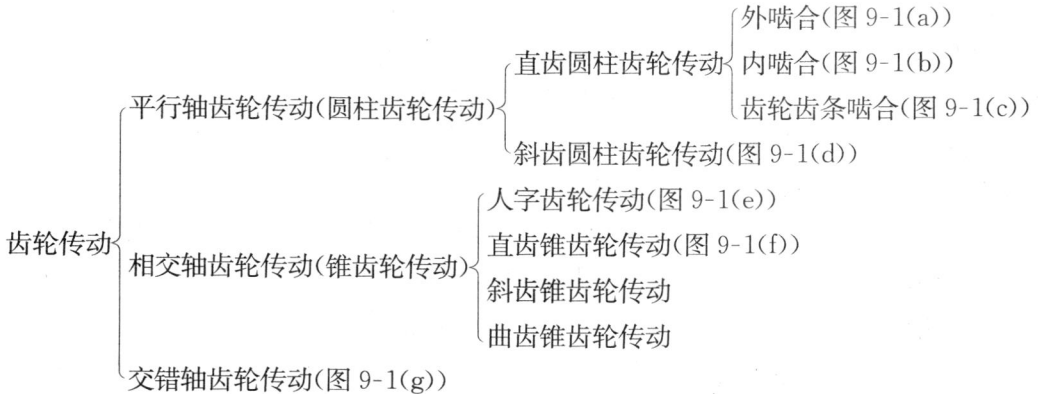

齿轮传动
- 平行轴齿轮传动（圆柱齿轮传动）
  - 直齿圆柱齿轮传动
    - 外啮合（图 9-1(a)）
    - 内啮合（图 9-1(b)）
    - 齿轮齿条啮合（图 9-1(c)）
  - 斜齿圆柱齿轮传动（图 9-1(d)）
- 相交轴齿轮传动（锥齿轮传动）
  - 人字齿轮传动（图 9-1(e)）
  - 直齿锥齿轮传动（图 9-1(f)）
  - 斜齿锥齿轮传动
  - 曲齿锥齿轮传动
- 交错轴齿轮传动（图 9-1(g)）

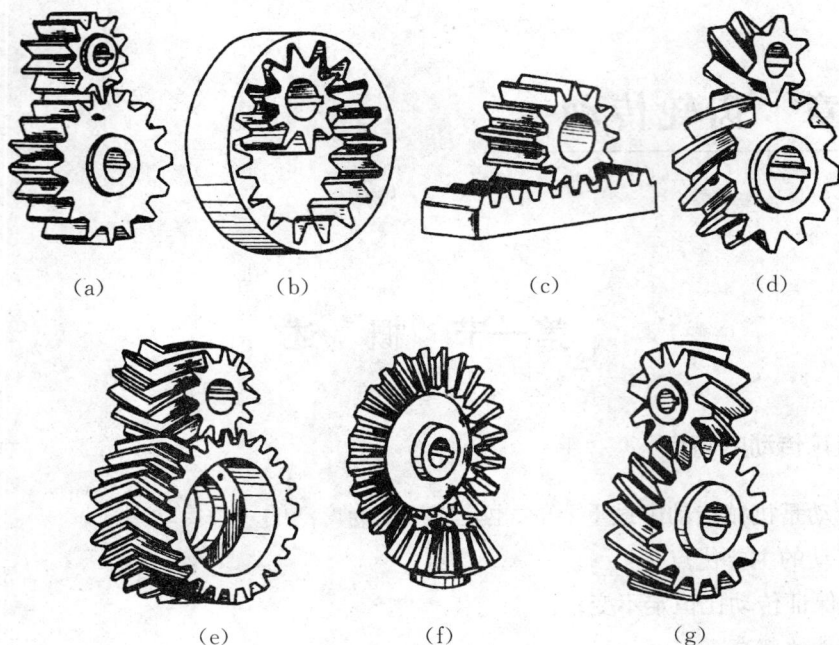

图 9-1 齿轮传动的类型

（2）按两齿轮的齿廓曲线形状不同分类，齿轮传动可以分为渐开线齿轮传动、摆线齿轮传动、圆弧齿轮传动，其中渐开线齿轮传动应用最广泛。

（3）按两齿轮是否封闭分类，齿轮传动可以分为开式齿轮传动和闭式齿轮传动。开式齿轮传动的齿轮完全暴露在外面，外界的灰尘和杂物容易进入啮合区域，润滑不良，齿面易磨损。闭式齿轮传动的轴承、齿轮全部封闭在箱体内，可以保证良好的润滑和工作条件，应用较广泛。

（4）按齿面硬度高低分类，齿轮传动可以分为软齿面齿轮传动（硬度 $\leqslant 350$ HBS）和硬齿面齿轮传动（硬度 > 350 HBS）。

三、齿廓啮合基本定律

齿轮传动的基本要求之一是传动平稳，即要求瞬时传动比 $i_{12} = \omega_1/\omega_2$ 恒定（ω_1、ω_2 分别为主动轮、从动轮的角速度）。否则，当主动轮以等角速度转动时，从动轮将以变角速度转动，产生惯性力，引起机器的振动、冲击和噪音，从而影响机器的工作精度和寿命。齿廓形状直接影响齿轮传动的传动比。齿廓形状应满足什么要求才能保证瞬时传动比恒定呢？这就需要研究齿廓啮合基本定律。

如图 9-2 所示外啮合齿轮传动，O_1、O_2 分别为两齿轮的转动中心。设某瞬时两齿廓在 K 处啮合，齿轮 1 的 K 点速度 $v_{K1} = \omega_1 \overline{O_1 K}$，齿轮 2 的 K 点速度 $v_{K2} = \omega_2 \overline{O_2 K}$。齿轮运动时，必须满足它们在过啮合点的公法线 $N_1 N_2$ 上的分速度相等，否则它们将

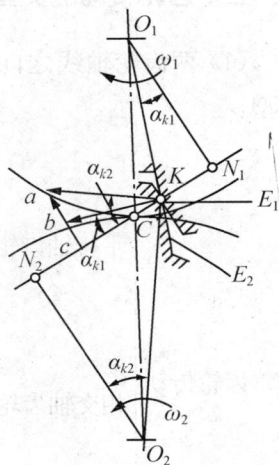

图 9-2 齿廓啮合基本定律

出现干涉或分离而不传动。由此得 $v_{K1}\cos\alpha_{K1}=v_{K2}\cos\alpha_{K2}$，即 $\dfrac{v_{K1}}{v_{K2}}=\dfrac{\cos\alpha_{K2}}{\cos\alpha_{K1}}$，于是，该瞬时的传动比

$$i_{12}=\frac{\omega_1}{\omega_2}=\frac{v_{K1}}{v_{K2}}\frac{\overline{O_2K}}{\overline{O_1K}}=\frac{\overline{O_2K}\cos\alpha_{K2}}{\overline{O_1K}\cos\alpha_{K1}}=\frac{\overline{O_2N_2}}{\overline{O_1N_1}}=\frac{\overline{O_2C}}{\overline{O_1C}}=\frac{r_{b2}}{r_{b1}} \tag{9-1}$$

式(9-1)表明：互相啮合传动的一对齿廓，它们的瞬时接触点的公法线，必与两齿轮的连心线交于相应的节点 C，该节点将齿轮的连心线分成的两个线段与该对齿轮的角速比成反比。这一规律常称为齿廓啮合基本定律。

第二节 渐开线齿轮的齿廓及啮合特性

一、渐开线的形成原理

如图 9-3 所示，一条直线 $n-n$ 沿着一个半径为 r_b 的圆的圆周作纯滚动时，该直线上任意一点 K 的轨迹 AK 称为该圆的渐开线。形成渐开线的圆称为基圆，该直线称为渐开线的发生线。渐开线上任一点 K 的向径 OK 与起始点 A 的向径 OA 之间的夹角 $\angle AOK$（$\angle AOK=\theta_K$）称为渐开线（AK 段）的展角。

二、渐开线的性质

根据渐开线的形成，可知渐开线具有以下性质：

(1) 发生线在基圆上滚过的线段长度等于基圆上被滚过的弧长，即：$NK=\overset{\frown}{NA}$

(2) 渐开线上任一点的法线必与基圆相切。因为发生线在基圆上作纯滚动，所以它与基圆的切点 N 就是渐开线上 K 点的瞬时速度中心，发生线 NK 就是渐开线在 K 点的法线，同时它也是基圆在 N 点的切线。

(3) 渐开线上各点的曲率半径不相等。切点 N 是渐开线上 K 点的曲率中心，NK 是渐开线上 K 点的曲率半径。离基圆越近，曲率半径越小，渐开线愈弯曲，如图 9-3 所示，$N_1K_1<N_2K_2$。

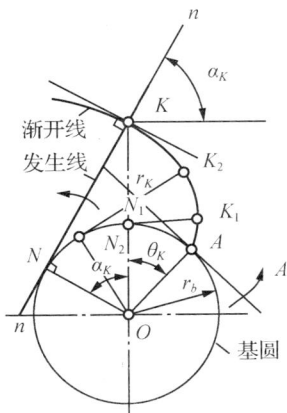

图 9-3 渐开线的形成及性质

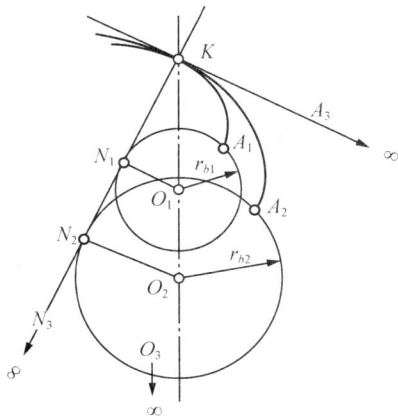

图 9-4 渐开线形状与基圆大小的关系

（4）渐开线的形状取决于基圆的大小。如图 9-4 所示，基圆越大，渐开线越平直，当基圆半径趋于无穷大时，渐开线成直线，这种直线型的渐开线就是齿条的齿廓曲线。

（5）基圆内无渐开线。

三、渐开线齿廓的啮合特性

1. 四线合一

如图 9-5 所示，一对渐开线齿廓在任意点 K 啮合，过 K 点作两齿廓的公法线 N_1N_2，根据渐开线的性质，该公法线就是两基圆的内公切线。当两齿廓转到 K' 点啮合时，过 K' 点所作的公法线也是两基圆的内公切线。由于齿轮的基圆大小和位置均固定，公法线 $n-n$ 是唯一的。因此不管齿轮在哪一点啮合，啮合点总在这条公法线上，该公法线也称为啮合线。由于两个齿轮啮合传动时其正压力是沿着公法线方向的，因此对渐开线齿廓的齿轮传动来说，啮合线、过啮合点的公法线、基圆的内公切线和正压力作用线四线合一。该线与连心线 O_1O_2 的交点 C 是一固定点，C 点称为节点。如图 9-5 所示，分别以轮心 O_1 与 O_2 为圆心，以 r'_1 $= O_1C$ 与 $r'_2 = O_2C$ 为半径所作的圆，称为节圆。

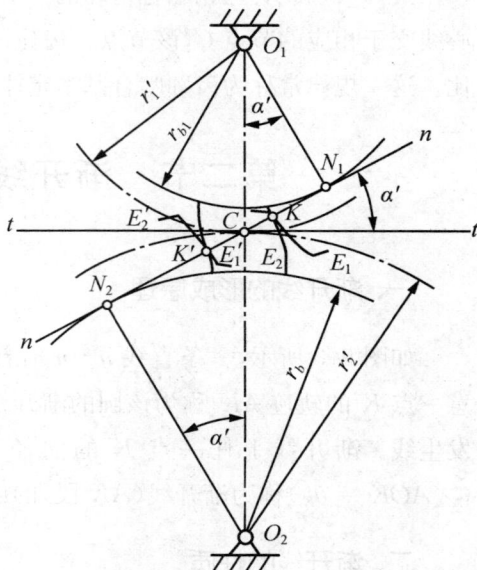

图 9-5　渐开线齿廓啮合特性

2. 中心距的可分性

一对渐开线齿轮的啮合传动可以看作两个节圆的纯滚动，且 $v_{C1} = v_{C2}$。设齿轮 1. 齿轮 2 的角速度分别为 ω_1 和 ω_2，则 $v_{c1} = \omega_1 \cdot O_1C, v_{c2} = \omega_2 \cdot O_2C$ 从图 9-5 中可知，$\triangle O_1CN_1 \backsim \triangle O_2CN_2$，所以两轮的传动比为：

$$i_{12} = \frac{\omega_1}{\omega_2} = \frac{O_2C}{O_1C} = \frac{r'_2}{r'_1} = \frac{r_{b2}}{r_{b1}} \qquad (9-2)$$

齿轮一经加工完毕，基圆大小就确定了，因此在安装时若中心距略有变化也不会改变传动比的大小，此特性称为中心距可分性。该特性使渐开线齿轮对加工、安装的误差及轴承的磨损不敏感，这一点对齿轮传动十分重要。

3. 传动比恒定

如图 9-5 所示，N_1N_2 是两轮基圆的一条内公切线。由于两基圆为定圆，在其同一方向的内公切线只有一条，所以 N_1N_2 为一定线，它与连心线 O_1O_2 交于固定的节点 C，可见两个以渐开线作为齿廓曲线的齿轮其传动比为一常数，即：

$$i_{12} = \frac{\omega_1}{\omega_2} = \frac{O_2C}{O_1C} = \frac{O_2N_2}{O_1N_1} = \frac{r_{b2}}{r_{b1}} = 常数 \qquad (9-3)$$

上式表明两轮的传动比为一定值,并与两轮的基圆半径成反比。

4. 齿廓间正压力方向不变

如上所述,渐开线齿轮两齿廓在同一平面内的接触点都在两基圆的内公切线 N_1N_2 上,即接触点的轨迹为一定直线 N_1N_2,称为啮合线。由于啮合线与公法线重合,两个齿轮传动时其正压力又是沿着公法线方向的,所以齿廓间正压力方向也不变。这对于提高齿轮传动的平稳性是有利的。

第三节　渐开线标准直齿圆柱齿轮的主要参数及几何尺寸计算

一、齿轮各部分的名称和符号

图 9-6 为直齿圆柱齿轮的一部分,图 9-6(a)为外齿轮,图 9-6(b)为内齿轮,图 9-6(c)为齿条。

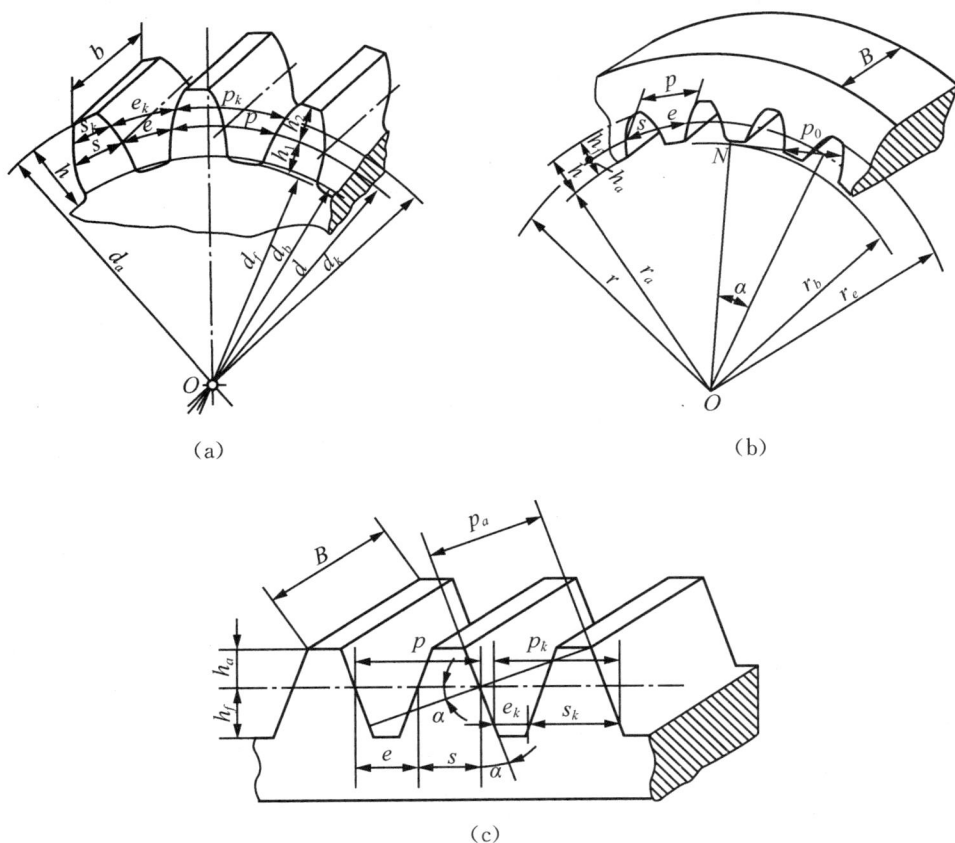

(a)

(b)

(c)

图 9-6　齿轮各部分的名称和符号

（1）齿顶圆:过齿轮各轮齿顶部所作的圆称为齿顶圆,其直径和半径分别用 d_a 和 r_a 表示。

(2) 齿根圆:过齿轮各齿槽底部所作的圆称为齿根圆,其直径和半径分别用 d_f 和 r_f 表示。

(3) 分度圆:为了便于设计、制造、测量和互换,在齿顶圆与齿根圆之间,取一个圆作为计算齿轮各部分几何尺寸的基准,该圆上的齿厚和齿槽宽相等,模数和压力角取标准值,这个圆称为分度圆。其直径和半径分别用 d 和 r 表示。分度圆上的所有参数都不加角标。

(4) 基圆:形成渐开线的圆。其直径和半径分别 d_b 和 r_b 表示。

(5) 齿厚:在任意圆周上轮齿两侧齿廓的圆弧长度称为该圆周上的齿厚,用 s_k 表示。

(6) 齿槽宽:在任意圆周上齿槽两侧齿廓的圆弧长度称为该圆周上的齿槽宽,用 e_k 表示。

(7) 齿距:在任意圆周上相邻两齿同侧齿廓对应两点之间的圆弧长度称为该圆周上的齿距,用 p_k 表示。$p_k = s_k + e_k$

(8) 齿顶高:齿顶圆与分度圆之间的径向距离称为齿顶高,用 h_a 表示。

(9) 齿根高:齿根圆与分度圆之间的径向距离称为齿根高,用 h_f 表示。

(10) 全齿高:齿顶圆与齿根圆之间的径向距离称为齿全高,用 h 表示,$h = h_a + h_f$。

二、标准渐开线直齿圆柱齿轮的基本参数

1. 齿数

齿轮整个圆周上分布的轮齿总数称为齿数,用 z 表示。

2. 模数

在分度圆周上由于其周长 $\pi d = zp$,所以 $d = \dfrac{p}{\pi}z$ 式中 π 为无理数,作为计算基准很不方便,于是人为地将 $\dfrac{p}{\pi}$ 规定简单有理数并标准化称为模数,用 m 表示,单位为 mm,即:

$$m = \frac{p}{\pi} \text{或} \; p = \pi m \tag{9-4}$$

因此分度圆直径

$$d = mz \tag{9-5}$$

模数是齿轮的一个重要参数,是齿轮几何尺寸计算的基础。m 越大,p 越大,轮齿的尺寸也越大。我国已规定了齿轮模数的标准系列(见表 9-1)。设计齿轮时模数必须取标准值。

3. 压力角

渐开线上任取一 K 点,该点的受力方向与速度方向之间所夹的锐角称为压力角 α_k,如图 9-3 所示。渐开线圆柱齿轮任意圆上的压力角 $\cos \alpha_k = r_b / r_k$。可见,若圆上压力角 α 减小,则基圆增大,轮齿的齿顶变宽,齿根变瘦,承载能力降低;反之则承载能力增强,但传动较费力,可见 α 是决定渐开线齿廓形状的一个基本参数。综合考虑以上因素,国家标准规定渐开线圆柱齿轮分度圆上的标准压力角 $\alpha = 20°$,即采用渐开线上齿形角为20°左右的一段作为齿廓曲线,而不是任意段的渐开线。

表 9-1　渐开线齿轮的模数（GB 1357-87）

第一系列	1	1.25	1.5	2	2.5	3	4	5	6	8	10	12	16	20	25	32	40	50	
第二系列	1.75	2.25	2.75	(3.25)	3.55	(3.75)	4.5	5.5	(6.5)	7	9	(11)	14	18	22	28	(30)	36	45

注：(a) 本标准适用于渐开线直齿圆柱齿轮,对于斜齿轮是指法面模数；

(b) 优先选用第一系列,括号内的模数尽量不用。

4. 齿顶高系数和顶隙系数

用模数表示齿轮的顶高和齿根高时,其公式为：

$$h_a = h_a^* m \tag{9-6}$$

$$h_f = (h_a^* + c^*)m \tag{9-7}$$

式中：h_a^* 和 c^* 分别为齿顶高系数和顶隙系数。

我国标准规定齿顶高系数和顶隙系数为标准值,对于正常齿制：$h_a^* = 1, c^* = 0.25$；对于短齿制：

$$h_a^* = 0.8, c^* = 0.3。$$

一对齿轮相互啮合时,为避免一个齿轮的齿顶与另一个齿轮的齿槽相抵触,同时还能贮存润滑油,在一个齿轮的齿根圆柱面和配对齿轮的齿顶圆柱面之间留有间隙,这个间隙称为顶隙,用 c 表示,$c = c^* m$。

综上所述,齿数、模数、压力角、齿顶高系数、顶隙系数是渐开线齿轮几何尺寸计算的五个基本参数。如果上述五个参数为标准值,且 $s = e$,则该齿轮称为标准齿轮。当 z 趋向于 ∞ 时,齿轮变为齿条。

三、渐开线标准直齿圆柱齿轮的几何尺寸

渐开线标准直齿圆柱齿轮轮缘部分的尺寸计算公式列于表 9-2 中。

表 9-2　标准直齿圆柱齿轮几何尺寸计算公式

名称	符号	计算公式	
		外齿轮	内齿轮
齿顶高	h_a	$h_a = h_a^* m$	
齿根高	h_f	$h_f = (h_a^* + c^*)m$	
全齿高	h	$h = h_a + h_f = (2h_a^* + c^*)m$	
顶隙	c	$c = c^* m$	
分度圆直径	d	$d = mz$	
齿顶圆直径	d_a	$d_a = d + 2h_a = (z + 2h_a^*)m$	$d_a = d - 2h_a = (z - 2h_a^*)m$
齿根圆直径	d_f	$d_f = d - 2h_f = (z - 2h_a^* - 2c^*)m$	$d_f = d + 2h_f = (z + 2h_a^* + 2c^*)m$

名称	符号	计算公式	
		外齿轮	内齿轮
基圆直径	d_b	$d_b = d\cos\alpha$	
齿距	p	$p = \pi m$	
齿厚	s	$s = p/2 = m\pi/2$	
齿槽宽	e	$e = p/2 = m\pi/2 = s$	
中心距	a	$a = \dfrac{1}{2}(d_2+d_1) = \dfrac{1}{2}m(z_2+z_1)$	$a = \dfrac{1}{2}(d_2-d_1) = \dfrac{1}{2}m(z_2-z_1)$

由上所述可知，m、z 决定了分度圆的大小，而齿轮的大小主要取决于分度圆，因此 m、z 是决定齿轮大小的主要参数；轮齿的尺寸与 m、h_a^*、c^* 有关，与 z 无关；轮齿形状与 m、z、α 有关。

例 9-1：已知标准齿轮的压力角 $\alpha = 20°$，齿顶圆直径 $d_a = 164\,\text{mm}$，齿高 $h = 9\,\text{mm}$。试求：齿轮的齿数 z，模数 m 和基圆直径 d_b。

解：由题意得：

$h = (2ha^*+c^*)m \Rightarrow 9 = (2\times1+0.25)m$

$\Rightarrow m = 4$

$d_a = d+2ha = (z+2ha^*)m \Rightarrow 164 = (z+2)\times4$

$\Rightarrow z = 39$

$d_b = d\cdot\cos\alpha = mz\cdot\cos\alpha = 4\times39\cdot\cos20° = 148.36\,\text{mm}$

第四节　渐开线标准直齿圆柱齿轮传动的啮合传动

一、渐开线标准直齿圆柱齿轮正确啮合条件

为了保证轮齿的正常交替啮合，要求前对轮齿在 K 点啮合时，后对轮齿在 K' 点啮合，如图 9-7 所示。两轮相邻轮齿的两对同侧齿廓在啮合线上的线段即法向齿距 p_n（相邻轮齿同侧齿廓沿公法线方向之间的距离）必须相等，即 $p_{n1} = p_{n2}$，否则前对轮齿在 K 点啮合时，后对轮齿不是相互分离，就是互相嵌入，不能正常啮合。

由渐开线的性质可知，齿轮的法向齿距 p_n 等于基圆齿距 p_b，因此要保证齿轮正确啮合，必须使 $p_{b1} = p_{b2}$，由 $p_b = \pi m\cos\alpha$，则 $p_{b1} = \pi m_1\cos\alpha_1$，$p_{b2} = \pi m_2\cos\alpha_2$，所以：

$$\pi m_1\cos\alpha_1 = \pi m_2\cos\alpha_2$$

即：

$$m_1\cos\alpha_1 = m_2\cos\alpha_2$$

由于两齿轮的模数和压力角都是标准值，因此渐开线直齿圆柱齿轮的正确啮合条件为两齿轮的模数和压力角分别相等，即：

$$\left.\begin{array}{l} m_1 = m_2 = m \\ \alpha_1 = \alpha_2 = \alpha \end{array}\right\} \qquad (9\text{-}8)$$

二、连续传动条件

图 9-8 所示为一对相互啮合的齿轮,设轮 1 为主动轮,轮 2 为从动轮。齿廓的啮合是由主动轮 1 的齿根部推动从动轮 2 的齿顶开始,因此,从动轮齿顶圆与啮合线的交点 B_2 即为一对齿廓进入啮合的开始。随着轮 1 推动轮 2 转动,两齿廓的啮合点沿着啮合线移动。当啮合点移动到齿轮 1 的齿顶圆与啮合线的交点 B_1 时(图中虚线位置),这对齿廓终止啮合,两齿廓即将分离。故啮合线 N_1N_2 上的线段 B_1B_2 为齿廓啮合点的实际轨迹,称为实际啮合线,而线段 N_1N_2 称为理论啮合线。

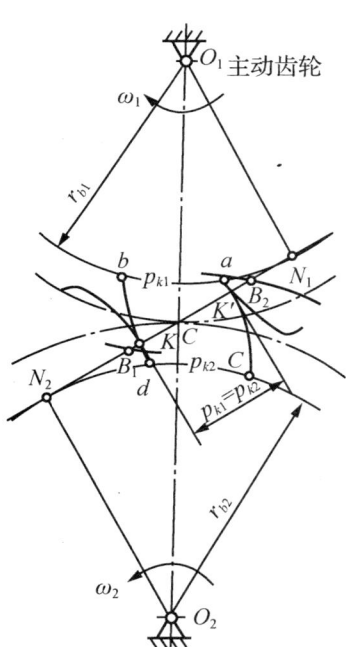

图 9-7 正确啮合条件

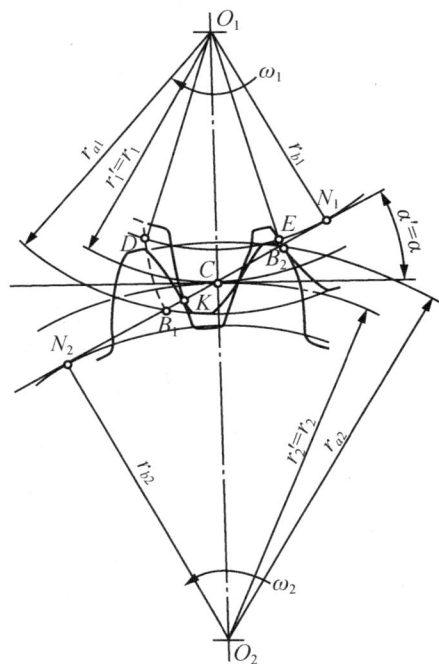

图 9-8 连续传动条件

当一对轮齿在 B_2 点开始啮合时,若前一对轮齿仍在 K 点啮合,则传动就能连续进行。由图可见,这时实际啮合线段 B_1B_2 的长度大于齿轮的法线齿距。如果前一对轮齿已于 B_1 点脱离啮合,而后一对轮齿仍未进入啮合,则这时传动发生中断,将引起冲击。所以,保证连续传动的条件是使实际啮合线长度大于或至少等于齿轮的法线齿距(基圆齿距 p_b)。

通常将实际啮合线长度与基圆齿距之比称为齿轮的重合度,用 ε 表示,即:

$$\varepsilon = \frac{\overline{B_1B_2}}{P_b} \geqslant 1 \qquad (9\text{-}9)$$

理论上当 ε ＝ 1 时,就能保证一对齿轮连续传动,但考虑齿轮的制造、安装误差和啮合传动中轮齿的变形,实际上应使 ε ＞ 1。一般机械制造中,常使 ε ≥ 1.1～1.4。重合度越大,表示同时啮合的齿的对数越多,承载能力越高,传动平稳性越好。

三、齿轮传动的标准中心距

标准齿轮分度圆的齿厚和齿槽宽相等,一对正确啮合的渐开线齿轮的模数相等,即 $s_1 = e_1 = s_2 = e_2 = \pi m/2$。因此,当分度圆和节圆重合时,便可满足无侧隙啮合条件。安装时使分度圆与节圆重合的一对标准齿轮的中心距称为标准中心距,用 a 表示:

$$a = r_1 + r_2 = \frac{m}{2}(z_1 + z_2) \tag{9-10}$$

显然,此时的啮合角 a' 就等于分度圆上的压力角。应当指出,分度圆和压力角是单个齿轮本身所具有的,而节圆和啮合角是两个齿轮相互啮合时才出现。标准齿轮传动只有在分度圆与节圆重合时,压力角和啮合角才相等。此时渐开线标准直齿圆柱齿轮的传动比为:

$$i_{12} = \frac{\omega_1}{\omega_2} = \frac{n_1}{n_2} = \frac{d_2}{d_1} = \frac{z_2}{z_1} \tag{9-11}$$

第五节　渐开线齿轮的加工方法与变位原理

一、渐开线齿轮的加工方法

齿轮轮齿的加工方法很多,生产中最常用的是切削加工,此外还有铸造法、热轧法等,轮齿的切削加工按其原理分为仿形法和范成法两类。

1. 仿形法

仿形法是利用与被切齿槽形状完全相同的成型刀具在机床上直接切除齿槽,加工出齿形的加工方法。通常在普通铣床上用盘状或指状铣刀,如图 9-10 所示,辅以分度头进行加工。圆盘铣刀的外形和齿轮的齿槽形状相同。铣齿时,将毛坯安装在机床工作台上,圆盘铣刀绕其自身轴线旋转,而毛坯沿平行于齿轮轴线方向,作直线移动。铣出一个齿槽后,转动分度头将齿轮毛坯转过 $360°/z$,再铣第二个齿槽,依此类推。

仿形法加工无须专用机床,加工方便易行,但效率低,分度累积误差大,精度低。齿轮齿廓的形状是由基圆决定的,$r_b = mz\cos α/2$,对模数和压力角相同而齿数不同的齿轮,欲制造精确,需每一种齿数配一把铣刀,这在实际中是不可能的。为简化刀具数量,采用八把一套或十五把一套铣刀,其每把铣刀可切削齿数在一定范围内的齿轮。为保证加工出来的齿轮在啮合时不会被卡住,每一号铣刀的齿形都是按所加工的一组齿轮中齿数最少的那个齿轮的齿形制成的。因此,当用这把铣刀切削同组齿轮中其他齿数的齿轮时,齿形有误差。生产中通常用同一号铣刀切制同模数不同齿数的齿轮,故齿形通常是近似的。表 9-3 列出了 $1\sim$ 8 号铣刀加工齿轮的齿数范围。

表 9-3   铣刀刀号与被加工齿轮齿数

铣刀号	1	2	3	4	5	6	7	8
所切齿轮齿数	12~13	14~16	17~20	21~25	26~31	35~54	55~134	≥135

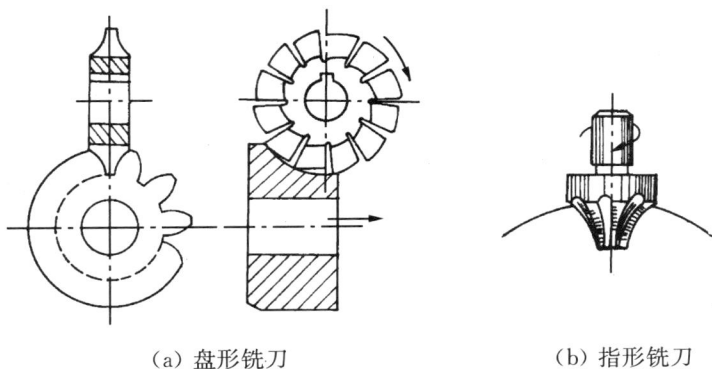

(a) 盘形铣刀   (b) 指形铣刀

图 9-10   仿形法铣齿

2. 范成法（展成法）

范成法是利用一对齿轮互相啮合时其共轭齿廓互为包络线的原理来切齿的。如果把其中一个齿轮（或齿条）做成刀具，就可以切出与它共轭的渐开线齿廓。范成法种类很多，有插齿、滚齿、剃齿、磨齿等，其中最常用的是插齿和滚齿，剃齿和磨齿常用于精度和粗糙度要求较高的场合。图 9-11 为齿轮滚刀滚制齿轮轮齿。

用范成法加工齿轮时，只要刀具与被加工齿轮的模数和压力角相同，不管被加工齿轮的齿数是多少，都可以用同一把刀具来加工，这给生产带来了很大的方便，因此范成法得到广泛的应用。

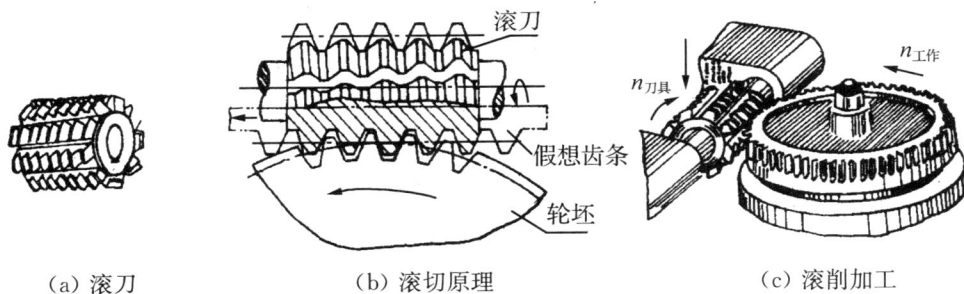

(a) 滚刀   (b) 滚切原理   (c) 滚削加工

图 9-11   滚齿加工

二、变位齿轮传动

为了改善齿轮传动的性能，出现了变位齿轮。变位齿轮就是改变刀具与齿坯的相对位置，切制出来的齿轮。切削变位齿轮时，刀具相对切削标准齿轮时移动径向距离 $X(X = xm)$ 称为变位量，x 为变位系数，由轮坯中心外移，x 取正值；反之，x 取负值，相应加工出的齿轮分别称为正变位齿轮和负变位齿轮，如图 9-12(b)、(c)所示。标准齿轮可看成变位系数

$x = 0$ 的特殊变位齿轮,如图 9-12(a)所示。由于齿条在不同高度上的齿距 p、压力角 α 都是相同的,所以无论齿条刀具的节线位置如何变化,切出变位齿轮的模数 m、压力角 α 都与齿条刀具中线上的模数 m、压力角 α 相同,且是标准值。同时刀具与齿坯相对运动不变,所以加工出的齿轮的齿数也相同。故它的分度圆直径、基圆直径均与标准齿轮的相同。其齿廓曲线和标准齿轮的齿廓曲线是同一基圆上形成的渐开线,只是部位不同,如图 9-12(d)所示。由图可知,正变位齿轮齿根部分的齿厚增大,提高了齿轮的抗弯强度,但齿顶减薄;负变位齿轮则与其相反。

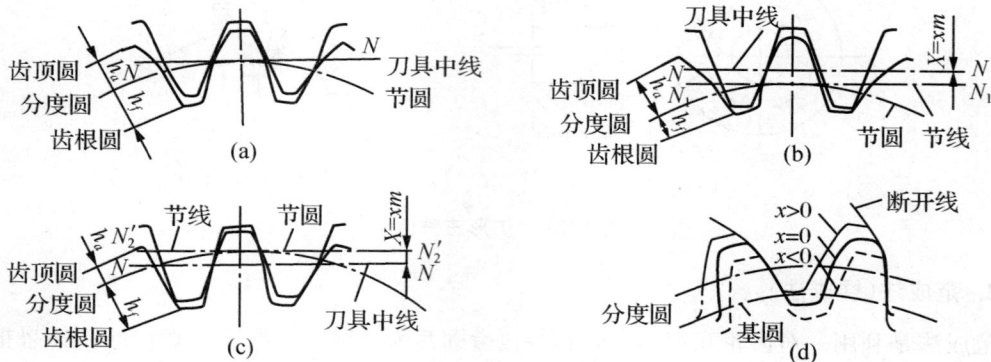

图 9-12　变位齿轮加工原理及其齿形

三、渐开线齿轮的根切现象及最少齿数

1. 根切现象

用范成法加工齿轮时,若刀具齿顶线超过理论啮合极限点时,被加工齿轮齿根附近渐开线齿廓将被切去一部分,这种现象称为根切,如图 9-13(a)所示。

2. 最少齿数 z_{min}

发生根切现象的根本原因是刀具齿顶线超过理论啮合极限点 N。要避免根切现象的产生,就必须使刀具的顶线不超过 N 点。如图 9-13(b)所示,当用标准齿条刀具切制标准齿轮时,刀具的分度线应与被切齿轮的分度圆相切。为避免根切,应满足:$NE \geqslant h_a^* m$,由于 $NE = NP\sin\alpha = OP\sin^2\alpha = mz\sin^2\alpha/2$,因此上述不等式变为 $mz\sin^2\alpha/2 \geqslant h_a^* m$。

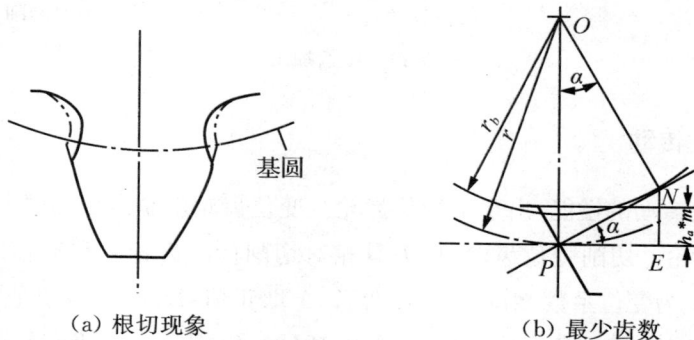

（a）根切现象　　　（b）最少齿数

图 9-13　根切现象与最少齿数

$$z \geqslant 2h_a^* / \sin^2\alpha$$

即：
$$z_{min} = \frac{2h_a^*}{\sin^2\alpha} \tag{9-12}$$

式中 z_{min} 为不发生根切的最少齿数。

当 $\alpha = 20°$、$h_a^* = 1$ 时，$z_{min} = 17$；当 $\alpha = 20°$、$h_a^* = 0.8$ 时，$z_{min} = 14$。

3. 避免根切的措施

由于发生根切现象后，齿轮根部附近的渐开线被切去一部分，所以齿根部分的弯曲强度降低，重合度下降，传动平稳性下降，承载能力降低。因此应该避免根切现象的产生。

避免根切的措施：标准渐开线齿轮的齿数不能小于17；采用范成法正变位加工。

第六节　齿轮传动的失效形式和设计准则

一、失效形式

齿轮传动就装置型式来说，有开式、半开式及闭式之分；就使用情况来说，有低速、高速及轻载、重载之别；就齿轮材料的性能及热处理工艺的不同，轮齿有较脆或较韧，齿面有较硬（轮齿工作面的硬度大于 350HBS 或 38HRC，并称为硬齿面齿轮）或较软（轮齿工作面的硬度小于或等于 350HBS 或 38HRC，并称为软齿面齿轮）的差别等。由于上述条件的不同，齿轮传动也就出现了不同的失效形式。一般地说，齿轮传动的失效主要是轮齿的失效，而轮齿的失效形式又是多种多样的，这里只就较为常见的轮齿折断和工作齿面磨损、点蚀、胶合及塑性变形等略作介绍，其余的轮齿失效形式请参看有关标准。至于齿轮的其他部分（如齿圈、轮辐、轮毂等），除了对齿轮的质量大小需加严格限制者外，通常只按经验设计，所定的尺寸对强度及刚度来说均较富裕，实践中也极少失效。

1. 轮齿折断

（1）疲劳折断：轮齿折断有多种形式，在正常工况下，主要是齿根弯曲疲劳折断。因为在轮齿受载时，齿根处产生的弯曲应力最大，再加上齿根过渡部分的截面突变及加工刀痕等引起的应力集中作用，当轮齿重复受载后，齿根处就会产生疲劳裂纹，并逐步扩展，致使轮齿疲劳折断（如图 9-14）。

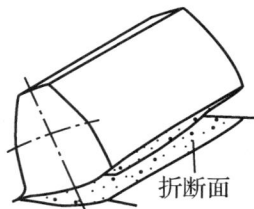

图 9-14　轮齿折断

（2）过载折断：在轮齿受到突然过载时，也可能出现过载折断或剪断；在轮齿经过严重磨损后齿厚过分减薄时，也会在正常载荷作用下发生折断。

（3）局部折断：在斜齿圆柱齿轮（简称斜齿轮）传动中，轮齿工作面上的接触线为一斜线，轮齿受载后，如有载荷集中时，就会发生局部折断。若制造及安装不良或轴的弯曲变形过大，轮齿局部受载过大时，即使是直齿圆柱齿轮（简称直齿轮），也会发生局部折断。

提高轮齿的抗折断能力的措施很多，如：用增大齿根过渡圆角半径及消除加工刀痕的方法来减小齿根应力集中；增大轴及支承的刚性，使轮齿接触线上受载较为均匀；采用合适的热处理方法使齿芯材料具有足够的韧性；采用喷丸、滚压等工艺措施对齿根表层进行强化处理。

2. 齿面点蚀

轮齿进入啮合时，齿面接触处产生很大的接触应力，脱离后接触应力即消失。对齿廓工作面上某一固定点来说，它受到的是近似于脉动变化的接触应力。如果接触应力超过了轮齿材料的接触疲劳极限时，齿面上产生裂纹，裂纹扩展致使表层金属微粒剥落，形成小麻点，这种现象称为齿面点蚀（如图 9-15）。实践表明，由于轮齿在节线附近啮合时，同时啮合的齿轮对数少，且轮齿间相对滑动速度小，润滑油膜不易形成，所以点蚀首先出现在靠近节线的齿根面上。一般闭式传动中的软齿面较易发生点蚀失效，设计时应保证齿面有足够强度。

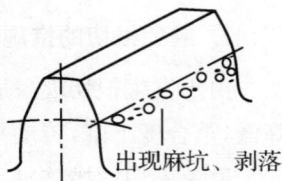

图 9-15　齿面点蚀

出现麻坑、剥落

提高齿轮材料的硬度，可以增强轮齿抗点蚀的能力。在啮合的轮齿间加注润滑油可以减小摩擦，减缓点蚀，延长齿轮的工作寿命。并且在合理的限度内，润滑油的黏度愈高，上述效果也愈好。因为当齿面上出现疲劳裂纹后，润滑油就会浸入裂纹，而且黏度愈低的油愈易浸入裂纹。润滑油浸入后，在轮齿啮合时，就有可能在裂纹内受到挤胀，从而加快裂纹的扩展，这是不利之处。所以对速度不高的齿轮传动，以用黏度高一些的油来润滑为宜；对速度较高的齿轮传动（如圆周速度 $v > 12$ m/s），要用喷油润滑（同时还起散热作用），此时只宜用黏度低的油。

3. 齿面磨损

在齿轮传动中，齿面随着工作条件的不同会出现多种不同的磨损形式。例如当啮合齿面间落入磨料性物质（如砂粒、铁屑等），齿面即被逐渐磨损而致报废。这种磨损称为磨粒磨损（如图 9-16）。它是开式齿轮传动的主要失效形式之一。改用闭式齿轮传动是避免齿面磨粒磨损最有效的办法。

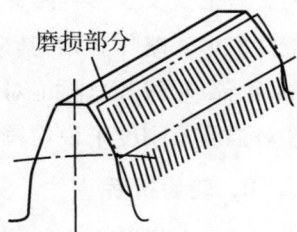

图 9-16　齿面磨损

磨损部分

4. 齿面胶合

对于高速重载的齿轮传动（如航空发动机减速器的主传动齿轮），齿面间的压力大，瞬时温度高，润滑效果差，当瞬时温度过高时，相啮合的两齿面就会发生粘在一起的现象，由于此时两齿面又在作相对滑动，相粘结的部位即被撕破，于是在齿面上沿相对滑动的方向形成伤痕，称为齿面胶合（如图 9-17）。传动时的齿面瞬时温度愈高、相对滑动速度愈大的地方，愈易发生胶合。

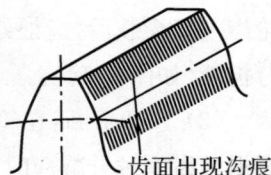

图 9-17　齿面胶合

齿面出现沟痕

有些低速重载的重型齿轮传动，由于齿面间的油膜遭到破坏，也会产生胶合失效。此时，齿面的瞬时温度并无明显增高，故称之为冷胶合。

加强润滑措施，采用抗胶合能力强的润滑油（如硫化油），在润滑油中加入极压添加剂等,均可防止或减轻齿面的胶合。

5. 塑性变形

塑性变形属于轮齿永久变形一大类的失效形式,它是由于在过大的应力作用下,轮齿材料处于屈服状态而产生的齿面或齿体塑性流动所形成的。塑性变形一般发生在硬度低的齿轮上;但在重载作用下,硬度高的齿轮上也会出现。

塑性变形又分为滚压塑变和锤击塑变。滚压塑变是由于啮合轮齿的相互滚压与滑动而引起的材料塑性流动所形成的。由于材料的塑性流动方向和齿面上所受的摩擦力方向一致,所以在主动轮的轮齿上沿相对滑动速度为零的节线处将被碾出沟槽,而在从动轮的轮齿上则在节线处被挤出脊棱。这种现象称为滚压塑变(如图 9-18)。锤击塑变则是伴有过大的冲击而产生的塑性变形,它的特征是在齿面上出现浅的沟槽,且沟槽的取向与啮合轮齿的

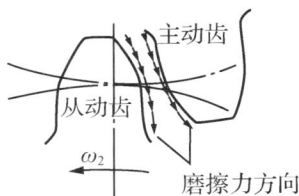

图 9-18　齿面的塑性流动

接触线相一致。提高轮齿齿面硬度,采用高黏度的或加有极压添加剂的润滑油均有助于减缓或防止轮齿产生塑性变形。

提高轮齿对上述几种失效形式的抵抗能力,除上面所说的办法外,还有减小齿面粗糙度值,适当选配主、从动轮的材料及硬度,进行适当的磨合(跑合),以及选用合适的润滑剂及润滑方法等。

前文已说明,轮齿的失效形式很多。除上述五种主要形式外,还可能出现过热、侵蚀、电蚀和由于不同原因产生的多种腐蚀与裂纹等,可参阅有关资料。

二、设计准则

设计齿轮传动时应根据齿轮传动的工作条件、失效情况等,合理地确定设计准则,以保证齿轮传动有足够的承载能力。工作条件、齿轮的材料不同,齿轮的失效形式就不同,设计准则、设计方法也不同。

(1)对于闭式软齿面(HBS ≤ 350)齿轮传动,齿面点蚀是主要的失效形式,应先按齿面接触疲劳强度进行设计计算,确定齿轮的主要参数和尺寸,然后再按弯曲疲劳强度校核齿根的弯曲强度。

(2)闭式硬齿面传动(HBS > 350),齿面硬化不易发生点蚀,但因硬化热处理后齿根脆化,故常因齿根折断而失效,通常先按齿根弯曲疲劳强度进行设计计算,确定齿轮的模数和其他尺寸,然后再按接触疲劳强度校核齿面的接触强度。

(3)对于开式齿轮传动中的齿轮,齿面磨损为其主要失效形式,故通常按照齿根弯曲疲劳强度进行设计计算,确定齿轮的模数,再考虑磨损因素,将模数增大 10%~20%,一般无需校核接触强度。

三、精度等级

制造和安装齿轮传动装置时,不可避免地会产生误差(如加工中存在的齿形误差、齿向

误差、两轴线不平行等)。这些误差对齿轮传动带来以下三方面的影响：

(1)影响运动的准确性。由于相啮合齿轮在一转范围内实际转角与理论转角不一致，就会造成从动轮的转速变化，即瞬时传动比的变化。

(2)影响传动的平稳性。由于瞬时传动比不能保持恒定不变，齿轮在一转范围内会出现多次重复的转速波动，特别是在高速传动中会引起振动、冲击和噪声。

(3)影响载荷分布的均匀性。由于齿向、齿形误差，使齿轮上的载荷分布不均匀，当传递较大的载荷时，容易引起轮齿的折断，降低齿轮的使用寿命。

GB/T 10095.1-2001规定齿轮及齿轮副精度等级为12级。从1级到12级，表示精度从高到低依次排列。一般机械传动中，齿轮常用的精度等级为6~8级。

设计齿轮传动时，应该根据传动的用途、工作条件、传动功率的大小和圆周速度v来确定精度等级，表9-4为常见机器中齿轮精度等级。表9-5为常用等级齿轮的圆周速度。

表9-4　常见机器中齿轮精度等级

机器名称	精度等级	机器名称	精度等级
测量齿轮	3~5	锻压机床	6~9
金属切削机床	3~8	载重汽车及一般减速器	6~9
轻便汽车	5~8	起重机	7~10
内燃机车和电气机车	6~9	矿山用卷扬机	8~10
拖拉机及轧钢机小齿轮	6~10	农业机械	8~11

表9-5　常用等级齿轮的最大圆周速度(m/s)

精度等级	圆柱齿轮		锥齿轮
	直齿	斜齿	直齿
6级	15	25	9
7级	10	17	6
8级	5	10	3
9级	3	3.5	1.5

注：锥齿轮传动的圆周速度按平均直径计算。

第七节　齿轮的材料及许用应力

一、齿轮材料的基本要求

由轮齿的失效形式可知，齿轮材料性能应具有以下特点：

(1)齿面有足够的硬度和耐磨性；

(2)在变载荷和冲击载荷作用下有足够的弯曲强度和冲击韧性；

(3)易加工，热处理变形小，经加工及热处理后能达到所需的精度和表面光洁度。

二、齿轮的常用材料及热处理

1. 钢

钢材强度高、韧性好,可以通过热处理或化学热处理改善材料的机械性能和提高齿面硬度,所以广泛用于制造齿轮。

（1）锻钢

大多数齿轮都用锻钢制造,下面介绍软齿面齿轮和硬齿面齿轮常用的材料。

1）软齿面齿轮

软齿面齿轮(HBS≤350),常用中碳钢和中碳合金钢,如45、40Cr等,进行正火或调质处理,加工方法常在热处理后精切齿形,精度一般可达7级、8级,制造简便、经济,但齿面强度低,多用于对精度、强度和速度要求不高的一般机械设备中。

在设计时应注意使小齿轮的齿面硬度比大齿轮高30～50HBS。因为小齿轮齿根较薄,且工作中受载荷次数更多。另外当大小齿轮有较大硬度差时,较硬的小齿轮会对较软的大齿轮齿面产生冷作硬化的作用,可提高大齿轮的接触疲劳强度。

2）硬齿面齿轮

硬齿面齿轮(HBS＞350)传动,齿面接触强度大大提高,同时,抗磨损、抗胶合、抗塑性变形的能力也大为提高,在相同条件下,传动尺寸要比软齿面的小得多。因此,采用硬齿面齿轮是发展趋势。

硬齿面常用材料有中碳钢和中碳合金钢,如40Cr、38CrMoAlA,经表面淬火处理,硬度可达40～55HRC。若采用低碳钢和低碳合金钢如20Cr、20CrMnTi等,需渗碳淬火,硬度可达56～62HRC,由于热处理后,轮齿变形较大,需磨齿精切,精度可达5级、6级。

锻钢可以是碳素钢或合金钢,根据齿轮用途不同选用。

（2）铸钢

铸钢常用于尺寸较大,强度要求不高,且锻造困难的齿轮,但应经过正火处理,齿轮圆周速度可达(6～7)m/s。

2. 铸铁

铸铁较脆,抗冲击及耐磨性较差,但抗胶合与抗点蚀能力还好。一般用于工作平稳、速度较低、功率不大的开式齿轮传动。

常用灰铸铁和球墨铸铁,球墨铸铁抗冲击能力远比普通灰铸铁为高,也可用于较重要的场合,如小型拖拉机的齿轮等。

3. 非金属材料

对于高速、轻载及精度不高的齿轮传动,为了减少噪音,常采用非金属材料,如工程塑料、夹布胶木、尼龙等,不需要润滑,另外,在某些低速传动和精密仪器仪表中,还用铜合金和铝合金制作齿轮,具有耐磨蚀、自润滑等特性。

表 9-6　齿轮的常用材料及其力学性能

材料	型号	热处理	硬度	机械性能 MPa		应用范围
				屈服极限	强度极限	
优质碳素钢	45	正火	170～220HBS	284～294	570～588	低速中载非重要齿轮
		调质	229～280HBS	340～370	630～650	低速中载重要齿轮
		表面淬火	40～50HRC	430～460	750	低速重载或高速中载,很小冲击
合金钢	38CrMoAlA	调质	230HBS	830	980	耐磨性强,要求载荷平稳、润滑良好
	40Cr	调质	240～286HBS	490～540	680～730	低、中速中载重要齿轮
		表面淬火	48～55HRC	900	650	高速中载,无猛烈冲击
	42SiMn	调质	217～280HBS	440～510	680～780	
		表面淬火	45～55HRC			
	20Cr	渗碳淬火	56～62HRC	392	630	高速中载承受冲击的重要齿轮
	20CrMnTi	渗碳淬火	56～62HRC	834	1079	
铸钢	ZG310～570	正火	160～210HBS	320	570	中速中载,直径大
		表面淬火	40～50HRC			
	ZG340～640	正火	170～230HBS	343	630	
		调质	240～270HBS			
灰铸铁	HT300	人工时效	187～255HBS		294	低速轻载,很小冲击
	HT350		197～269HBS		343	
球墨铸铁	QT600 - 2	正火	229～302HBS	412	588	中、低速轻载,有小冲击
	QT500 - 5		147～241HBS	343	490	

三、齿轮材料的许用应力

1. 齿面接触疲劳许用应力$[\sigma_H]$

$$[\sigma_H] = \frac{Z_N \sigma_{H\lim}}{S_H} \qquad (9-13)$$

式中:$\sigma_{H\lim}$　试验齿轮的接触疲劳极限,MPa,与材料及硬度有关,图 9-19 所示之数据为可靠度 99% 的试验值。

S_H　齿面接触疲劳安全系数,由表 9-7 查取。

Z_N　接触疲劳强度寿命系数,其值可以查图 9-20。

图中 N 为应力循环次数, $N = 60njL_h$,公式中的 n 为齿轮转速,单位为 r/min; j 为齿轮转一周时,同一齿面的啮合次数; L_h 为齿轮工作寿命,单位为小时(h)。

表 9-7　齿轮强度的安全系数 S_H 和 S_F

安全系数	软齿面	硬齿面	重要的传动、渗碳淬火齿轮或铸造齿轮
S_H	1.0～1.1	1.1～1.2	1.3
S_F	1.3～1.4	1.4～1.6	1.6～2.2

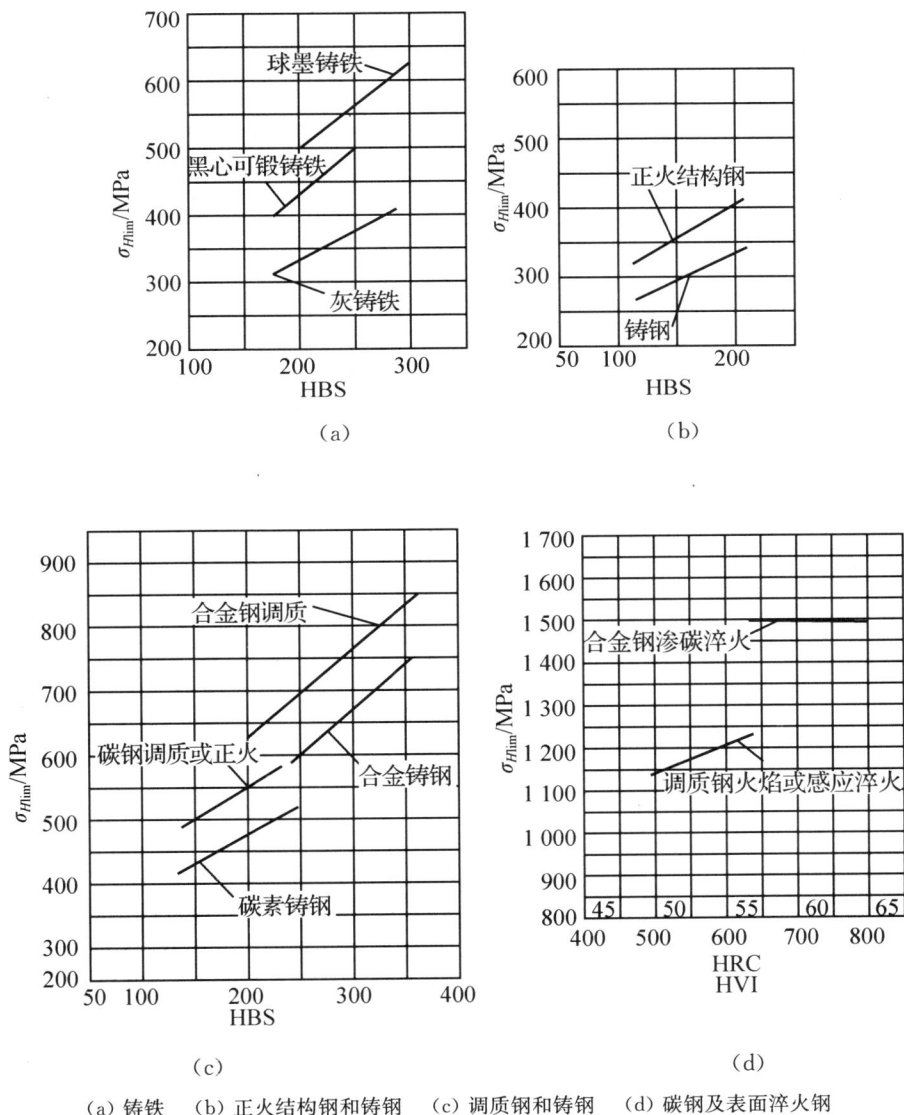

（a）铸铁　（b）正火结构钢和铸钢　（c）调质钢和铸钢　（d）碳钢及表面淬火钢

图 9-19　试验齿轮的接触疲劳极限 σ_{Hlim}

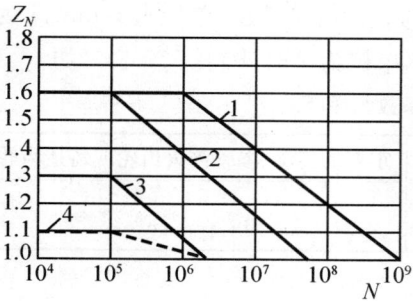

图 9-20　接触疲劳强度寿命系数 Z_N

1—允许一定点蚀时的结构钢、调制钢、球墨铸铁(珠光体、贝氏体)、珠光体可锻铸铁、渗碳淬火的渗碳钢;2—材料同1,不允许出现点蚀,火焰或感应淬火钢;3—灰口铸铁,球墨铸铁(铁素体),渗氮钢,调质钢,渗碳钢;4—碳氮共渗的调质钢、渗碳钢。

2. 齿根弯曲疲劳许用应力 $[\sigma_F]$

$$[\sigma_F] = \frac{Y_N \sigma_{Flim}}{S_F} \qquad (9\text{-}14)$$

式中: σ_{Flim}　试验齿轮的弯曲疲劳极限,MPa,(图9-21)对于双侧工作的齿轮传动,齿根承受对称循环弯曲应力,应将图中数据乘以 0.7。

S_F　齿轮弯曲疲劳强度安全系数,由表9-7查取。

Y_N　弯曲疲劳强度寿命系数,其值可以查图9-22。

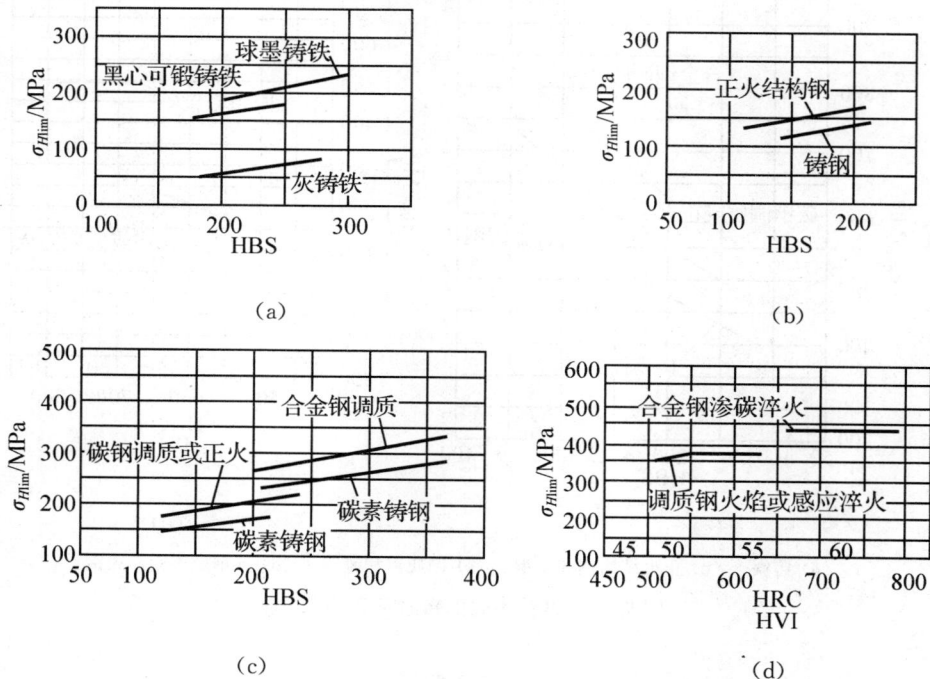

(a)　　　　　　　　　　　　(b)

(c)　　　　　　　　　　　　(d)

(a)铸铁　　(b)正火结构钢和铸钢　　(c)调质钢和铸钢　　(d)碳钢及表面淬火钢

图 9-21　实验齿轮的弯曲疲劳极限 σ_{Flim}

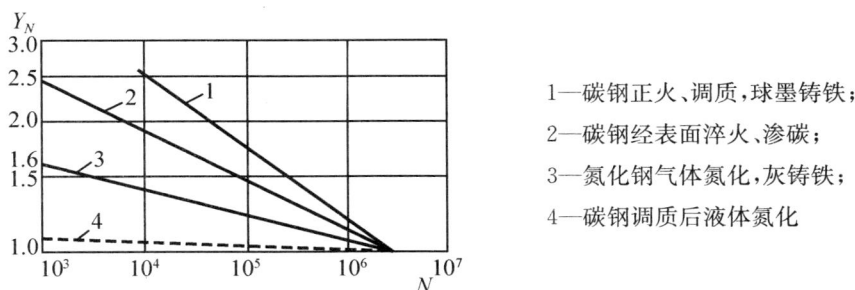

图9-22　弯曲疲劳强度寿命系数 Y_N

1—碳钢正火、调质,球墨铸铁;
2—碳钢经表面淬火、渗碳;
3—氮化钢气体氮化,灰铸铁;
4—碳钢调质后液体氮化

1—调质钢,球墨铸铁(珠光体、贝氏体),珠光体可锻铸铁;2—渗碳淬火的渗碳钢,火焰或感应表面淬火的钢、球墨铸铁;3—渗氮的渗氮钢,球墨铸铁(铁素体),结构钢、灰口铸铁;4—碳氮共渗的调质钢、渗碳钢。

第八节　标准直齿圆柱齿轮传动的强度计算

一、直齿圆柱齿轮的受力分析和计算载荷

如图9-23所示,一对标准直齿圆柱齿轮传动,若忽略摩擦力,则轮齿间相互作用的法向压力 F_n 的方向始终沿啮合线且大小不变。对于渐开线标准齿轮啮合,按在节点 C 接触时进行受力分析。法向力 F_n 可分解为圆周力 F_t 和径向力 F_r,则:

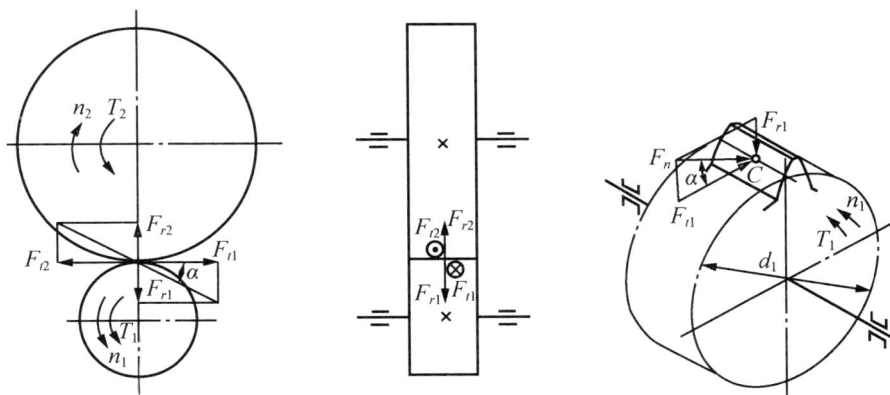

图9-23　直齿圆柱齿轮受力分析

$$\left. \begin{array}{l} F_{t1} = \dfrac{2T_1}{d} \\[2mm] F_{r1} = F_{t1}\tan\alpha' \\[2mm] F_{n1} = \dfrac{F_{t1}}{\cos\alpha'} \end{array} \right\} \tag{9-15}$$

式中力的单位均为 N：

T_1　小齿轮转矩，$T_1 = 9.55 \times 10^6 \dfrac{P}{n_1}$ N·mm；

P　齿轮传递功率 kW；

n_1　小齿轮转速 r/min；

d_1　小齿轮分度圆直径 mm；

α'　啮合角，标准安装时　$\alpha' = \alpha = 20°$。

根据作用力和反作用力原理，主、从动轮上各对应的力，大小相等、方向相反。即：$F_{t1} = -F_{t2}$；$F_{r1} = -F_{r2}$；$F_{n1} = -F_{n2}$。主动轮上的圆周力方向与转动方向相反，从动轮上圆周力方向与转动方向相同。径向力的方向对于两轮分别由作用点指向各自的轮心。

上述法向力 F_n 是指作用在齿轮上的名义载荷，实际强度计算时，由于齿轮传动存在一定的不平稳因素，通常引入计算载荷。法向力的计算载荷为 $F_{nc} = KF_n$，其中载荷系数 K 可根据动力源和工作机械的工作状况由表 9-8 选取。

表 9-8　载荷系数 K

载荷状态	工作机举例	原动机		
		电动机	多缸内燃机	单缸内燃机
平稳轻微冲击	均匀加料的运输机、发电机、透平鼓风机和压缩机、机床辅助传动等	1～1.2	1.2～1.6	1.6～1.8
中等冲击	不均匀加料的运输机、重型卷扬机、球磨机、多缸往复式压缩机等	1.2～1.6	1.6～1.8	1.8～2.0
较大冲击	冲床、剪床、钻机、轧机、挖掘机、重型给水泵、破碎机、单缸往复式压缩机等	1.6～1.8	1.9～2.1	2.2～2.4

注：斜齿、圆周速度低、传动精度高、齿宽系数小时，取小值；直齿、圆周速度高、传动精度低时，取大值；齿轮在轴承间不对称布置时取大值。

二、渐开线直齿圆柱齿轮强度计算

1. 齿面接触疲劳强度计算

齿面接触疲劳强度计算是为了防止齿面疲劳点蚀。疲劳点蚀是由于传动过程中齿面受接触应力反复作用所致。由于渐开线齿廓上各点的曲率半径不同，各啮合点上的载荷大小也不同，故不同接触点的接触应力也就不同。直齿圆柱齿轮在节点处往往为单对齿相啮合，是受力较大的状态，并且轮齿相对速度为零，润滑条件不良，承载能力最弱，因而疲劳点蚀常发生在节线附近。此外，节点处的接触应力计算简便，故一般选节点处的接触应力 σ_H 作为齿面最大接触应力的计算点，以赫兹公式为基础得一对钢制齿轮齿面接触疲劳强度校核公式为：

$$\sigma_H = 668\sqrt{\frac{KT_1}{bd_1{}^2} \cdot \frac{u \pm 1}{u}} \leqslant [\sigma_H] \qquad (9\text{-}16)$$

引入齿宽系数 $\psi_d = b/d_1$，则得齿面接触疲劳强度的设计公式为：

$$d_1 \geqslant 76.43\sqrt[3]{\frac{KT_1}{\psi_d} \cdot \frac{u \pm 1}{u} \cdot \frac{1}{[\sigma_H]^2}} \qquad (9\text{-}17)$$

式中：K　载荷系数；

    u　$\dfrac{z_2}{z_1}$（齿数比）；

    b　轮齿的宽度，mm；

    T_1　小齿轮上传递的扭矩，N·mm；

    d_1　小齿轮的分度圆直径，mm；

    $[\sigma_H]$　轮齿的许用弯曲应力，MPa。

    "＋"用于外啮合；"－"用于内啮合。

应用上述公式时应注意以下几点：

①两齿轮齿面的接触应力 $\sigma_{H1} = \sigma_{H2}$；②由于两齿轮的材料、热处理方法一般不同，因此许用接触应力 $[\sigma_{H1}]$ 与 $[\sigma_{H2}]$ 也不一定相等，进行强度计算时应选用较小值；③齿轮材料、转矩 T_1、齿宽 b 和齿数比 u 确定后，σ_H 随小齿轮分度圆直径 d_1（或中心距 a）而变化，若 d_1 或 d_2 减小，则 σ_H 增大，齿面接触疲劳强度相应减小，即齿轮的齿面接触疲劳强度取决于 d_1 或 a，而与模数不直接相关。

2. 齿根弯曲疲劳强度计算

为了防止轮齿根部的折断，在进行齿轮设计时要计算齿根弯曲疲劳强度。

轮齿齿根弯曲疲劳强度的校核公式为：

$$\sigma_F = \frac{2KT_1}{bd_1 m}Y_F Y_S = \frac{2KT_1 Y_F Y_S}{bm^2 z_1} \leqslant [\sigma_F] \qquad (9\text{-}18)$$

引入齿宽系数 $\psi_d = b/d_1$，将 $b = \psi_d d_1$ 和 $m = d_1/z_1$，代入上式得出齿要弯曲疲劳强度的设计公式：

$$m \geqslant 1.26\sqrt[3]{\frac{KT_1}{\psi_d z_1^2} \cdot \frac{Y_F Y_S}{[\sigma_F]}} \qquad (9\text{-}19)$$

式中：K　载荷系数；

    m　模数；

    Y_F　齿形系数；

    Y_S　应力修正系数；

    $[\sigma_F]$　轮齿的许用弯曲应力 MPa；

    b　轮齿的宽度，mm；

    T_1　小齿轮上传递的扭矩，N·mm；

    d_1　小齿轮的分度圆直径，mm。

"＋"用于外啮合;"－"用于内啮合。

应注意,通常两个相啮合齿轮的齿数是不相同的,故齿形系数 Y_F 和应力修正系数 Y_S 都不相等,而且齿轮的许用应力也不一定相等,因此必须分别校核两齿轮的齿根弯曲强度。在设计计算时,应将两齿轮的 $\dfrac{Y_F Y_S}{[\sigma_F]}$ 比值进行比较,取其中较大者代入式(9-19)计算。

表 9-9　标准外齿轮的齿形系数 Y_F

Z	17	18	19	20	22	25	28	30	35	40	45	50	60	80	100	200
Y_F	2.97	2.91	2.85	2.81	2.75	2.65	2.58	2.54	2.47	2.41	2.37	2.35	2.30	2.25	2.18	2.14

表 9-10　标准外齿轮的应力修正系数 Y_S

Z	17	18	19	20	22	25	28	30	35	40	45	50	60	80	100	200
Y_S	1.53	1.54	1.55	1.56	1.58	1.59	1.61	1.63	1.65	1.67	1.69	1.71	1.73	1.77	1.80	1.88

第九节　标准直齿圆柱齿轮传动的设计计算

一、主要参数的选择

1. 齿数 z_1

设计时,应在保证弯曲强度的前提下,取较多的齿数。对闭式软齿面齿轮,以点蚀为主,弯曲强度总是富余,故 z_1 可取多一些(20~40),以增加传动平稳性,减小冲击。对闭式硬齿面齿轮,齿根弯曲疲劳折断是主要失效形式,所以,z_1 宜取少些,以增加模数 m,一般 $z_1 = 17$ ~20,但 $z_1 \geqslant 17$。

2. 模数

模数影响轮齿的大小,影响齿轮的弯曲强度。设计时应在保证弯曲强度的前提下取较小的模数。当传递动力时,$m \geqslant 1.5$~2 mm。

3. 齿宽和齿宽系数

齿宽系数 $\psi_d = b/d_1$,当分度圆直径一定时,ψ_d 增大可增大齿宽,提高承载能力。但容易引起载荷分布不均匀,反而降低传动能力。因此设计时要合理选择。一般取 $\psi_d = 0.2$~1.4,如表 9-11 所列。

一般精度齿轮传动中,为补偿加工和装配的误差,设计时应使小齿轮比大齿轮宽些,小齿轮齿宽取为 $b_1 = b_2 + (5$~$10)$mm,所以齿宽系数实际上为 $\psi_d = b_2/d_1$。齿宽 b_1、b_2 都应圆整为整数,最好个位数为 0 或 5。

表 9-11　齿宽系数 ψ_d

齿轮相对轴承的位置	齿面硬度	
	软齿面	硬齿面
对称布置	0.8～1.4	0.4～0.9
不对称布置	0.6～1.2	0.3～0.6
悬臂布置	0.3～0.4	0.2～0.25

注:(1) 直齿圆柱齿轮取较小值,斜齿取较大值(人字齿可取 2);

(2) 载荷平稳、轴刚性大时取较大值,反之取小值。

二、设计计算的步骤

1. 软齿面(硬度 ≤ 350HBS)闭式齿轮传动

(1) 选择齿轮材料、热处理方式及精度等级;

(2) 按齿面接触疲劳强度设计公式计算分度圆直径;

(3) 确定齿轮基本参数和主要尺寸;

(4) 校核齿根弯曲疲劳强度;

(5) 验算齿轮的圆周速度,确定精度等级;

(6) 确定齿轮的结构尺寸,绘制齿轮的零件工作图。

2. 硬齿面(硬度 > 350HBS)闭式齿轮传动

(1) 选择齿轮材料、热处理方式及精度等级;

(2) 按弯曲疲劳强度设计公式计算模数,并取为标准值;

(3) 确定齿轮基本参数和主要尺寸;

(4) 校核所设计的齿轮传动的齿面接触疲劳强度;

(5) 确定齿轮的结构尺寸,绘制齿轮的零件工作图。

3. 开式齿轮传动

(1) 选择齿轮材料、热处理方式及精度等级,确定许用应力;

(2) 选择参数(如 z_1、ψ_d 等),按弯曲抗疲劳强度设计公式计算模数,并将其加大 10%～20%,再取成标准模数;

(3) 确定基本参数 m、z_1、z_2,计算中心距 d、齿宽($b = \psi_d \times d$)及齿轮的主要尺寸;

(4) 确定齿轮的结构尺寸;

(5) 绘制齿轮的零件工作图。

例 9-2　试设计一级减速器中的直齿圆柱齿轮传动。该减速器传递功率 $P = 3.58\,\text{kW}$,小齿轮转速 $n_1 = 720\,\text{r/min}$,传动比 $i = 3.8$。减速器用电动机驱动,载荷平稳,单向运转。使用寿命为 5 年,单班制工作。

解:(1) 选择齿轮材料、热处理方式及精度等级;

小齿轮选用 45 钢调质,硬度为 220~250HBS;大齿轮选用 45 钢正火,硬度为 170~210HBS。因为是普通减速器,由表 9-4 选 8 级精度,要求齿面粗糙度 $R_a \leqslant 3.2~6.3~\mu\text{m}$。

(2)按齿面接触疲劳强度设计

1)转矩 T_1

$$T_1 = 9.55 \times 10^6 \frac{P_1}{n_1} = 9.55 \times 10^6 \times \frac{3.58}{720} = 4.748 \times 10^4 \text{ N} \cdot \text{mm}$$

2)载荷系数

由表 9-8 得:$K = 1.1$。

3)齿数 Z_1 和齿宽系数 ψ_d

小齿轮齿数 Z_1 取 20,则大齿轮齿数 $Z_2 = Z_1 i = 20 \times 3.8 = 76$

因二级齿轮传动为不对称布置,而齿轮齿面又为软齿面,查表 9-11 取 $\psi_d = 1$。

4)许用接触应力

工作循环次数:

$$N_1 = 60n_1 j L_h = 60 \times 720 \times 1 \times (5 \times 52 \times 40) = 4.49 \times 108$$

$$N_2 = 60n_2 j L_h = N_1/i = 4.49 \times 108./3.8 = 1.18 \times 108$$

由图 9-20 取寿命系数 $Z_{N1} = 1.05$,$Z_{N2} = 1.13$。

查表 9-7 查得 $S_H = 1$。

由图 9-19 查得 $\sigma_{H\lim1} = 560$ MPa,　　$\sigma_{H\lim2} = 530$ MPa

$$[\sigma_H]_1 = \frac{Z_{N1} \times \sigma_{H\lim1}}{S_H} = \frac{1.05 \times 560}{1} = 588 \text{ MPa}$$

$$[\sigma_H]_2 = \frac{Z_{N2} \times \sigma_{H\lim2}}{S_H} = \frac{1.13 \times 530}{1} = 599 \text{ MPa}$$

故 $d_1 \geqslant 76.43 \sqrt[3]{\dfrac{KT_1}{\psi_d} \cdot \dfrac{u+1}{u [\sigma_H]_1^2}} = 76.43 \sqrt[3]{\dfrac{1.1 \times 4.748 \times 10^4}{1} \cdot \dfrac{4.8}{3.8 \times 588^2}} = 44$ mm

$$m = \frac{d_1}{Z_1} = \frac{44}{20} = 2.2 \text{ mm}$$

由表 9-1 取标准模数 $m = 2.5$ mm。

(3)标准直齿圆柱齿轮的基本参数和几何尺寸

小齿轮:

齿顶高	$h_a = h_a^* \times m = 1 \times 2.5 = 2.5$ mm	
齿根高	$h_f = (h_a^* + c^*)m = 1.25 \times 2.5 = 3.125$ mm	
全齿高	$h = h_a + h_f = 2.5 + 3.125 = 5.625$ mm	
顶隙	$c = c^* \times m = 0.25 \times 2.5 = 0.625$ mm	
分度圆直径	$d = m \cdot Z_1 = 2.5 \times 20 = 50$ mm	
齿顶圆直径	$d_a = d + 2h_a = 50 + 2 \times 2.5 = 55$ mm	
齿根圆直径	$d_f = d - 2h_f = 50 - 2 \times 3.125 = 43.75$ mm	
基圆直径	$d_b = d \times \cos 20° = 50 \times \cos 20° = 46.98$ mm	

齿距　　　　　　　$p = \pi m = \pi \times 2.5 = 7.85 \text{ mm}$

齿厚　　　　　　　$s = \dfrac{p}{2} = 3.925 \text{ mm}$

齿槽宽　　　　　　$e = s = 3.925 \text{ mm}$

大齿轮：

齿顶高　　　　　　$h_a = h_a^* \times \text{m} = 1 \times 2.5 = 2.5 \text{ mm}$

齿根高　　　　　　$h_f = (h_a^* + c^*)\text{m} = 1.25 \times 2.5 = 3.125 \text{ mm}$

全齿高　　　　　　$h = h_a + h_f = 2.5 + 3.125 = 5.625 \text{ mm}$

顶隙　　　　　　　$c = c^* \times m = 0.25 \times 2.5 = 0.625 \text{ mm}$

分度圆直径　　　　$d_2 = m \cdot Z_2 = 2.5 \times 76 = 190 \text{ mm}$

齿顶圆直径　　　　$d_a = d_2 + 2h_a = 190 + 2 \times 2.5 = 195 \text{ mm}$

齿根圆直径　　　　$d_f = d_2 - 2h_f = 190 - 2 \times 3.125 = 183.75 \text{ mm}$

基圆直径　　　　　$d_b = d_2 \times \cos 20° = 190 \times \cos 20° = 178.54 \text{ mm}$

齿距　　　　　　　$p = \pi m = \pi \times 2.5 = 7.85 \text{ mm}$

齿厚　　　　　　　$s = \dfrac{p}{2} = 3.925 \text{ mm}$

齿槽宽　　　　　　$e = s = 3.925 \text{ mm}$

齿轮宽度　　　　　$b_2 = \psi_d \cdot d_1 = 1 \times 50 = 50 \text{ mm}$

　　　　　　　　　$b_1 = b_2 + 5 = 55 \text{ mm}$

中心距　　　　　　$a = \dfrac{1}{2}(d1 + d2) = \dfrac{1}{2}(50 + 190) = 120 \text{ mm}$

（4）校核齿根的弯曲强度

由式 9-18 得出 σ_F，如果 $\sigma_F \leqslant [\sigma_F]$ 则校核合格。

确定有关系数与参数：

1）齿形系数　　　查表 9-9 得：　　　$Y_{F1} = 2.81$，$Y_{F2} = 2.26$。

2）应力修正系数　查表 9-10 得：　　$Y_{S1} = 1.56$，$Y_{S2} = 1.76$。

3）许用弯曲应力

弯曲疲劳极限　　　查图 9-21 得：　　$\sigma_{Flim1} = 210 \text{ MPa}$，$\sigma_{Flim2} = 190 \text{ MPa}$。

弯曲疲劳安全系数　查表 9-7 得：　　$S_F = 1.3$。

弯曲疲劳寿命系数　查图 9-22 得：　　$Y_{N1} = Y_{N2} = 1$。

$$[\sigma_F]_1 = \frac{Y_{N1} \times \sigma_{Flim1}}{S_F} = \frac{1 \times 210}{1.3} = 162 \text{ MPa}$$

$$[\sigma_F]_2 = \frac{Y_{N2} \times \sigma_{Flim2}}{S_F} = \frac{1 \times 190}{1.3} = 146 \text{ MPa}$$

故

$$\sigma_{F1} = \frac{2KT_1}{bZ_1 m_2} Y_{F1} Y_{S1} = \frac{2 \times 1.1 \times 4.748 \times 10^4}{49 \times 20 \times 2.5^2} \times 2.81 \times 1.56 = 74.76 \text{ MPa} < [\sigma_F]_1 = 162 \text{ MPa}$$

$$\sigma_{F2} = \sigma_{F1} \frac{Y_{F2} Y_{S2}}{Y_{F1} Y_{S1}} = 74.76 \times \frac{2.26 \times 1.76}{2.81 \times 1.56} = 67.84 \text{ MPa} < [\sigma_F]_2 = 146 \text{ MPa}$$

齿根弯曲强度校核合格。

（5）验算齿轮的圆周速度

$$v = \pi \times d_1 \times n_1 / (60 \times 1\,000)$$
$$= 3.14 \times 50 \times 720 / (60 \times 1\,000)$$
$$= 1.884 \text{ m/s}$$

由查表 9-4 可知,选取该齿轮传动为 8 级精度合适。

（6）齿轮结构设计,并绘制齿轮零件图(略)。

第十节 斜齿圆柱齿轮传动

一、斜齿轮齿廓曲面的形成和啮合特点

1. 斜齿轮齿廓曲面的形成

直齿圆柱齿轮的齿廓不仅是轮齿的端面上,实际齿轮有一定的宽度,所以直齿轮的齿廓曲面应该是发生面在基圆柱上作纯滚动时,一条平行于基圆柱母线的直线 KK 在空间走过的轨迹新渐开线曲面,如图 9-24a 所示。

斜齿圆柱齿轮齿廓形成与此相仿,只是发生面上直线 KK 与齿轮回转轴线成一夹角 β_b,如图 9-24b 所示。当发生面绕基圆柱作纯滚动时,直线 KK 在空间所走过的轨迹为一个渐开线螺旋面,即为该斜斜齿轮齿廓曲面。角度 β_b 为基圆柱上的螺旋角。角度 β_b 越大,轮齿越倾斜;当 $\beta_b = 0$ 时,即为直齿轮。因此,直齿圆柱齿轮可以看成是斜齿圆柱齿轮的特例。

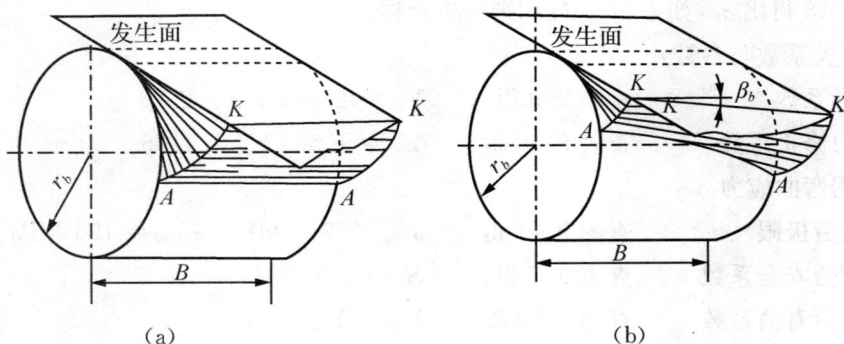

（a） （b）

图 9-24 渐开线齿轮齿面的形成

2. 斜齿轮的啮合特点

斜齿轮传动具有以下特点:

（1）传动平稳。直齿圆柱齿轮啮合时,每个瞬时的接触线都是平行于齿轮轴线的,如图 9-25（a）所示。因此,直齿轮在啮合开始和终了时,一对齿轮在整个齿宽上同时进入啮合或同时退出啮合,从而使轮齿的承载和卸载具有突然性,导致传动的平稳性较差,啮合过程容易产生振动和噪声。而斜齿轮的一对轮齿啮合时,其接触线是斜直线,如图 9-25（b）所

示,并且从啮合开始到啮合结束的过程中,齿面上的接触线由短变长,再由长变短,直至退出啮合。因此,斜齿轮是逐渐进入啮合,又逐渐退出啮合,所以传动平稳,振动和噪声都比较小。

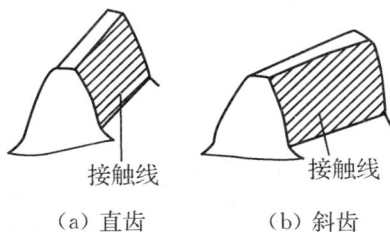

(a) 直齿　　　　(b) 斜齿

图 9-25　齿轮啮合的接触线

(2)承载能力高。由于斜齿齿轮传动的啮合过程较长,所以重合度较大,从而降低了每对轮齿的载荷,也就相对地提高了齿轮的承载能力,延长了齿轮的使用寿命,斜齿轮适用于高速、重载传动。

(3)不发生根切的最少齿数比直齿轮要少,可获得更为紧凑的机构。

(4)斜齿轮传动在运转时会产生轴向推力。如图 9-26 所示,螺旋角 β 越大,轴向推力越大。为了不使基轴向推力过大,设计时一般取 $\beta = 8° \sim 20°$。如果要消除轴向推力的影响,可采用齿向左右对称的人字齿轮或反向使用两对斜齿轮传动,这样可使产生的轴向力互相抵消。但人字齿轮的缺点是制造较为困难。

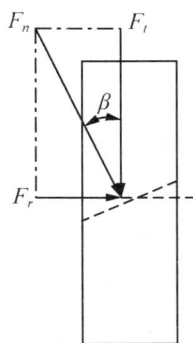

图 9-26　斜齿轮的轴向

二、斜齿圆柱齿轮的基本参数和几何尺寸计算

1. 斜齿轮的基本参数

由于斜齿轮轮齿倾斜,分为垂直于轴线的端面和垂直于齿向(螺旋线切线方向)的法面。根据齿面形成原理,轮齿端面齿形为渐开线,而法面齿形不是渐开线,因此,两面上的参数不同;由于加工斜齿轮时,常用齿条型刀具或盘形齿轮铣刀来切齿,且刀具沿齿轮的螺旋线方向进刀,所以必须按斜齿轮法面参数选择刀具,所以规定斜齿轮法面参数为标准值。

(1)螺旋角 β

斜齿轮螺旋面与分度圆柱的交线是一条螺旋线,该螺旋线的螺旋角用 β 表示,β 称为分度圆柱上的螺旋角,通称斜齿轮的螺旋角 β。斜齿轮按其螺旋线的旋向,可分为左旋和右旋两种,如图 9-27 所示。

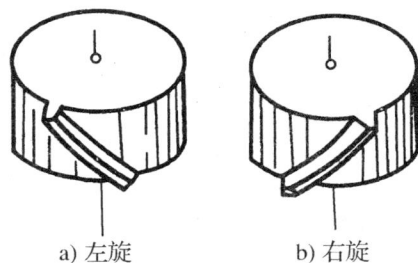

a) 左旋　　　　b) 右旋

图 9-27　斜齿圆柱齿轮轮齿螺旋线方向

(2)模数(法面模数 m_n 与端面模数 m_t)

如图 9-28 所示为斜齿圆柱齿轮分度圆柱面的展开图。图中阴影区域表示轮齿,空白区域表示齿槽。由图可得端面齿距 p_t 与法面齿距 p_n 有如下关系:

$$p_n = p_t \cos \beta \qquad (9\text{-}20)$$

因为 $p = \pi m$，所以 $\pi m_n = \pi m_t \cos \beta$，将上式两边同除以 π，得法面模数 m_n 与端面模数 m_t 之间的关系为：

$$m_n = m_t \cos \beta \qquad (9\text{-}21)$$

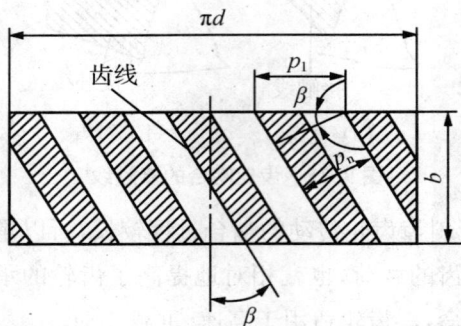

图9-28　斜齿圆柱齿轮螺旋角及其法向齿距与端面齿距关系

（3）压力角（法面压力角 α_n 与端面压力角 α_t）

斜齿圆柱齿轮和斜齿条啮合时，它们的法面压力角和端面压力角分别相等，所以斜齿圆柱齿轮的法面压力角 α_n 与端面压力角 α_t 的关系可通过斜齿条得到。在图 9-29 所示的图形中，$\triangle abc$ 在端面上，$\angle cab$ 为直角，所以 $\tan \alpha_t = \dfrac{\overline{ac}}{\overline{ab}}$；$\triangle cde$ 在法面上，$\angle cde$ 为直角，所以 $\tan \alpha_n = \dfrac{\overline{cd}}{\overline{de}}$；

在 $\triangle acd$ 中，$\angle adc$ 为直角，所以 $\overline{cd} = \overline{ac} \cos \beta$；$abed$ 为矩形，$\overline{ab} = \overline{de}$，

所以：

$$\tan \alpha_n = \tan \alpha_t \cos \beta \qquad (9\text{-}22)$$

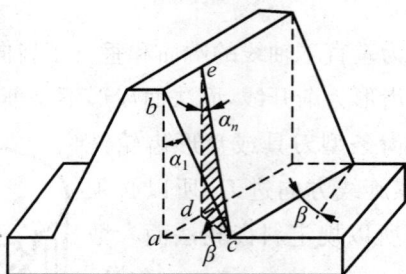

图 9-29　斜齿条的压力角

（4）齿顶高系数和顶隙系数

斜齿轮的齿顶高和齿根高不论从端面还是从法面来看都是相等的。即：

$$h_{an}^* m_n = h_{at}^* m_t$$

将式 $m_n = m_t \cos \beta$ 代入以上两式得：

$$\left.\begin{array}{l} c_n^* m_n = c_t^* m_t \\ h_{at}^* = h_{an}^* \cos \beta \\ c_t^* = c_n^* \cos \beta \end{array}\right\} \qquad (9\text{-}23)$$

标准斜齿轮的法向参数为标准值,即 $h_{an}^* = 1$,$c_n^* = 0.25$。

2. 斜齿轮的几何尺寸计算

斜齿轮的啮合在端面上相当于一对直齿轮的啮合,因此将斜齿轮的端面参数代入直齿轮的计算公式,就可得到斜齿轮的几何尺寸计算公式,如表9-12所示。

表 9-12　外啮合标准斜齿圆柱齿轮传动的几何尺寸计算公式

名称	符号	计算公式
端面模数	m_t	$m_t = m_n / \cos \beta$
螺旋角	β	一般取 $\beta = 8° \sim 20°$
端面压力角	α_t	$\alpha_t = \arctan(\tan \alpha_n / \cos \beta)$,$\alpha_n$ 为标准值
齿顶高	h_a	$h_{a1} = h_{a2} = h_a = h_{an}^* m_n = m_n$
齿根高	h_f	$h_{f1} = h_{f2} = h_f = (h_{an}^* + c_n^*)m_n = 1.25 m_n$
全齿高	h	$h = (2h_{an}^* + c_n^*)m_n = 2.25 m_n$
分度圆直径	d	$d_1 = m_t z_1 = m_n z_1 / \cos \beta$;$d_2 = m_t z_2 = m_n z_2 / \cos \beta$
齿顶圆直径	d_a	$d_{a1} = d_1 + 2h_{a1} = d_1 + 2m_n$;$d_{a2} = d_2 + 2h_{a2} = d_2 + 2m_n$
齿根圆直径	d_f	$d_{f1} = d_1 - 2h_{f1} = d_1 - 2.5 m_n$;$d_{f2} = d_2 - 2h_{f2} = d_2 - 2.5 m_n$
基圆直径	d_b	$d_{b1} = d_1 \cos \alpha_t$;$d_{b2} = d_2 \cos \alpha_t$
中心距	a	$a = \dfrac{m_n}{2\cos \beta}(z_1 + z_2)$

从表中可知,斜齿轮传动的中心距与螺旋角 β 有关,当一对齿轮的模数、齿数一定时,可以通过改变螺旋角 β 的方法来配凑中心距。

三、平行轴斜齿轮传动的正确啮合条件和重合度

1. 正确啮合条件

平行轴斜齿轮传动在端面上相当于一对直齿圆柱齿轮传动,因此端面上两齿轮的模数和压力角应相等,从而可知,一对齿轮的法向模数和压力角也应分别相等。考虑到平行轴斜齿轮传动螺旋角的关系,正确啮合条件应为:

$$\left. \begin{array}{l} m_{n1} = m_{n2} \\ \alpha_{n1} = \alpha_{n2} \\ \beta_1 = \pm\beta_2 \end{array} \right\} \tag{9-24}$$

式中表明,平行轴斜齿轮传动螺旋角相等,外啮合时旋向相反,取"一"号,内啮合时旋向相同,取"十"号。

2. 重合度

由一对平行轴斜齿轮轮齿啮合过程的特点可知,在计算斜齿轮重合度时,还必须考虑螺旋角 β 的影响。图9-30所示为两个端面参数(齿数、模数、压力角、齿顶高系数及顶隙系数)

完全相同的标准直齿轮和标准斜齿轮的分度圆柱面(即节圆柱面)展开图。由于直齿轮接触线为与齿宽相当的直线,从 B 点开始啮入,从 B' 点啮出,工作区长度为 BB';斜齿轮接触线,由点 A 啮入,接触线逐渐增大,至 A'' 啮出,比直齿轮多转过一段弧 $f=b \cdot \tan\beta$,因此平行轴斜齿轮传动的重合度为端面重合度和轴向重合度之和。即:

$$\varepsilon = \frac{BB'+f}{p_t} = \varepsilon_t + \frac{b\tan\beta}{p_t} \tag{9-25}$$

式中:ε_t 为端面重合度;b 为齿轮的宽度;β 为斜齿轮的螺旋角;p_t 为齿轮的基圆齿距。

由(9-25)式可知平行轴斜齿轮的重合度随螺旋角 β 和齿宽 b 的增大而增大,其值可以达到很大,所以斜齿轮工作平稳性较好。

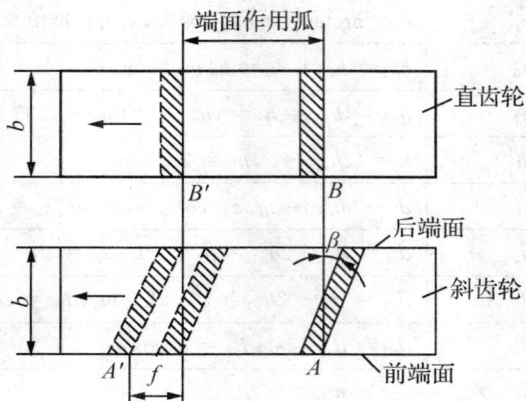

图 9-30 斜齿圆柱齿轮的重合度

四、当量齿轮及当量齿数

斜齿轮在端面上是渐开线齿形,而法面上则不是。有时需要了解斜齿轮的法面齿形,例如用仿形法切制斜齿圆柱齿轮时,由于刀具是沿着轮齿的螺旋线方向进给,因此在选择刀具时,不仅应使被切斜齿轮的法向模数和压力角与刀具的分别相等,还需按照一个与斜齿轮法面齿形相当的直齿轮的齿数来选择铣刀号数,这个齿形与斜齿轮法面齿形相当的直齿轮称为斜齿轮的当量齿轮。当量齿轮的齿数称为当量齿数,用 z_v 表示:

$$z_v = \frac{z}{\cos^3\beta}$$

式中 z 为斜齿轮的实际齿数。

进行强度计算和选择加工刀具时,需按当量齿轮的齿数和齿形为准,标准斜齿轮不发生根切的最少齿数为:

$$z_{min} = z_{vmin}\cos^3\beta = 17\cos^3\beta$$

由此可见,斜齿轮的最少齿数比直齿轮要少,因而斜齿轮机构更加紧凑。

五、斜齿圆柱齿轮强度计算

1. 斜齿圆柱齿轮受力分析

斜齿圆柱齿轮受力情况如图 9-31 所示，如果不考虑轮齿啮合过程中产生的摩擦，轮齿所受法向力 F_n 可分解为圆周力 F_t、径向力 F_r 和轴向力 F_a。根据工程力学中的有关知识，我们通过推导可以得出如下的计算公式：

$$
\left.
\begin{aligned}
F_{t1} &= \frac{2T_1}{d_1} \\
F_{r1} &= \frac{F_{t1}\tan\alpha_n}{\cos\beta} \\
F_{a1} &= F_{t1}\tan\beta
\end{aligned}
\right\}
\tag{9-26}
$$

式中：T_1　　主动轮传递的转矩，$N \cdot mm$；

　　　α　　法向压力角；

　　　β　　螺旋角。

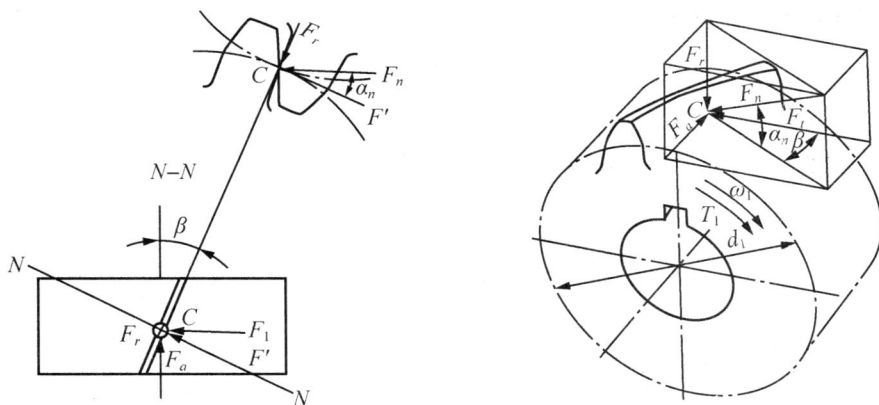

图 9-31　渐开线斜齿圆柱齿轮受力分析

圆周力的方向，在主动轮上与转动方向相反，在从动轮上与转向相同。径向力的方向均指向各自的轮心。轴向力的方向取决于齿轮的回转方向和轮齿的螺旋方向，可按"主动轮左、右手螺旋定则"来判断。

轴向力的方向，主动轮为右旋时，右手按转动方向握轴，以四指弯曲方向表示主动轴的回转方向，伸直大拇指，其指向即为主动轮上轴向力的方向；主动轮为左旋时，则应以左手用同样的方法来判断，如图 9-32 所示。主动轮上轴向力的方向确定后，从动轮上的轴向力则与主动轮上的轴向力大小相等、方向相反。

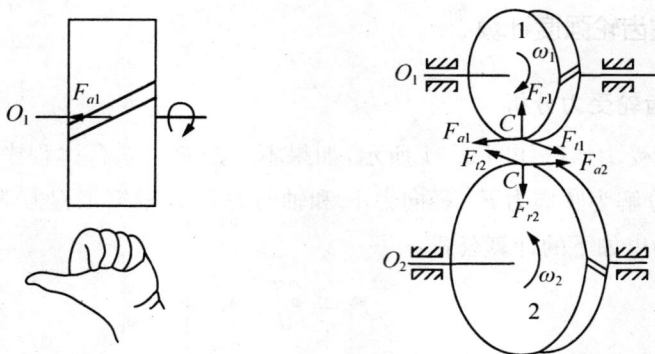

图 9-32 主动齿轮轴向力方向判断

2. 渐开线斜齿圆柱齿轮强度计算

斜齿圆柱齿轮传动的强度计算方法与直齿圆柱齿轮相似,但由于斜齿轮啮合时齿面接触线的倾斜以及传动重合度的增大等因素的影响,使斜齿轮的接触应力和弯曲应力降低。其强度计算公式可表示为:

(1) 齿面接触疲劳强度计算

校核公式为:

$$\sigma_H = 3.17Z_E \sqrt{\frac{KT_1}{bd_1^2} \cdot \frac{u \pm 1}{u}} \leqslant [\sigma_H] \tag{9-27}$$

设计公式为:

$$d_1 \geqslant \sqrt[3]{\frac{KT_1}{\psi_d} \cdot \frac{u \pm 1}{u} \left(\frac{3.17z_E}{\sigma_H}\right)^2} \tag{9-28}$$

校核公式中根号前的系数比直齿轮计算公式中的系数小,所以在受力条件等相同的情况下求得的 σ_H 值也随之减小,即接触应力减小。这说明斜齿轮传动的接触强度比直齿轮传动的高。

(2) 齿根弯曲疲劳强度计算

校核公式为:

$$\sigma_F = \frac{1.6KT_1}{bd_1m_n}Y_FY_S = \frac{1.6KT_1\cos\beta}{bm_n^2z_1}Y_FY_S \leqslant [\sigma_F] \tag{9-29}$$

设计公式为:

$$m_n \geqslant 1.17 \sqrt[3]{\frac{KT_1\cos^2\beta}{\psi_dz_1^2} \cdot \frac{Y_FY_S}{[\sigma_F]}} \tag{9-30}$$

设计时应将 $Y_{F1}Y_{S1}/[\sigma_F]_1$ 和 $Y_{F2}Y_{S2}/[\sigma_F]_2$ 两比值中的较大值代入上式,并将计算所得的法面模数按标准模数圆整。Y_F、Y_S 应按斜齿轮的当量齿数查取。

有关直齿轮传动的设计方法和参数选择原则对斜齿轮基本上都是适用的。

第十一节 直齿圆锥齿轮

一、圆锥齿轮传动的特点和类型

锥齿轮传动是用来传递空间两相交轴之间的运动和动力,轴交角最常用的是 Σ。圆锥齿轮轮齿分布在圆锥面上,有直齿、斜齿和曲齿三种,其中直齿圆锥齿轮设计、制造和安装较简单,应用较广。本章只讨论直齿锥齿轮传动。

一对锥齿轮传动相当于一对节圆锥作相切纯滚动。锥齿轮有分度圆锥、齿顶圆锥、齿根圆锥和基圆锥。直齿圆柱齿轮的齿廓与直齿圆柱齿轮的齿廓相同,也是渐开线齿廓。标准直齿锥齿轮传动,节圆锥与分度圆锥重合。如图 9-33 所示,两轮分度圆锥角分别为 δ_1 和 δ_2,两轮齿数分别为 z_1 和 z_2,当 $\Sigma = 90°$ 时,其传动比

$$i = \frac{n_1}{n_2} = \frac{r_2}{r_1} = \frac{z_2}{z_1} = \frac{OP\sin\delta_2}{OP\sin\delta_1} = \cot\delta_1 = \tan\delta_2 \tag{9-31}$$

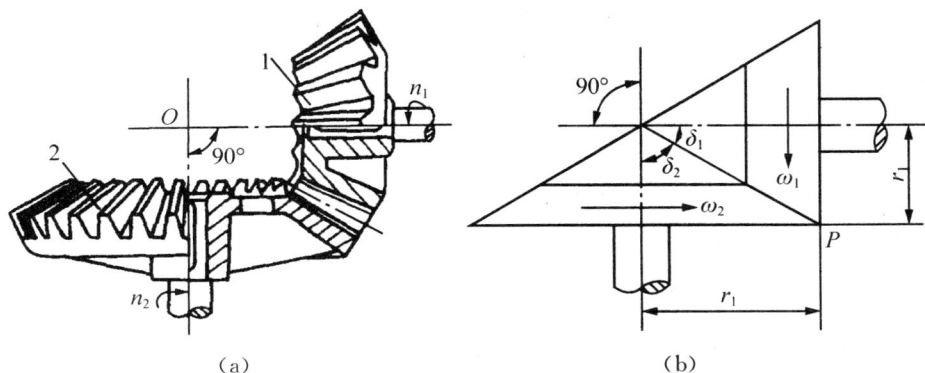

图 9-33 直齿圆锥齿轮传动

二、直齿圆锥齿轮传动的主要参数和几何尺寸计算

由于圆锥齿轮的轮齿分布在圆锥面上,所以轮齿的尺寸沿着齿宽方向变化,大端轮齿的尺寸大,小端轮齿的尺寸小。为了便于测量,并使测量时相对误差缩小,规定以大端的参数作为标准参数。标准直齿锥齿轮传动的主要几何尺寸见图 9-34。各几何尺寸计算公式如表 9-13所示。

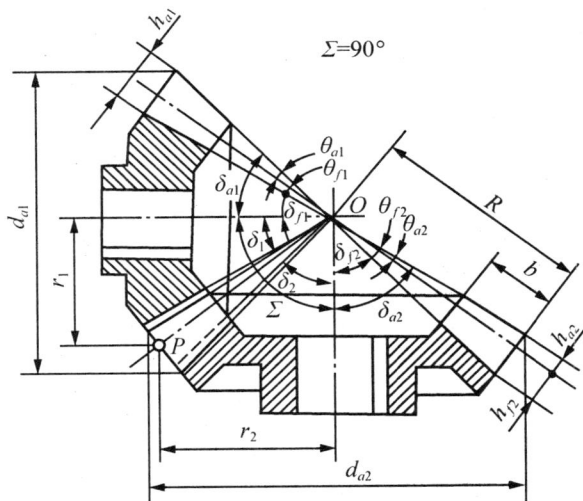

图 9-34 直齿圆锥齿轮各部分名称

表 9-13　标准锥齿轮几何尺寸计算公式（$\sum = 90°$）

名　称	符　号	计　算　公　式
分度圆锥角	d	$d = mz$
分度圆直径	δ	$\delta_2 = \arctan(z_2/z_1)$；$\delta_1 = 90° - \delta_2$
锥距	R	$R = \dfrac{mz}{2\sin\delta} = \dfrac{m}{2}\sqrt{z_1^2 + z_2^2}$
齿宽	b	$b \leqslant R/3$
齿顶圆直径	d_a	$d_a = d + 2h_a\cos\delta = m(z + 2h_a^*\cos\delta)$
齿根圆直径	d_f	$d_f = d - 2h_f\cos\delta = m[z - (2h_a^* + c^*)\cos\delta]$
顶圆锥角	δ_a	$\delta_a = \delta + \theta_a = \delta + \arctan(h_a^*\, m/R)$
根圆锥角	δ_f	$\delta_f = \delta - \theta_f = \delta - \arctan[(h_a^* + c^*)\, m/R]$

国家标准规定分度圆上的模数为标准值，大端压力角为 $\alpha = 20°$，分度圆锥角 $\delta1$、$\delta2$，齿顶高系数 $h_a^* = 1$，顶隙系数 $c^* = 0.2$。

三、直齿圆锥齿轮传动的正确啮合条件

直齿锥齿轮传动的正确啮合条件为：
（1）两齿轮的大端端面模数（端面齿距 p_t 除以 π 所得的商）相等，即 $m_{t1} = m_{t2} = m$；
（2）两齿轮的大端压力角相等，即 $\alpha_1 = \alpha_2 = \alpha$。

四、直齿圆锥齿轮的强度计算

1. 受力分析

现对图 9-35 所示的圆锥齿轮传动中的主动轮进行受力分析。作用在直齿圆锥齿轮齿面上的法向力 F_n 可视为集中作用在齿宽中点分度圆直径上，即作用在齿宽中点的法向截面 $N-N$ 内。法向力沿圆周方向、径向和轴向可分解为三个互成直角的分力，即圆周力、径向力和轴向力。

轮齿上的三个分力的大小，由图 9-35 分析得：

$$\left.\begin{aligned} F_{t1} &= \frac{2T_1}{d_{m1}} \\ F_{r1} &= F'\cos\delta = F_{t1}\tan\alpha\,\cos\delta \\ F_{a1} &= F'\sin\delta = F_{t1}\tan\alpha\,\sin\delta \end{aligned}\right\} \tag{9-32}$$

式中 d_{m1} 为小齿轮齿宽中点分度圆直径。

$$d_{m1} = (1 - 0.5\psi_R)d_1 \tag{9-33}$$

ψ_R 为齿宽系数，$\psi_R = b/R$。

圆周力和径向力方向的确定方法与直齿轮相同，两齿轮的轴向力方向都是沿各自的轴线指向大端。两轮的受力可根据作用与反作用原理确定：$F_{t1} = -F_{t2}$，$F_{r1} = -F_{a2}$，$F_{a1} =$

$-F_{r2}$，负号表示二力的方向相反。

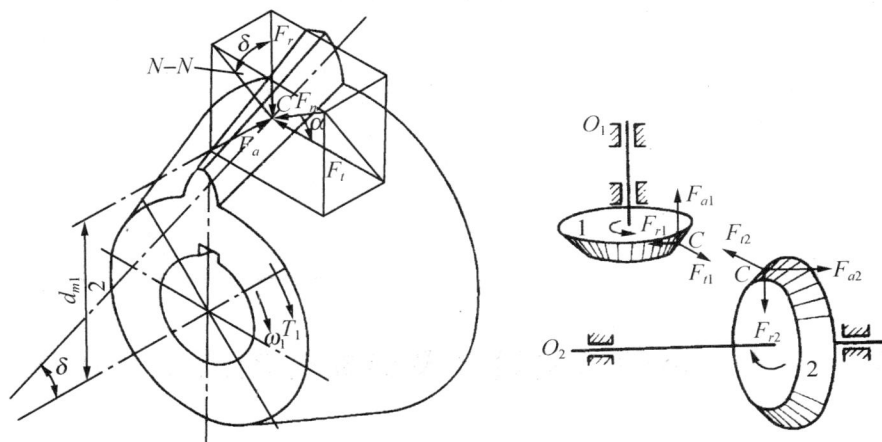

图 9-35　圆锥齿轮的受力分析

2. 强度计算

当两轴交角 $\sum = 90°$ 时，齿面接触疲劳强度计算公式：

校核公式：
$$\sigma_H = \frac{4.98 Z_E}{1 - 0.5\psi_R} \sqrt{\frac{KT_1}{\psi_R u d_1{}^3}} \leqslant [\sigma_H] \tag{9-34}$$

设计公式：
$$d_1 \geqslant \sqrt[3]{\frac{KT_1}{\psi_R u} \left(\frac{4.98 Z_E}{(1 - 0.5\psi_R)[\sigma_H]} \right)^2} \tag{9-35}$$

式中 ψ_R 为齿宽系数，一般 $\psi_R = 0.25 \sim 0.3$。Z_E 为材料的弹性系数，其数值可以查表 9-14，其余各项符号的意义与直齿轮相同。

表 9-14　齿轮材料弹性系数 Z_E（$\sqrt{\text{MPa}}$）

小齿轮材料＼大齿轮材料	钢	铸　钢	铸　铁	球墨铸铁
钢	189.8	188.9	165.4	181.4
铸　钢	188.9	188.0	161.4	180.5

齿根弯曲疲劳强度计算公式：

校核公式：
$$\sigma_F = \frac{4KT_1 Y_{FS}}{\psi_R(1 - 0.5\psi_R)^2 m^3 z_1{}^2 \sqrt{u^2 + 1}} \leqslant [\sigma_F] \tag{9-36}$$

设计公式：
$$m \geqslant \sqrt[3]{\frac{4KT_1 Y_{FS}}{\psi_R(1 - 0.5\psi_R)^2 z_1^2 [\sigma_F] \sqrt{u^2 + 1}}} \tag{9-37}$$

计算所得模数应按表圆整为标准值（见表 9-15）。

表 9-15　圆锥齿轮模数系列（GB 12368-90）

0.1	0.35	0.9	1.75	3.25	5.5	10	20	36
0.12	0.4	1	2	3.5	6	11	22	40
0.15	0.5	1.125	2.25	3.75	6.5	12	25	45
0.2	0.6	1.25	2.5	4	7	14	28	50
0.25	0.7	1.375	2.75	4.5	8	16	30	—
0.3	0.8	1.5	3	5	9	18	32	—

第十二节　齿轮结构设计及齿轮传动的润滑和效率

一、齿轮的结构设计和润滑

齿轮传动的强度计算和几何尺寸计算,主要是确定齿轮的齿数、模数、齿宽、螺旋角、分度圆直径等主要尺寸,而齿圈、轮毂等的结构形式及尺寸,则需通过结构设计来确定。齿轮的结构形式主要有齿轮轴、实心式齿轮、腹板式齿轮、轮辐式齿轮,具体的结构应根据工艺要求及经验公式确定。

1. 齿轮轴

当圆柱齿轮的齿根圆至键槽底部的距离 $x \leqslant (2 \sim 2.5)m_n$,或当圆锥齿轮小端的齿根圆至键槽底部的距离 $x \leqslant (1.6 \sim 2)m$ 时,将齿轮与轴制成一体,称为齿轮轴,如图 9-40 所示。

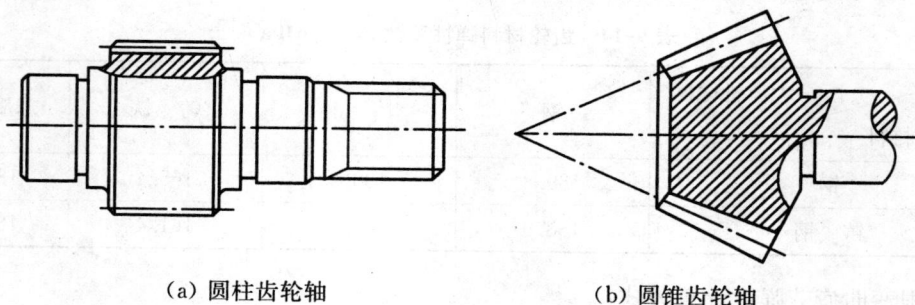

（a）圆柱齿轮轴　　　　　　　　　（b）圆锥齿轮轴

图 9-40　齿轮轴

2. 实心式齿轮

当齿轮的齿顶圆直径 $d_a \leqslant 200$ mm 时,可做成实心式齿轮,实心式齿轮结构简单、制造方便,为了便于装配和减少边缘的应力集中,孔边、齿顶边缘应切制倒角,如图 9-41 所示。这种结构型式的齿轮常用锻钢制造。

3. 腹板式齿轮

当齿轮的齿顶圆 $d_a = 200 - 500$ mm 时,可将齿轮做成腹板式结构,以节省材料、减轻重量。考虑到制造、搬运等的需要,腹板上常对称开出多个孔,如图 9-42 所示。这种结构的齿轮一般多用锻钢制造,其各部分尺寸由图的经验公式确定。

4. 轮辐式齿轮

当齿轮的齿顶直径 $d_a > 500$ mm 时,为了减轻重量,可将齿轮制成轮辐式结构,如图 9-43 所示。这种结构的齿轮常采用铸钢或铸铁制造,其各部分尺寸按图中的经验公式确定。

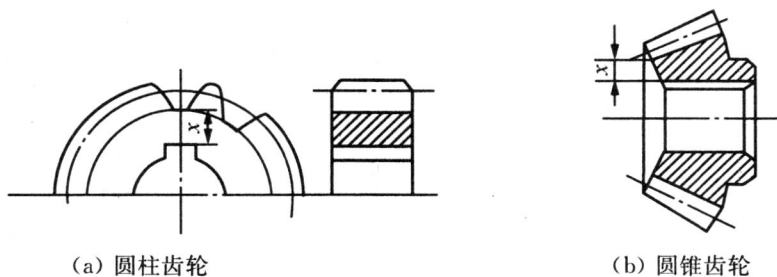

（a）圆柱齿轮　　　　　　　　　　（b）圆锥齿轮

图 9-41　实心式齿轮

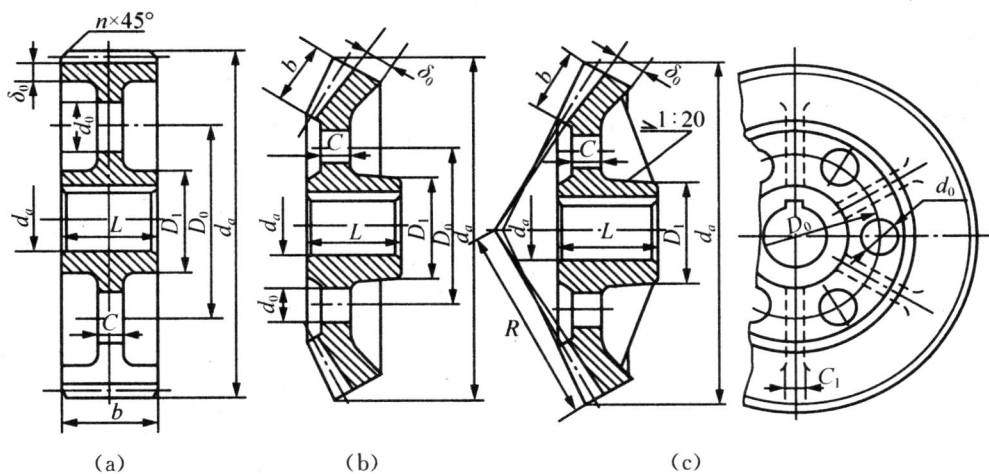

（a）　　　　　　　　　（b）　　　　　　　　　（c）

$D_1 = 1.6d_0$（钢材）; $D_1 = 1.8d_0$（铸铁）;

D_0, d_0 按结构而定;

圆柱齿轮: $L = (1.2-1.5)d, \geqslant b$; $\delta_0 = (2.5-4)m, \geqslant 10$ mm;

　　　　　$C = (0.2-0.3)b$; $n = 0.5m_n$;

圆锥齿轮: $L = (1.0-1.2)d$; $\delta_0 = (3-4)m, \geqslant 10$ mm;

　　　　　$C = (0.1-0.17)R$; $C_1 = 0.8C$

图 9-42　腹板式齿轮

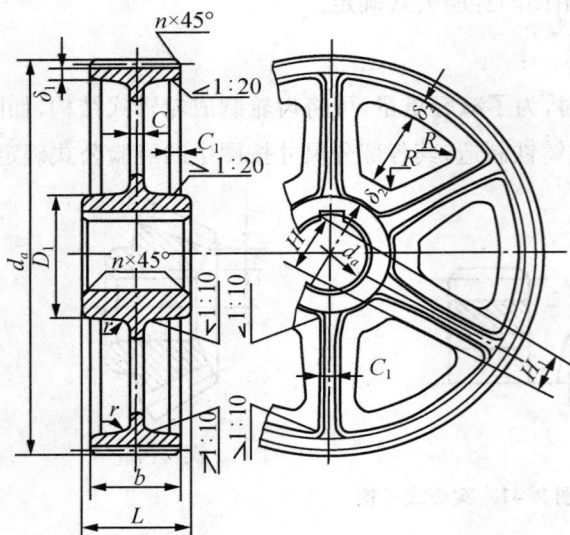

$D_1 = 1.6d_0$（铸钢）；

$D_1 = 1.8d_0$（铸铁）；

$\delta_1 = (3 \sim 4)m_0 \geqslant 8$ mm；

$\delta_2 = (1 - 1.2)\delta_1$；

$H = 0.8d_0$（铸钢）；

$H = 0.9d_0$（铸铁）；

$H_1 = 0.8H$；

$C = H/5$；

$C_1 = H/6$；

$R = 0.5H$；

$1.5d_0 > L \geqslant b$；

轮辐数常取为 6

图 9-43   轮辐式结构齿轮

二、齿轮传动的润滑

开式齿轮传动，或速度较低的闭式齿轮传动，可采用人工定期添加润滑油或润滑脂进行润滑。闭式齿轮传动通常采用油润滑，其润滑方式根据齿轮的圆周速度 v 而定，当 $v \leqslant 12$ m/s时可用油浴润滑（图 9-44）。大齿轮浸入油池一定的深度，齿轮转动时把润滑油带到啮合区。齿轮浸油深度可根据齿轮的圆周速度大小而定，对圆柱齿轮通常不宜超过一个齿高，但一般亦不应小于 10 mm；对圆锥齿轮应浸入全齿宽，至少应浸入齿宽的一半。多级齿轮传动中，当几个大齿轮直径不相等时，可采用惰轮的油浴润滑（图 9-45）。当齿轮的圆周速度 $v > 12$ m/s 时，应采用喷油润滑（图 9-46），用油泵以一定的压力供油，借喷嘴将润滑油喷到齿面上。

在选择润滑剂时，通常低速时选择脂润滑，速度较高时选择油润滑。选择润滑油时，先根据齿轮工作条件以及圆周速度由表 9-16 查得运动黏度值，再根据选定的黏度确定润滑油的牌号。

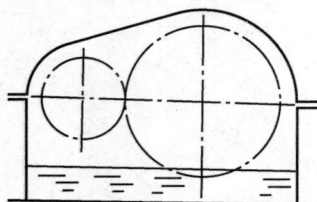

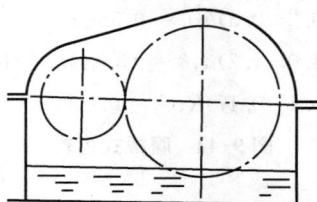

图 9-44　油浴润滑　　　　图 9-45　采用惰轮的油浴润滑　　　　图 9-46　喷油润滑

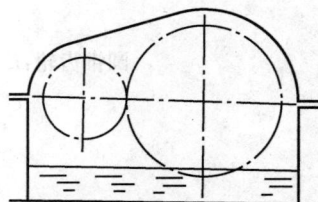

三、齿轮传动的效率

齿轮传动的功率损失主要包括啮合中的摩擦损失、轴承中的摩擦损失和搅动润滑油的功率损失。进行有关齿轮的计算时通常使用的是齿轮传动的平均效率。

当齿轮轴上装有滚动轴承,并在满载状态下运转时,传动的平均总效率 η 列于表 9-17 中,供设计传动系统时参考。

表 9-16 齿轮传动润滑油运动黏度推荐值 v,mm^2/s

齿轮材料	强度极限 σ_B(MPa)	圆周速度 $v/(m/s)$						
		<0.5	0.5~1	1~2.5	2.5~5	5~12.5	12.5~25	>25
铸铁、青铜	—	180(23)	120(15)	85	60	45	34	—
钢	450~1000	270(34)	180(23)	120(15)	85	60	45	34
	1000~1250	270(34)	270(34)	180(23)	120(15)	85	60	45
	1250~1600	450(53)	270(34)	270(34)	180(23)	120(15)	85	60
渗碳或表面淬火钢								

注:多级齿轮传动按各级黏度的平均值选取;括号内为 $v_{100℃}$,括号外为 $v_{50℃}$

表 9-17 装有滚动轴承的齿轮传动的平均效率

传动型式	圆柱齿轮传动	圆锥齿轮传动
6 级或 7 级精度的闭式传动	0.98	0.97
8 级精度的闭式传动	0.97	0.96
开式传动	0.95	0.94

★ 思考题

9-1. 对于定传动比的齿轮传动,其齿廓必须满足的条件是什么?

9-2. 渐开线的性质有哪些?渐开线齿轮中心距可分离的含义是什么?

9-3. 什么是节圆?什么是分度圆?两者有什么关系?

9-4. 一渐开线的基圆半径 $r_b = 50$ mm,求渐开线上半径为 $r_k = 55$ 处 K 点的压力角 α_k、展角 θ_k 和曲率半径 ρ_k。

9-5. 已知一渐开线齿轮的模数 $m = 2.5$ mm,压力角 $\alpha = 20°$,齿数 $z = 20$,求齿轮的基圆齿距和分度圆上的齿廓的曲率半径。

9-6. 已知 C6150 车床主轴箱内一对正常齿制外啮合标准直齿圆柱齿轮,其齿数 $z_1 = 21$,$z_2 = 66$,模数 $m = 3.5$ mm,压力角 $\alpha = 20°$。试确定这对齿轮的传动比、分度圆直径、齿顶圆直径、全齿高、中心距、分度圆齿厚和分度圆齿槽宽。

9-7. 某正常齿制标准直齿圆柱齿轮,已知齿距 $p = 12.566$ mm,齿数 $z = 25$。求该齿轮的分度圆直径、齿顶圆直径、齿根圆直径、基圆直径。

9-8. 直齿轮正确啮合的条件是什么?

9-9. 什么叫直齿轮的重合度？连续传动的条件是什么？

9-10. 试述齿轮加工方法，每种加工方法的基本原理及优缺点。

9-11. 什么叫根切？为什么要避免根切？避免根切的措施是什么？

9-12. 加工压力角 $\alpha = 20°$、齿顶高系数 $h_a^* = 1$ 的标准直齿轮，不产生根切的条件是什么？

9-13. 齿轮失效形式有哪些？采取什么措施减缓失效的发生？

9-14. 齿轮的设计准则是什么？

9-15. 齿面接触疲劳强度与哪些参数有关？哪些措施可以提高接触强度？

9-16. 齿根弯曲疲劳强度与哪些参数有关？哪些措施可以提高弯曲强度？

9-17. 设计齿轮传动时，其许用接触应力如何确定？设计中如何选择合适的许用应力值代入公式计算？

9-18. 为什么软齿面齿轮的小齿轮硬度比配对大齿轮高 30～50HBS？硬齿面齿轮是否也需要有硬度差？

9-19. 为什么小齿轮的宽度比配对大齿轮宽 5～10 mm？

9-20. 已知单级闭式直齿圆柱齿轮传动，小齿轮材料 45 钢，调质处理；大齿轮 ZG45 正火；$P_1 = 4$ kW，$n_1 = 720$ r/min，$m = 4$ mm，$z_1 = 25$，$z_2 = 73$，$b_2 = 80$ mm，$b_1 = 75$ mm，单向运转，寿命 15 年，每年 300 工作日，两班制工作，小齿轮对轴承对称布置，电动机驱动，载荷有中等冲击，试校核齿轮传动的强度。

9-21. 已知铣床的一对直齿圆柱齿轮传动，$P_1 = 7.5$ kW，$n_1 = 1\ 450$ r/min，$i = 3.5$，寿命为 12 000 h，小齿轮对轴承不对称布置，试设计此齿轮传动。

第十章　蜗杆传动

第一节　概　述

一、蜗杆传动的组成

如图 10-1 所示,蜗杆传动由蜗杆和蜗轮组成,通常蜗杆是主动件,蜗轮是从动件,蜗杆带动蜗轮转动,传递运动和动力。其两轴线在空间一般交错成 90°。蜗杆传动广泛应用于机床、汽车、仪器、起重运输机械、冶金机械以及其他机械制造工业中。

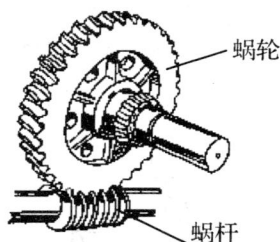

蜗轮

蜗杆

图 10-1　蜗杆传动

二、特点

（1）传动比大,结构紧凑

在动力传动中,一般传动比 $i = 8 \sim 80$；在分度机构的传动中,或仅传递运动时,传动比可达 1 000。

（2）冲击载荷小,工作平稳,噪声低

蜗杆的齿是连续不断的螺旋齿,各蜗轮啮合是逐渐进入、逐渐退出的,因此工作平稳。

（3）具有自锁性

蜗杆传动具有自锁性,即只能蜗杆带动蜗轮,蜗轮不能带动蜗杆。

（4）效率低

一般传动效率为 0.7～0.8,具有自锁性的蜗杆传动的效率小于 0.5。

（5）磨损大

蜗杆传动在啮合处有相对滑动,当滑动速度大、工作条件不好时,会产生较大的摩擦和磨损。为了减轻摩擦和减少磨损,蜗轮材料常选用青铜制造,成本较高。

蜗杆传动通常适合传动比大、传动功率不大(一般小于 50 kW)而且作间歇运动的机构。

三、类型

（1）按照蜗杆形状不同,蜗杆传动可分为圆柱蜗杆传动、圆环蜗杆传动和锥面蜗杆传动三种,常用圆柱蜗杆传动,如图 10-2 所示。

（2）按照蜗杆螺旋线方向不同，蜗杆传动可分为右旋和左旋蜗杆传动，常用右旋蜗杆传动。蜗杆旋向的判定方法和螺纹旋向判定方法相同。常用的为右旋蜗杆。

（3）按照蜗杆头数不同，蜗杆传动可分为单头和多头蜗杆传动。

（4）按照刀具及安装位置不同，蜗杆可分为阿基米德蜗杆、渐开线蜗杆、法面直廓蜗杆和锥面包络圆柱蜗杆等。因为加工和测量方便，在车床上用直线刀刀刃车削而得到，所以阿基米德蜗杆应用十分广泛。适用于蜗杆头数较少，轻载的低速传动，如图 10-3 所示。

(a) 圆柱蜗杆传动　　(b) 圆环面蜗杆传动　　(c) 锥面蜗杆传动

图 10-2　蜗杆传动的类型

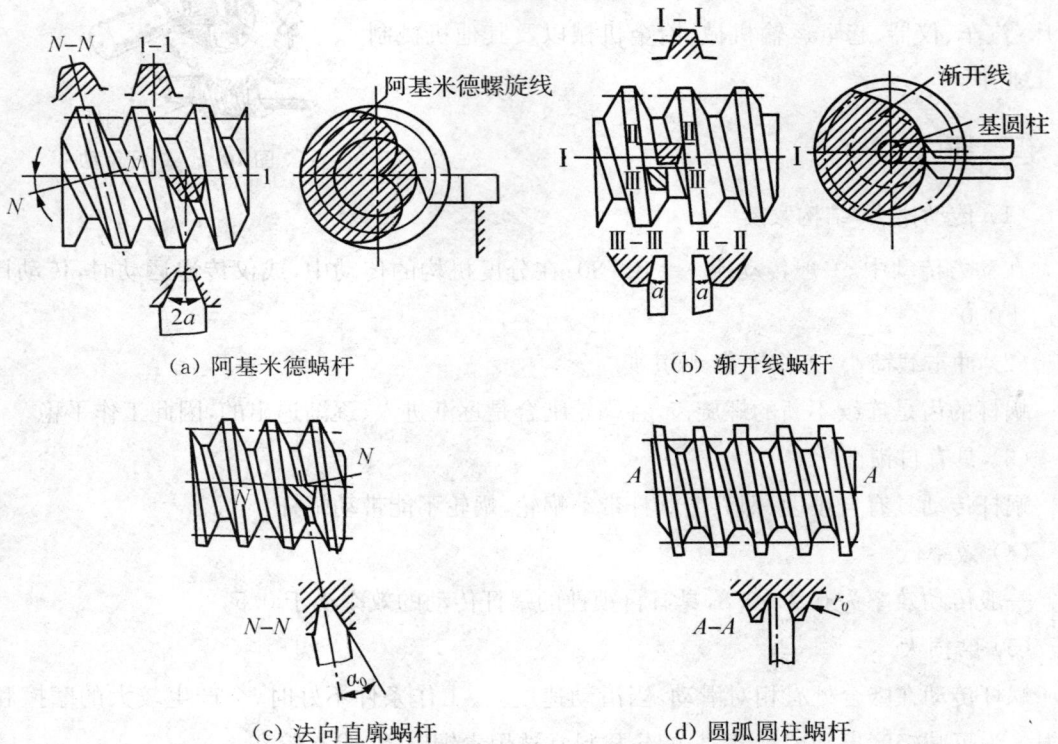

（a）阿基米德蜗杆　　　　　（b）渐开线蜗杆

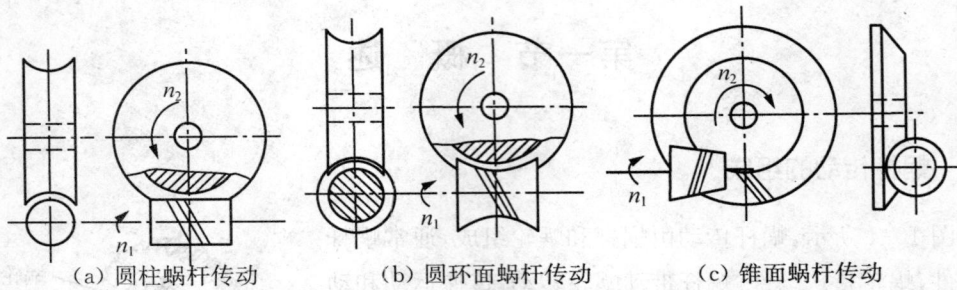

（c）法向直廓蜗杆　　　　　（d）圆弧圆柱蜗杆

图 10-3　圆柱蜗杆传动分类

第二节 普通圆柱蜗杆传动的主要参数和几何尺寸计算

一、蜗杆传动的主要参数及其选择

在图 10-4 所示的蜗杆传动中,其主要参数和几何尺寸计算均以中间平面为准。通过蜗杆轴线并与蜗轮轴线垂直的平面称为中间平面。在中间平面内,阿基米德蜗杆相当于齿条,蜗轮相当于渐开线齿轮,蜗杆与蜗轮的啮合相当于渐开线齿轮与齿条的啮合。国家标准规定,蜗杆以轴面的参数为标准参数,蜗轮以端面的参数为标准参数。

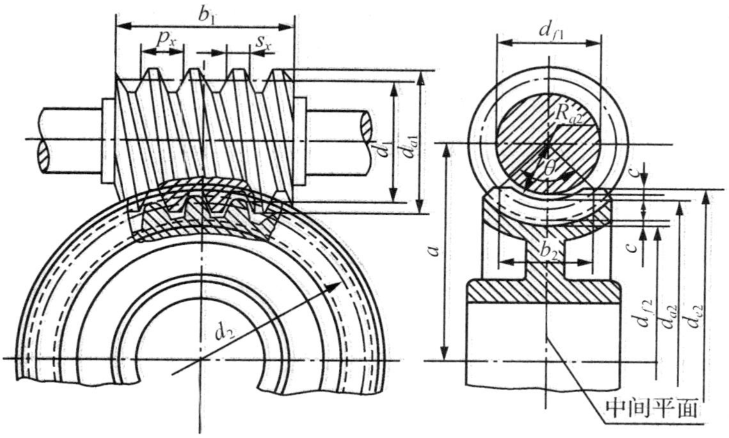

图 10-4 蜗杆传动的主要参数和几何尺寸

1. 模数 m 和压力角 α

由于蜗杆传动在中间平面上可以看成是齿轮与齿条的啮合,蜗杆的轴向齿距 p_{x1} 应该等与蜗轮的端面齿距 p_{t2},即蜗杆的轴向模数 m_{x1} 等于蜗轮的端面模数 m_{t2};蜗杆的轴向压力角 α_{x1} 等于蜗轮的端面压力角 α_{t2},并且规定中间平面上的模数和压力角为标准值,所以:

$$\left.\begin{aligned} m_{x1} &= m_{t2} = m \\ \alpha_{x1} &= \alpha_{t2} = 20° \end{aligned}\right\} \tag{10-1}$$

2. 蜗杆头数 z_1 和蜗轮齿数 z_2

(1) 蜗杆头数 z_1 指的是蜗杆的螺旋线的数目。一般取值为 1、2、4。当传动比大于 40 或要求自锁时,$z_1 = 1$;当传递功率较大时,为提高传动效率,减少能量损耗,常取 $z_1 = 2$、4。蜗杆头数越多,加工精度越难保证。

(2) 通常情况下蜗轮的齿数 $z_2 = 28 \sim 80$。如果 $z_2 < 28$,会使传动的平稳性降低,且容易产生根切。如果 z_2 取值过大,蜗轮直径增大与之啮合的蜗杆长度增加,刚度降低,从而影响啮合的精度。

3. 传动比 i

蜗杆传动中,通常取蜗杆为主动件,蜗杆传动的传动比等于蜗杆与蜗轮转速之比。当蜗杆转一周时,蜗轮转过 z_1 个齿,即转过 z_1/z_2 周,所以传动比

$$i = \frac{n_1}{n_2} = \frac{1}{\frac{z_1}{z_2}} = \frac{z_2}{z_1} \tag{10-2}$$

式中:n_1、n_2 分别为蜗杆、蜗轮的转速,单位为r/min;z_1、z_2 可根据传动比 i 按表 10-1 选取。需要注意的是蜗杆传动的传动比仅与 z_1 和 z_2 有关,它不等于蜗轮与蜗杆分度圆直径之比,即 $i = z_2/z_1 \neq d_2/d_1$。

表 10-1　蜗杆头数 z_1、蜗轮齿数 z_2 推荐值

传动比 i	蜗杆头数 z_1	蜗轮齿数 z_2
7~13	1	28~52
14~27	2	28~54
28~40	2,1	28~80
>40	1	>40

4. 蜗杆的螺旋线升角

蜗杆螺旋面与分度圆柱面的交线为螺旋线。如图 10-5 所示,将蜗杆分度圆柱面展开,其螺旋线与端面的夹角称为蜗杆分度圆柱面上的螺旋线升角或蜗杆的导程角 λ。由于蜗杆螺旋线的导程为 $p_z = z_1 p_{x1} = z_1 \pi m$,根据展开图可知蜗杆分度圆柱面上的螺旋线升角 λ 的计算公式为:

$$\tan\lambda = \frac{p_z}{\pi d_1} = \frac{z_1 \pi m}{\pi d_1} = \frac{z_1 m}{d_1} \tag{10-3}$$

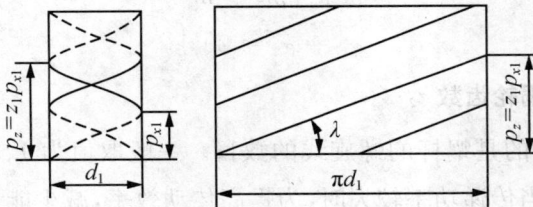

图 10-5　蜗杆分度圆柱展开图

式中：z_1　蜗杆头数；p_{x1}为蜗杆的轴向齿距；

d_1　蜗杆的分度圆直径，mm；

m　蜗杆的模数，mm。

通常蜗杆螺旋线的升角$\lambda = 3.5°\sim27°$，升角小时传动效率低，但可实现自锁（$\lambda = 3.5°$ $\sim4.5°$）；升角大时传动效率高，但蜗杆的加工较困难。

5. 蜗杆的分度圆直径 d_1 和蜗杆直径系数 q

加工蜗杆时蜗杆滚刀的参数应与相啮合的蜗杆完全相同，几何尺寸基本相同。由式（10-3）可知 $d_1 = m\dfrac{z_1}{\tan\lambda}$，所以蜗杆的分度圆直径 d_1 不仅与模数 m 有关，而且与 z_1 和 λ 角有关。即同一模数的蜗杆，由于 z_1、λ 的不同，d_1 也随之变化，致使滚刀的数目较多，很不经济。为了减少滚刀的数量，有利于标准化，GB 10085-88 规定，对于每一个模数 m，规定了一至四种蜗杆分度圆直径 d_1，并把 d_1 与模数 m 的比值称为蜗杆直径系数 q。

即：
$$q = \frac{d_1}{m} \tag{10-4}$$

式中：d_1 和 m 已标准化，q 为导出量，不一定是整数。数值见表 10-2。

将（10-3）式代入（10-4）得：
$$\tan\lambda = \frac{z_1}{q} \qquad 或\ \lambda = \arctan\frac{z_1}{q} \tag{10-5}$$

6. 中心距

蜗杆轴线与蜗轮轴线之间的垂直距离称为中心距。当蜗杆节圆与分度圆重合时称为标准传动。此时的中心距：
$$a = \frac{d_1 + d_2}{2} = \frac{mq + mz_2}{2} = \frac{m(q + z_2)}{2} \tag{10-6}$$

二、蜗杆传动的几何尺寸计算

标准圆柱蜗杆传动的几何尺寸计算公式见表 10-3。

表 10-2 蜗杆基本参数配置表

模数 m mm	分度圆直径 d_1 mm	蜗杆头数 z_1	直径系数 q	$m^2 d_1$ mm³	模数 m mm	分度圆直径 d_1 mm	蜗杆头数 z_1	直径系数 q	$m^2 d_1$ mm³
1	18	1	18.000	118	6.3	(80)	1,2,4	12.698	3 175
1.25	20	1	16.000	31		112	1	17.798	4 445
	22.4	1	17.920	35	8	(63)	1,2,4	7.875	4 032
1.6	20	1,2,4	12.500	51		80	1,2,4,6	10.000	5376
	28	1	17.500	72		(100)	1,2,4	12.500	6 400
2	(18)	1,2,4	9.000	72		140	1	17.500	8 960
	22.4	1,2,4,6	11.200	90	10	71	1,2,4	7.100	7 100
	(28)	1,2,4	14.000	112		90	1,2,4,6	9.000	9 000
	35.5	1	17.750	142		(112)	1	11.200	11 200
2.5	(22.4)	1,2,4	8.960	140		160	1	16.000	16 000
	28	1,2,4,6	11.200	175	12.5	(90)	1,2,4	7.200	14 062
	(35.5)	1,2,4	14.200	222		112	1,2,4	8.960	17 500
	45	1	18.000	281		(140)	1,2,4	11.200	21 875
3.15	(28)	1,2,4	8.889	278		200	1	16.000	31 250
	35.5	1,2,4,6	11.270	352	16	(112)	1,2,4	7.000	28 672
	45	1,2,4	14.286	447		140	1,2,4	8.750	35 840
	56	1	17.778	556		(180)	1,2,4	11.250	46 080
4	(31.5)	1,2,4	7.875	504		250	1	15.625	64 000
	40	1,2,4,6	10.000	640	20	(140)	1,2,4	7.000	56 000
	(50)	1,2,4	12.500	800		160	1,2,4	8.000	64 000
	71	1	17.750	1 136		(224)	1,2,4	11.200	89 600
5	(40)	1,2,4	8.000	1 000		315	1	15.750	126 000
	50	1,2,4,6	10.000	1 250	25	(180)	1,2,4	7.200	112 500
	(63)	1,2,4	12.600	1 575		200	1,2,4	8.000	125 000
	90	1	18.000	2 2500		(280)	1,2,4	11.200	175 000
6.3	(50)	1,2,4	7.936	1 984		400	1	16.000	250 000
	63	1,2,4,6	10.000	2 500					

注：表中分度圆直径 d_1 的数字,带( )的尽量不用；黑体的为 $\lambda < 3°30'$ 的自锁蜗杆。

表 10-3　圆柱蜗杆传动几何尺寸计算公式

名　　称	计 算 公 式	
	蜗　杆	蜗　轮
齿顶高	$h_a = m$	$h_a = m$
齿根高	$h_f = 1.2m$	$h_f = 1.2m$
分度圆直径	$d_1 = mq$	$d_2 = mz_2$
齿顶圆直径	$d_{a1} = m(q+2)$	$d_{a2} = m(z_2+2)$
齿根圆直径	$d_{f1} = m(q-2.4)$	$d_{f2} = m(z_2-2.4)$
顶隙	$c = 0.2m$	
蜗杆轴向齿距 蜗轮端面齿距	$p = m\pi$	
蜗杆分度圆柱的导程角	$\tan\gamma = \dfrac{z_1}{q}$	
蜗轮分度圆上轮齿的螺旋角		$\beta = \lambda$
中心距	$a = m(q+z_2)/2$	
蜗杆螺纹部分长度	$z_1 = 1、2, b_1 \geqslant (11+0.06\,z_2)m$ $z_1 = 4, b_1 \geqslant (12.5+0.09\,z_2)m$	
蜗轮咽喉母圆半径		$r_{g2} = a - d_{a2}/2$
蜗轮最大外圆直径		$z_1 = 1、d_{e2} \leqslant d_{a2}+2m$ $z_1 = 2、d_{e2} \leqslant d_{a2}+1.5m$ $z_1 = 4、d_{e2} \leqslant d_{a2}+m$
蜗轮轮缘宽度		$z_1 = 1、2, b_2 \leqslant 0.75\,d_{a1}$ $z_1 = 4, b_2 \leqslant 0.67\,d_{a1}$
蜗轮轮齿包角		$\theta = 2\arcsin(b_2/d_1)$ 一般动力传动 $\theta = 70°\!-\!90°$ 高速动力传动 $\theta = 90°\!-\!130°$ 分度传动 $\theta = 45°\!-\!60°$

三、蜗杆传动的正确啮合条件

蜗杆传动必须满足下面三个条件,才能正确啮合:

$$m_{a1} = m_{t2} = m$$

$$\alpha_{a1} = \alpha_{t2} = \alpha$$

$$\gamma = \beta_2$$

式中,m_{a1}、α_{a1}分别是蜗杆的轴向模数和压力角;m_{t2}、α_{t2}分别是蜗轮的端面模数和压力角;γ为蜗杆分度圆上的导程角;β为蜗轮分度圆上的螺旋角。

第三节　普通圆柱蜗杆传动的强度计算

一、蜗杆传动的失效形式和设计准则

1. 蜗杆传动失效形式

蜗杆传动轮齿的失效形式和齿轮传动轮齿的失效形式基本相同,有胶合、磨损、疲劳点蚀和轮齿折断等。但蜗杆传动轮齿的胶合与磨损要比齿轮传动严重得多,这是由于蜗杆传动轮齿齿面间有较大的相对滑动,温度升高、效率低,在润滑及散热不良时,闭式传动极易出现胶合。开式传动及润滑油不清洁的闭式传动,轮齿磨损速度很快。所以轮齿表面产生胶合、磨损、疲劳点蚀是蜗杆传动的主要失效形式。

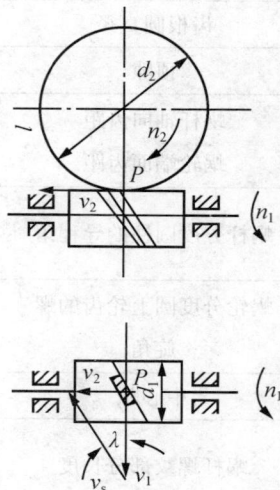

图 10-6　蜗杆传动的滑动速度

2. 蜗杆传动的设计准则

由于蜗杆齿是连续的螺旋齿,且蜗杆材料比蜗轮强度高,因此失效形式总出现在蜗轮轮齿上,所以只对蜗轮轮齿作强度计算。对闭式蜗杆传动的蜗轮轮齿仍按齿面接触疲劳强度设计,按齿根弯曲疲劳强度校核并进行热平衡验算;对开式蜗杆传动,只按齿根弯曲疲劳强度设计。由于蜗杆常与轴制成一体,设计时,可按一般轴对蜗杆强度进行验算,必要时还应进行刚度验算。

二、蜗杆、蜗轮的材料与结构

1. 齿面间的相对滑动速度 v_s

由图 10-6 可知,蜗轮蜗杆传动在节点处啮合,蜗杆的圆周速度为 v_1,蜗轮的圆周速度为 v_2,v_1 与 v_2 呈 $90°$ 角,而使齿廓之间产生很大的相对滑动,其滑动速度 v_s 为:

$$v_s = \sqrt{v_1^2 + v_2^2} = \frac{v_1}{\cos \gamma} \tag{10-7}$$

由于 v_s 比蜗杆圆周速度还大,在蜗杆传动齿廓之间产生很大的相对滑动,引起磨损和发热,润滑油温度升高而变稀,润滑条件变差,传动效率降低。

2. 蜗杆、蜗轮的材料

由蜗杆传动的失效形式可知,蜗杆、蜗轮的材料不仅要求具有足够的强度,更重要的是要具有良好的磨合和耐磨性能。

蜗杆一般是用碳钢或合金钢制成。高速重载蜗杆常用 15 Cr 或 20 Cr,并经渗碳淬火;也可用 40、45 号钢或 40 Cr 并经淬火。这样可以提高表面硬度,增加耐磨性。通常要求蜗杆淬火后的硬度为 40~55HRC,经氮化处理后的硬度为 55~62HRC。一般不太重要的低速中载的蜗杆,可采用 40 或 45 号钢,并经调质处理,其硬度为 220~300HBS。

常用的蜗轮材料为铸造锡青铜(ZCuSn10P1,ZCuSn6Zn6Pb3)、铸造铝铁青铜(ZCuAl10Fe3)及灰铸铁 HT150、HT200 等。锡青铜耐磨性最好,但价格较高,用于滑动速度 $v_s \geqslant 3$ m/s 的重要传动;铝铁青铜的耐磨性较锡青铜差一些,但价格便宜,一般用于滑动速度 $v_s \leqslant 4$ m/s 的传动;如果滑动速度不高($v_s < 2$ m/s),对效率要求也不高,可采用灰铸铁。为了防止变形,常对蜗轮进行时效处理。

3. 蜗杆与蜗轮的结构

(1) 蜗杆结构

蜗杆螺旋部分的直径不大,所以常和轴做成一个整体,结构形式见图 10-7,其中图 10-7(a) 所示的结构无退刀槽,加工螺旋部分时只能用铣制的办法;图 10-7(b) 所示的结构则有退刀槽,螺旋部分可以车制,也可以铣制,但这种结构的刚度比前一种差。当蜗杆螺旋部分的直径较大时,可以将蜗杆与轴分开制作。

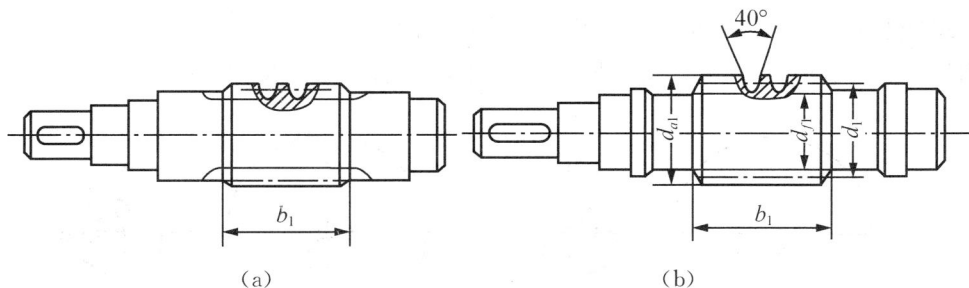

图 10-7 蜗杆的结构形式

(2) 蜗轮结构

常用的蜗轮结构型式有以下几种:

(a) 整体式蜗轮:常用于铸铁蜗轮和小尺寸的青铜蜗轮,如图 10-8(a) 所示。

(b) 齿圈式蜗轮:较大尺寸的蜗轮为了节约有色金属,常采用组合式结构,齿圈用青铜制造,轮芯用铸铁或铸钢制造,如图 10-8(b) 所示。

(c) 螺栓连接式蜗轮 这种结构的齿圈与轮芯用普通螺栓或铰制孔螺栓连接,装拆方便、常用于尺寸较大或磨损后需更换蜗轮齿圈的场合,如图 10-8(c) 所示。

(d) 镶铸式蜗轮结构 将青铜轮缘铸在铸铁轮芯上,轮芯上制出榫槽,以防轴向滑动。如图 10-8(d) 所示。

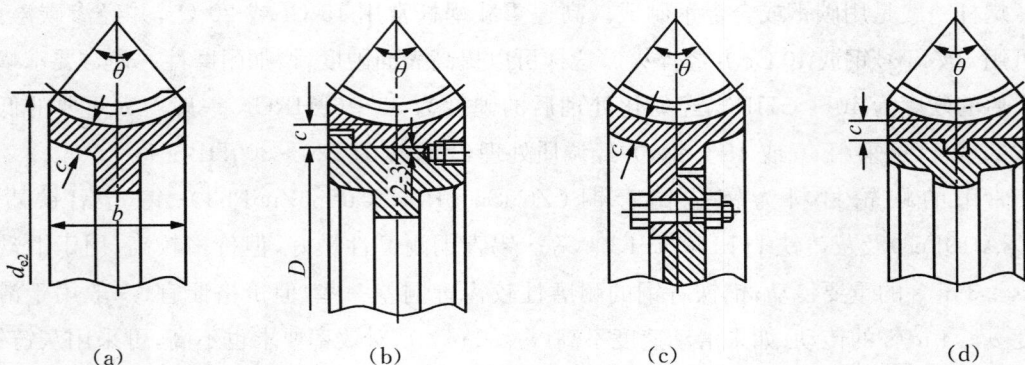

图 10-8　蜗轮的结构形式

三、蜗杆传动的强度计算

1. 蜗杆传动的受力分析

（1）蜗轮旋转方向的判定

蜗轮旋转方向，按照蜗杆的螺旋线旋向和旋转方向，应用左手、右手定则判定。如图 10-9（a）所示，当蜗杆为右旋，用右手四指绕蜗杆的转向，大拇指沿蜗杆轴线所指的相反方向即为蜗杆上节点线速度方向，因此，蜗杆逆时针方向旋转。

当蜗杆为左旋时，则用左手按相同方法判定蜗轮转向，如图 10-9（b）所示。

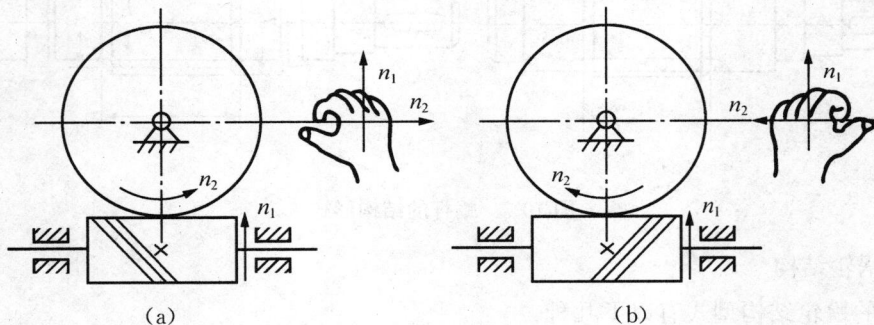

图 10-9　确定蜗轮的旋转方向

（2）轮齿上的作用力

在如图 10-10 所示的蜗杆传动中，如果忽略啮合面上的摩擦力，并且将蜗杆蜗轮轮齿上的作用力集中于节点 C。作用在节点 C 处的法向力 F_{n1}，可分解为三个相互垂直的分力：圆周力 F_{t1}、径向力 F_{r1} 和轴向力 F_{a1}。由于蜗杆和蜗轮的轴线相互垂直交错，根据力的作用原理，可得 F_{a2} 与 F_{t1} 大小相等方向相反；F_{a1} 与 F_{t2} 大小相等方向相反；F_{r1} 与 F_{r2} 大小相等方向相反。

$$\left.\begin{array}{l} F_{t1} = \dfrac{2T_1}{d_1} = -F_{a2} \\[3mm] F_{a1} = -F_{t2} \\[3mm] \left(F_{t2} = \dfrac{2T_2}{d_2}\right) \\[3mm] F_{r1} = -F_{r2} \\[3mm] (F_{r2} = F_{t2}\tan\alpha) \end{array}\right\} \qquad (10\text{-}8)$$

式中:T_1、T_2 分别为蜗杆及蜗轮上的工作转矩($T_2 = T_1 i\,\eta$),单位为 N·mm;d_1、d_2 分别为蜗杆及蜗轮的分度圆直径,单位为 mm;α 为压力角,$\alpha = 20°$;i 为传动比;η 为蜗杆传动的效率。

上述力的方向:当蜗杆为主动时,蜗杆的圆周力 F_{t1} 的方向与蜗杆轮齿上节点的圆周速度方向相反。蜗轮圆周力 F_{t2} 的方向与蜗轮轮齿上节点的圆周速度方向相同。径向力 F_{r1} 和 F_{r2} 的方向对蜗杆、蜗轮皆由节点分别指向各自的轮心。

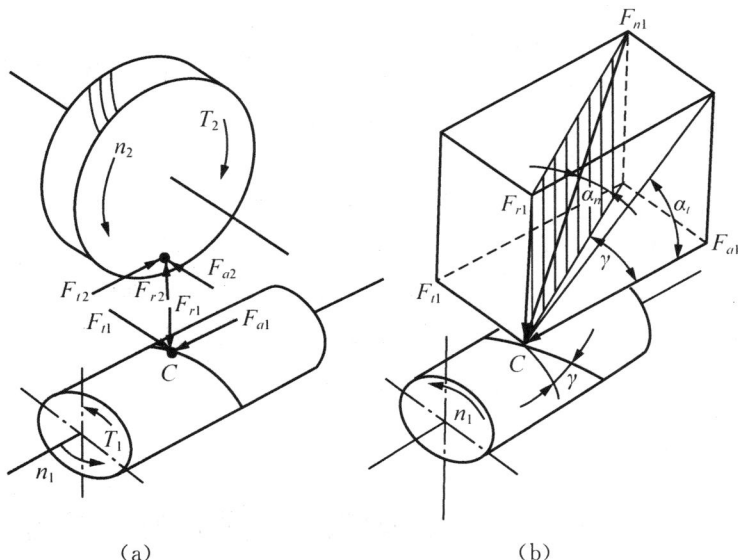

(a)　　　　　　　　　　　　(b)

图 10-10　蜗杆蜗轮传动的受力

2. 蜗杆传动的强度计算

(1)蜗轮齿面的接触强度计算

蜗轮齿面的接触强度计算与斜齿轮相似,以蜗杆蜗轮在节点处啮合的相应参数代入赫兹公式,可得钢制蜗杆对青铜或铸铁蜗轮时轮齿齿面接触强度的校核公式:

$$\sigma_H = 480\sqrt{\frac{KT_2}{d_1 d_2^2}} = 480\sqrt{\frac{KT_2}{m^2 d_1 z_2^2}} \leqslant [\sigma_H] \qquad (10\text{-}9)$$

而设计公式为:

$$m^2 d_1 \geqslant \left(\frac{480}{z_2 [\sigma_H]}\right)^2 KT_2 \qquad (10\text{-}10)$$

式中:K 载荷系数,$K = 1.1\sim1.4$,载荷平稳、滑动速度 $v_s\leqslant 3\ \text{m/s}$、传动精度高时取小值;

m 模数(mm);

z_2 蜗杆齿数;

$[\sigma_H]$许用接触应力(MPa),见表 10-4。

表 10-4 蜗杆常用材料与许用应力

材料牌号	铸造方法	适用的滑动速度 v_s(m/s)	许用接触应力$[\sigma_H]$(MPa)						
			滑动速度 v_s(m/s)						
			0.5	1	2	3	4	6	8
ZCuSn10P1	砂模金属模	≤25				134 200			
ZCuSn5Pb5Zn5	砂模金属模 离心浇铸	≤10				108 134 174			
ZCuAl10Fe3	砂模金属模 离心浇铸	≤10	250	230	210	180	160	100	90
HT150(100～150HBS) HT200(100～150HBS)	砂模	≤2	130	115	90	—	—	—	—

(2)蜗轮轮齿齿根弯曲强度计算

由于蜗轮轮齿很少发生弯曲折断的情况,所以一般不进行轮齿弯曲强度计算。只是在受强烈冲击或重载的蜗杆传动或蜗轮采用脆性材料或蜗轮齿数 $z_2>80\sim100$ 时,才进行弯曲强度校核。另外,当蜗杆作传动轴时,必须进行刚度校核。相关的计算公式可参阅《机械设计手册》。

第四节 蜗杆传动的效率、润滑及热平衡计算

一、蜗轮蜗杆传动的效率

闭式蜗轮蜗杆传动的总效率 η 包括:轮齿啮合效率 η、轴承摩擦效率、浸入油中的零件搅油时的溅油损耗效率。在设计时可按表 10-5 选取。

表 10-5 蜗杆传动总效率

闭式传动			开式传动	自锁现象
蜗杆头数 z_1				
1	2	4	1～2	<0.5
0.7～0.75	0.7～0.82	0.87～0.92	0.6～0.7	

二、蜗轮蜗杆传动的润滑

润滑对蜗杆传动来说,具有特别重要的意义。因为当润滑不良时,传动效率将显著降低,并且会带来剧烈的磨损和产生胶合破坏的危险,所以往往采用黏度大的矿物油进行良好的润滑,在润滑油中还常加入添加剂,使其提高抗胶合能力。

蜗杆传动所采用的润滑油、润滑方法及润滑装置与齿轮传动的基本相同。蜗杆传动润滑油及润滑方式按表 10-6 选择。

表 10-6　蜗轮蜗杆传动的润滑油黏度荐用值和润滑方式

蜗杆传动的相对滑动速度 v_s (m/s)	0~1	0~2.5	0~5	>5~10	>10~15	>15~25	>25
工作条件	重载	重载	中载	(不限)	(不限)	(不限)	(不限)
黏度 γ/cSt,40℃	900	500	350	220	150	100	80
润滑方式	油池润滑			油池或喷油润滑	喷油润滑时的喷油压力(MPa)		
					0.7	2	3

三、蜗杆传动的热平衡计算

连续工作的闭式蜗杆传动,应进行热平衡计算。在闭式蜗杆传动中,由摩擦功转化成的热量,一般通过箱体表面散发到周围空气中去。所谓热平衡计算,就是要保证蜗杆传动装置在正常连续工作时,由摩擦产生的热量等于箱体表面散发的热量,使蜗杆传动装置的温升不超过许用值。

如果蜗杆传动的输入功率为 P_1,传动效率为 η,那么因摩擦而变为热量的功率为:

$$P_s = 1\,000 P_1 (1 - \eta)$$

经箱体表面散发的热量的相当功率为:

$$P_c = K_s A (t_1 - t_0)$$

蜗杆传动的热平衡条件为:$P_s = P_c$

即:

$$1\,000 P_1 (1 - \eta) = K_s A (t_1 - t_0)$$

所以:

$$t_1 = \frac{1000 P_1 (1 - \eta)}{K_s A} + t_0 \leqslant [t_1] \tag{10-11}$$

式中:P_1 为蜗杆输入功率,单位为 kW;η 为蜗杆传动的效率;t_0 为箱体周围空气的温度,单位为℃,通常取 $t_0 = 20$℃;t_1 为达到热平衡时润滑油的温度,单位为℃;K_s 为散热系数,一般情况下取 $K_s = 10 \sim 17$ W/m²·℃,通风良好时取大值;A 为箱体散热面积,单位为 m²;$[t_1]$ 为润滑油的许用温度,一般为 70~90℃。

如果 $t_1 > [t_1]$,可采取下列措施以提高散热能力:

(1)增加散热面积,合理设计箱体结构,铸出或焊上散热片。

（2）提高散热系数，如在蜗杆轴端装设风扇（图 10-11(a)），加速空气流通，这时可取 $K_t = 20 \sim 28$；或在箱体内装设蛇形冷却水管（图 10-11(b)），或采用压力喷油循环冷却润滑（图 10-11(c)）。

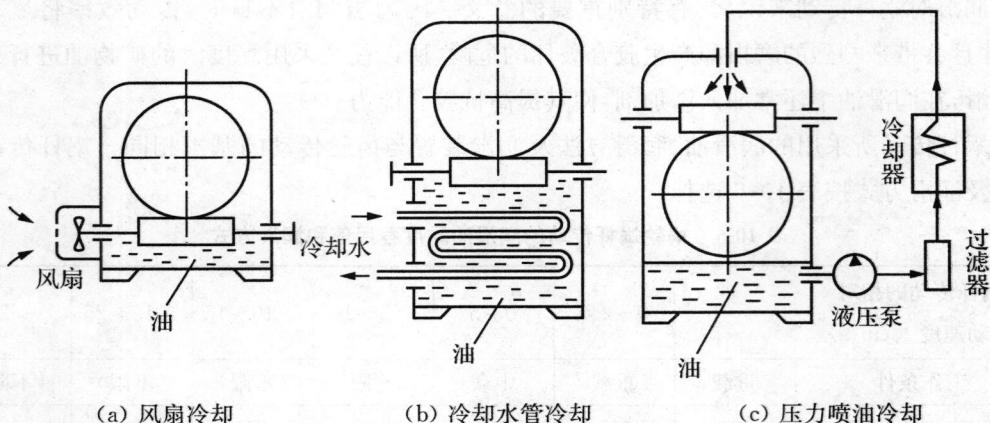

（a）风扇冷却　　　　（b）冷却水管冷却　　　　（c）压力喷油冷却

图 10-11　蜗杆传动的冷却方式

思考题

10-1. 蜗杆传动有哪些基本特点？其使用条件是什么？

10-2. 何谓蜗杆传动的中间平面？中间平面上的参数在蜗杆传动中有何重要意义？

10-3. 蜗杆传动的正确啮合条件是什么？

10-4. 蜗杆传动的传动比是否等于蜗轮与蜗杆的节圆直径之比？

10-5. 蜗杆传动的失效形式和设计准则分别是什么？

10-6. 试述蜗杆直径系数的意义，为何要引入蜗杆直径系数？

10-7. 蜗杆传动的设计计算中有哪些主要参数？为何规定蜗杆分度圆直径 d_1 为标准值？

10-8. 何谓蜗杆传动的相对滑动速度？它对蜗杆传动有何影响？

10-9. 蜗杆的头数 z_1 及升角 λ 对啮合效率各有何影响？

10-10. 如图所示，蜗杆主动，$T_1 = 20\ \mathrm{N \cdot m}$，$m = 4\ \mathrm{mm}$，$z_1 = 2$，$d_1 = 50\ \mathrm{mm}$，蜗轮齿数 $z_2 = 50$，传动的啮合效率 $\eta = 0.75$，试确定：（1）蜗轮的转向；（2）蜗杆与蜗轮上作用力的大小和方向。

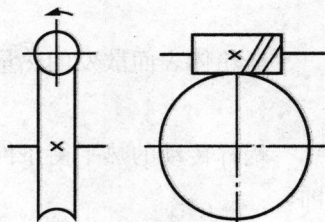

第 10-10 题图

10-11. 设计运输机的闭式蜗杆传动。已知电动机功率 $P = 3\ \mathrm{kW}$，转速 $n = 960\ \mathrm{r/min}$，蜗杆传动比 $i = 21$，工作载荷平稳，单向连续运转，每天工作 8 h，要求使用寿命为 5 年。

第十一章 轮 系

第一节 概 述

前面研究的齿轮传动装置仅由一对齿轮所组成,是齿轮传动的最简单形式。但在实际生产中的各种机器,例如金属切削机床的传动系统中,很少是仅用一对齿轮来传动的。通常在主动轴和从动轴之间采用一系列相互啮合的齿轮(包括蜗杆蜗轮)系统来传递运动和动力。这种由一系列齿轮所组成的齿轮传动系统称为轮系。轮系是机械传动系统中典型的传动形式,应用十分广泛。

一、轮系的分类

轮系的形式有很多,按照轮系传动时各齿轮的轴线是否固定分为定轴轮系、周转轮系和混合轮系。

1. 定轴轮系

当轮系运转时,所有齿轮的几何轴线位置相对于机架都是固定不变的,这种轮系称为定轴轮系,也称为普通轮系,如图 11-1 所示。

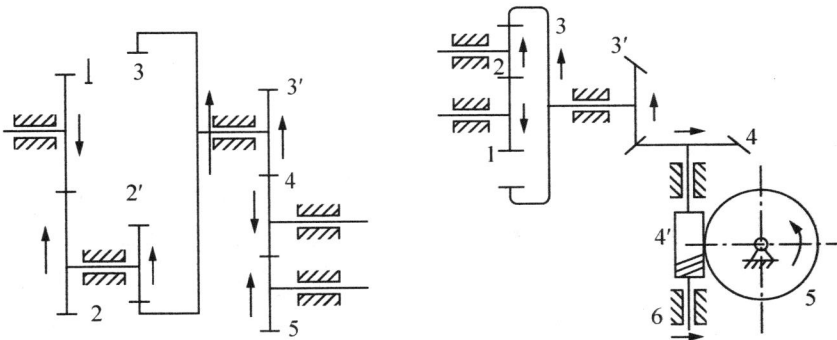

图 11-1 定轴轮系

2. 周转轮系

轮系运转时,至少有一个齿轮的几何轴线相对于机架的位置是不固定的,而是绕另一个齿轮固定几何轴线转动的轮系称为周转轮系,也称动轴轮系或行星轮系。如图 11-2 所示,齿轮 2 空套在构件 H 的小轴上,当构件 H 定轴转动时,齿轮 2 一方面绕自己的几何轴线 $O'O'$ 转动(自转),同时又随构件 H 绕固定的几何轴线 OO 转动(公转)。这个轮系与定轴轮系不同之处是轮系中齿轮 2 的几何轴线是不固定的。把具有运动几何轴线的齿轮 2 称为行星轮,用来支持行星轮的构件 H 称为行星架或系杆,与行星轮相啮合且轴线固定的齿轮 1 和 3 称为中心轮或太阳轮。行星架和中心轮的几何轴线必须重合,否则不能转动。

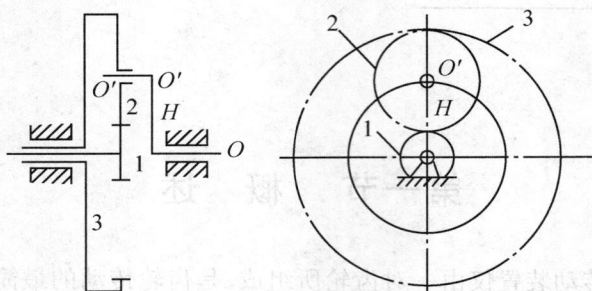

图 11-2　周转轮系

3. 混合轮系

在轮系中既有定轴轮系又有周转轮系的轮系,称为混合轮系。如图 11-3 所示为由定轴轮系和行星轮系串联在一起的混合轮系。

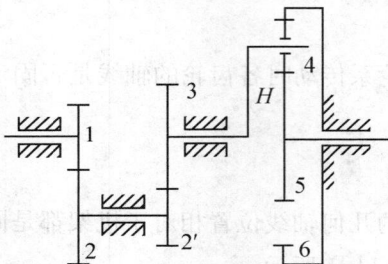

图 11-3　混合轮系

二、轮系的功用

1. 可获得很大的传动比

当两轴之间的传动比较大时,若仅用一对齿轮传动,则两个齿轮的齿数差一定很大,导致小齿轮磨损加快。又因为大齿轮齿数太多,使得齿轮传动结构尺寸增大。为此,一对齿轮传动的传动比不能过大(一般 $i_{12} = 3\sim5$,$i_{max} \leqslant 8$)。而采用轮系传动,可以获得很大的传动比,以满足低速工作的要求。

2. 可作较远距离的传动

当两轴中心距较大时,如用一对齿轮传动,则两齿轮的结构尺寸必然很大,导致传动机构庞大。而采用轮系传动,可使结构紧凑,缩小传动装置的空间,节约材料,如图 11-4 所示。

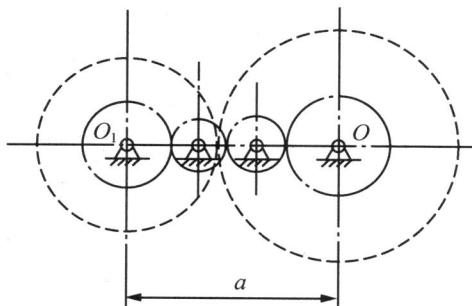

图 11-4　远距离传动

3. 可以方便地实现变速和变向要求

在金属切削机床、汽车等机械设备中,经过轮系传动,可以使输出轴获得多级转速和变向,以满足不同工作的要求。

如图 11-5 所示为立式钻床传动系统图,齿轮 27、34、21 是三联滑移齿轮,可以在轴上滑移。当齿轮 27 和齿轮 55 啮合时,轴获得一种转速;当滑移齿轮处于中位时,齿轮 34 和齿轮 48 啮合,轴获得第二种转速;当滑移齿轮继续下移,使齿轮 21 和齿轮 61 啮合时,轴获得第三种转速。

如图 11-6 所示为车床走刀丝杆的三星轮换向机构,当齿轮 3 与齿轮 1 啮合时,齿轮 4 为顺时针转动,如图 11-6(a)所示;当齿轮 2 与齿轮 1 啮合时,齿轮 4 为逆时针转动,如图 11-6(b)所示。

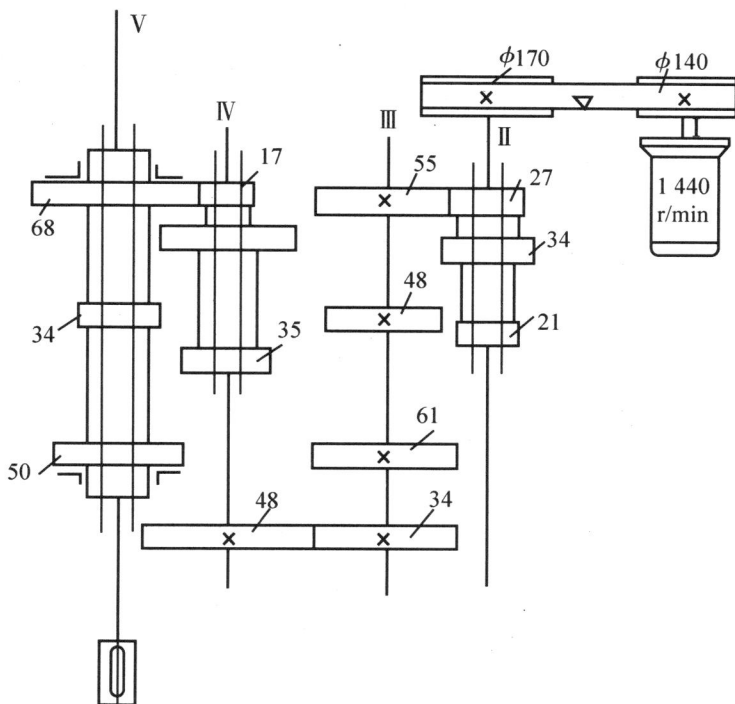

图 11-5　立式钻床传动系统图

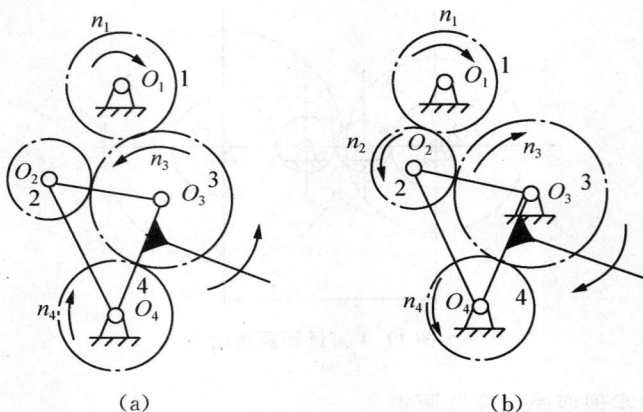

(a)   (b)

图 11-6   三星轮换向机构

4. 可以实现运动的合成与分解

采用行星轮系可以将两个独立的运动合成为一个运动,或将一个运动分解为两个独立的运动。

5. 可以实现分路传动

利用齿轮系可使一个主动轴带动若干从动轴同时转动,将运动从不同的传动路线传动给执行机构,实现机构的分路传动。

第二节   轮系传动比的计算

一、轮系的传动比

轮系中首末两轮的角速度或转速之比,称为轮系的传动比。若以 1 与 k 分别代表轮系首末两轮的标号,则轮系的传动比为:

$$i_{1k} = \frac{\omega_1}{\omega_k} = \frac{n_1}{n_k} \tag{11-1}$$

计算轮系的传动比,不仅要确定它的数值大小,而且要确定它的符号,这样才能完全表达从动轮的转速与主动轮的转速之间的关系。

二、定轴轮系传动比的计算

一对圆柱齿轮的传动,即一对平行轴间齿轮传动的传动比为:

$$i_{12} = \frac{\omega_1}{\omega_2} = \frac{n_1}{n_2} = \pm \frac{z_2}{z_1} \tag{11-2}$$

式中: ω_1、ω_2 分别表示两轮的角速度; n_1、n_2 分别表示两轮的转速; z_1、z_2 分别表示两轮的齿数。

对于外啮合圆柱齿轮传动,两轮转向相反,上式取"一"号;对于内啮合圆柱齿轮传动,两轮转向相同,上式取"+"号。

两轮的相对转向关系也可用画箭头的方法表示。外啮合箭头方向相反,内啮合箭头方向相同,如图 11-7(a)、(b)所示。

对于圆锥齿轮传动、蜗杆传动等齿轮传动机构,因其轴线不平行,不能用正、负号说明其转向,只能用画箭头的方法在图上标注转向,如图 11-7(c)、(d)所示。

(a)外啮合圆柱齿轮传动　　　(b)内啮合圆柱齿轮传动

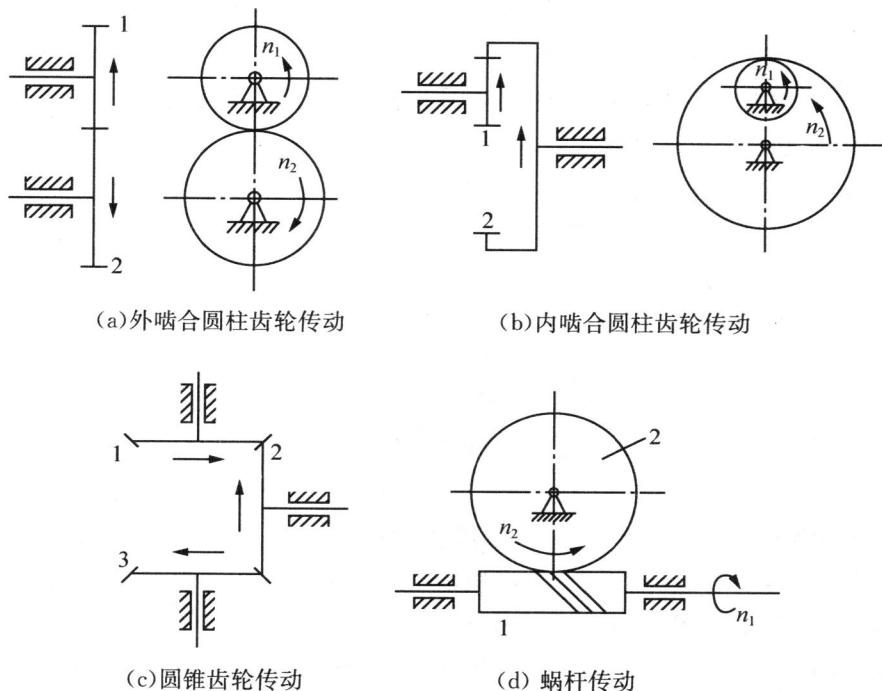

(c)圆锥齿轮传动　　　(d) 蜗杆传动

图 11-7　齿轮传动转向表示

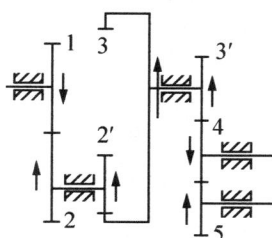

图 11-8　定轴轮系

下面先分析图 11-8 所示定轴轮系传动比与各齿轮齿数之间的关系,再介绍确定传动比正、负号的方法,然后从中概括出平行轴间定轴轮系传动比的普通计算公式。

如图 11-8 所示的定轴轮系,设各轮的齿数为 z_1、z_2、$\cdots$,各轮的转速为 n_1、n_2、$\cdots$,各轮的角速度为 ω_1、ω_2、$\cdots$,则该轮系的传动比 i_{15} 可由各对啮合齿轮的传动比求出。

根据前面所述,该轮系中各对啮合齿轮的传动比分别为:

$$i_{12}=\frac{\omega_1}{\omega_2}=\frac{n_1}{n_2}=-\frac{z_2}{z_1} \qquad i_{2'3}=\frac{\omega_{2'}}{\omega_3}=\frac{n_{2'}}{n_3}=+\frac{z_3}{z_{2'}}$$

$$i_{3'4} = \frac{\omega_{3'}}{\omega_4} = \frac{n_{3'}}{n_4} = -\frac{z_4}{z_{3'}} \qquad i_{45} = \frac{\omega_4}{\omega_5} = \frac{n_4}{n_5} = -\frac{z_5}{z_4}$$

将以上各等式两边连乘,并考虑到 $\omega_2 = \omega_{2'}, \omega_3 = \omega_{3'}; n_2 = n_{2'}, n_3 = n_{3'}$,可得

$$i_{12}i_{2'3}i_{3'4}i_{45} = \frac{\omega_1\omega_{2'}\omega_{3'}\omega_4}{\omega_2\omega_3\omega_4\omega_5} = \frac{n_1n_{2'}n_{3'}n_4}{n_2n_3n_4n_5} = (-1)^3\frac{z_2z_3z_4z_5}{z_1z_{2'}z_{3'}z_4}$$

$$i_{15} = \frac{\omega_1}{\omega_5} = \frac{n_1}{n_5} = i_{12}i_{2'3}i_{3'1}i_{15} = (-1)^3\frac{z_2z_3z_5}{z_1z_{2'}z_{3'}}$$

上式表明,定轴轮系传动比的大小等于组成该轮系的各对啮合齿轮传动比的连乘积,也等于各对啮合齿轮中所有从动轮齿数的连乘积与所有主动轮齿数的连乘积之比,传动比的正负号取决于外啮合齿轮的对数。

以上结论可推广到一般情况。用 1、k 分别表示轮系的首末两轮,m 表示外啮合齿轮对数,则定轴轮系始末两轮传动比计算的一般公式为:

$$i_{1k} = \frac{\omega_1}{\omega_k} = \frac{n_1}{n_k} = (-1)^m \frac{1 \text{ 至 } k \text{ 间各从动轮齿数的连乘积}}{1 \text{ 至 } k \text{ 间各主动轮齿数的连乘积}} \qquad (11\text{-}3)$$

公式说明:

(1) 用 $(-1)^m$ 来判断转向只限于平行轴间定轴轮系,始、末两轮的相对转向关系用传动比的正、负号表示。正号说明始、末两轮的转动方向相同,负号说明始、末两轮的转动方向相反。

(2) 如果定轴轮系中有圆锥齿轮、蜗杆传动等齿轮传动,其传动比的大小可用式(11-3)来计算。但由于其轴线不平行,因此不能用 $(-1)^m$ 来确定轮的转动方向,只能用画箭头的方法来确定轮的转向,如图 11-7(c)、(d)所示。

(3) 在图 11-8 所示的轮系中,齿轮 4 同时与两个齿轮啮合,它既是前一级的从动轮,又是后一级的主动轮。其齿数 z_4 在上述计算式中的分子和分母上各出现一次,最后被消去,即齿轮 4 的齿数不影响传动比的大小。这种不影响传动比的大小,只起改变转向作用的齿轮称为惰轮。

例 11-1 一电动提升机的传动系统如图 11-9 所示。其末端为蜗杆传动。已知 $z_1 = 18, z_2 = 39, z_{2'} = 20, z_3 = 41, z_{3'} = 2(右), z_4 = 50$。$n_1 = 1\,460$ r/min,鼓轮直径 $D = 200$ mm,鼓轮与蜗轮同轴。试求:(1) 蜗轮的转速;(2) 重物 G 的运动速度;(3) 当转 n_1 向如图所示(从 A 向看为顺时针)方向时,重物 G 运动的方向。

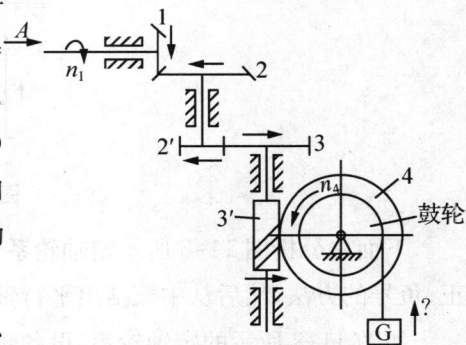

图 11-9 电动提升机的传动系统

解:(1) 电动提升机的传动系统为由圆柱齿轮、圆锥齿轮和蜗轮蜗杆组成的定轴轮系。其传动比大小按下式计算:

$$i_{14} = \frac{n_1}{n_4} = \frac{z_2z_3z_4}{z_1z_{2'}z_{3'}} = \frac{39\times41\times50}{18\times20\times2} = 111.04$$

蜗轮的转速 n_4 为： $$n_4 = \frac{n_1}{i_{14}} = \frac{1460}{111.04} = 13.2 \text{ r/min}$$

（2）因鼓轮与蜗轮同轴，其转速亦为 13.2 r/min，故重物 G 的运动速度为

$$v = \frac{\pi D n_4}{60 \times 1\,000} = \frac{200 \times 13.2\pi}{60 \times 1000} = 0.138 \text{ m/s}$$

（3）用画箭头法确定蜗轮的转向，如图所示，重物向上运动。

三、周转轮系传动比的计算

因为周转轮系有行星架，行星架的转速与转向影响行星齿轮和中心齿轮的运动，所以不能直接用定轴轮系传动比的计算公式来计算周转轮系的传动比。但是，如果应用相对运动原理将周转轮系转化为定轴轮系后，就可以用推导定轴轮系传动比计算公式的方法推导周转轮系传动比的计算公式。这种经过一定条件转化所得到的假想定轴轮系，称为周转轮系的转化轮系，或转化机构。其相对运动原理是指一个机构整体的绝对运动不影响机构内部各构件之间的相对运动。

下面根据相对运动原理来推导周转轮系传动比的计算公式。

如图 11-10(a)所示的周转轮系中，行星架（H）、中心齿轮（1、3）和行星齿轮（2）分别以转速 n_H、n_1、n_3 及 n_2 作逆时针方向转动。根据相对运动原理，当给整个轮系加上一个大小为 n_H，而方向与 n_H 相反的公共转速（$-n_H$）后，各构件间的相对运动并不改变，而行星架 H 却静止不动了。这样，所有齿轮的几何轴线的位置全部固定，原来的周转轮系便转化为定轴轮系了，如图 11-10(b)所示。现将各构件转化前后的转速列于表 11-1 中，如下所示。

表 11-1 各构件转化前后的转速

构件	原来的转速	转化后的转速
齿轮 1	n_1	$n_1^H = n_1 - n_H$
齿轮 2	n_2	$n_2^H = n_2 - n_H$
齿轮 3	n_3	$n_3^H = n_3 - n_H$
行星架 H	n_H	$n_H^H = n_H - n_H$

将周转轮系转化为定轴轮系后，就可以应用求解定轴轮系传动比的方法，求出其中任意两个齿轮的传动比。

转化轮系中齿轮 1 与齿轮 3 的传动比 i_{13}^H 的计算公式为：

$$i_{13}^H = \frac{n_1^H}{n_3^H} = \frac{n_1 - n_H}{n_3 - n_H} = (-1)^1 \frac{z_2 z_3}{z_1 z_2} = -\frac{z_3}{z_1}$$

等式右边的"一"号表示齿轮 1 与齿轮 3 在转化机构中的转向相反。

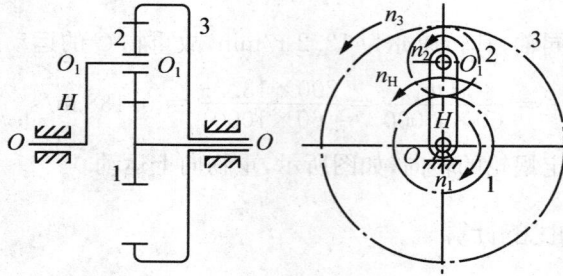

(a)行星轮系

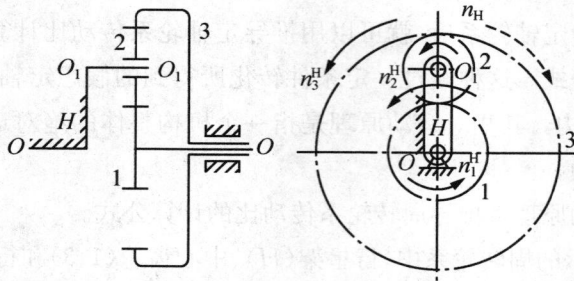

(b)转化轮系

图 11-10   行星轮系

将上式推广到一般情况,设行星轮系的首轮 A、末轮 K 和行星架 H 的绝对转速分别为 n_A、n_K、n_H,m 表示齿轮之间的外啮合次数,则转化轮系传动比的一般表达式为:

$$i_{AK}^H = \frac{n_A - n_H}{n_K - n_H} = (-1)^m \frac{A \text{ 至 } K \text{ 间各从动轮齿数的连乘积}}{A \text{ 至 } K \text{ 间各主动轮齿数的连乘积}} \tag{11-4}$$

应用式(11-4)时必须注意:

(1) 设齿轮 A 为轮系的主动轮(首轮),齿轮 K 为轮系的从动轮(末轮),中间各轮的主从动地位从齿轮 A 起按传动顺序判定。

(2) 将已知转速代入公式求解未知转速时,要特别注意转速的正负号,当假定了某一方向的转动为正以后,其相反方向的转动就是负,必须将转速大小连同它的符号一同代入式(11-4)进行计算。

(3) 在推导式(11-4)时,对各构件所加的公共转速($-n_H$)与各构件原来的转速是代数相加的,所以齿轮 A、K 和行星架 H 的轴线必须互相平行。但圆锥齿轮组成的周转轮系,其行星齿轮与其他构件的转动轴不平行,所以其转速不能作代数相加。不能应用式(11-4)来计算由圆锥齿轮组成的周转轮系中行星齿轮的转速。

在实际应用中,通常只需要计算中心齿轮或行星架的转速,对于这种情况,还是可以应用式(11-4)来计算圆锥齿轮组成的周转轮系中的中心齿或行星架的转速。

例 11-2 如图 11-11 所示的差动轮系中,已知各轮的齿数分别为 $z_1 = 15$，$z_2 = 25$，$z_{2'} = 20$，$z_3 = 60$，转速为 $n_1 = 200$ r/min，$n_3 = 50$ r/min，转向如图所示。试求行星架 H 的转速 n_H。

解：根据公式 11-4 得：

$$i_{13}^H = \frac{n_1 - n_H}{n_3 - n_H} = (-1)^1 \frac{z_2 z_3}{z_1 z_{2'}} = -\frac{z_2 z_3}{z_1 z_{2'}}$$

由题意可知,轮 1 和轮 3 的转向相反,设轮 1 的转速 n_1 为正,则轮 3 的转速 n_3 为负,从而：

$$\frac{200 - n_H}{-50 - n_H} = -\frac{25 \times 60}{15 \times 20}$$

解得 $n_H = -8.33$ r/min，负号表示行星架 H 的转向与齿轮 3 相同。

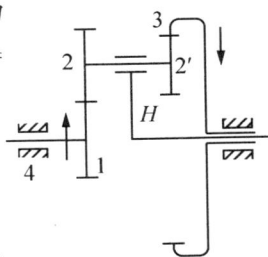

图 11-11 差动轮系

四、混合轮系传动比的计算

如图 11-12 所示的混合轮系,齿轮 1 与 2 组成定轴轮系,齿轮 3、4、5 与行星架 H 组成周转轮系。

在计算混合轮系的传动比时,既不能将整个轮系作为定轴轮系来处理;也不能采用转化轮系的方法计算整个轮系的传动比。因为转化后,原来的一个周转轮系虽可转化为定轴轮系,但同时却将原来的定轴轮系转化成周转轮系。即使是几个单一的周转轮系的组合,也因它们各自的行星架的转速不同,而无法转化成一个定轴轮系。因此,混合轮系传动比的计算,首先必须将其各基本轮系区分开来;然后分别列出各基本轮系计算传动比的方程,最后联立求解出所要求的传动比。

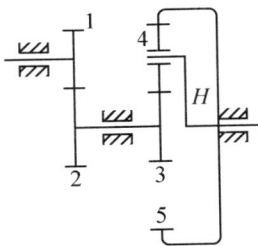

图 11-12 组合轮系

在混合轮系中正确区分各基本轮系的关键,在于找出各周转轮系。找出周转轮系的一般方法是:先找出行星齿轮,再找出行星架;而几何轴线与转臂的回转轴线相重合,且直接与行星齿轮相啮合的定轴齿轮就必然是中心齿轮。由这组行星齿轮、行星架和中心齿轮构成一基本周转轮系。区分出各个周转轮系以后,剩下的就是定轴轮系了。

例 11-3 如图 11-12 所示的轮系中,各齿轮齿数分别为：$z_1 = 20$，$z_2 = 40$，$z_3 = 20$，$z_4 = 30$，$z_5 = 80$，试计算传动比 i_{1H}。

解：首先将轮系划分为两个基本轮系,齿轮 1 和 2 组成定轴轮系,齿轮 3、3、5 和行星架 H 组成周转轮系,然后计算各基本轮系的传动比。

定轴轮系的传动比为：

$$i_{12} = \frac{n_1}{n_2} = -\frac{z_2}{z_1} = -\frac{40}{20} = -2$$

即：

$$n_1 = -2n_2 \qquad (a)$$

周转轮系的传动比为：

$$i_{35}^H = \frac{n_3 - n_H}{n_5 - n_H} = -\frac{z_4 z_5}{z_3 z_4} = -\frac{z_5}{z_3} = -\frac{80}{20} = -4$$

即：
$$\frac{n_3 - n_H}{0 - n_H} = -4 \qquad \therefore n_3 = n_2 = 5n_H \tag{b}$$

联立（a）和（b）两式得：$n_1 = -10n_H$

即：
$$i_{1H} = \frac{n_1}{n_H} = -10$$

第三节　减速器简介

　　减速器是用于原动机和工作机之间的封闭式机械传动装置，它主要用来降低转速。减速器由于结构紧凑、效率高、寿命长、传动准确可靠、使用维修方便，得到了广泛应用。

一、减速器的类型和特性

　　减速器的分类方法包括以下几种：

　　（1）按传动类型和结构特点可分为圆柱齿轮减速器、圆锥齿轮减速器、蜗杆减速器、齿轮-蜗杆减速器和行星减速器等。

　　（2）按传动级数可分为一级、二级和多级；二级减速器根据齿轮布置方式又可分为展开式、分流式和同轴式。

　　（3）按轴线排列可分为卧式和立式。

　　（4）按传递功率的大小可分为小型、中型和大型减速器。

　　常见的各类减速器的传动型式、特点及应用见表 11-2。

表 11-2　常用减速器的型式、特点及应用

名称	型式	结构简图	推荐传动比范围	特点及应用
一级减速器	圆柱齿轮	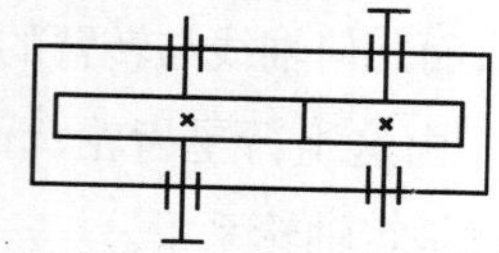	直齿 $i \leqslant 5$ 斜齿、人字齿 $i \leqslant 10$	轮齿可做成直齿、斜齿或人字齿。箱体通常用铸铁做成，单件或少批量生产时可采用焊接结构，尽可能不用铸钢件。支承通常用滚动轴承，也可用滑动轴承
	圆锥齿轮	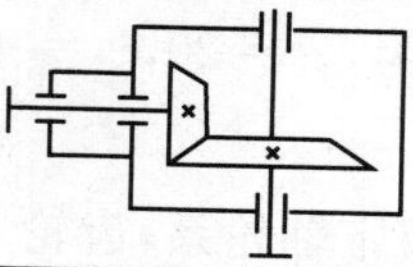	直齿 $i \leqslant 3$ 斜齿 $i \leqslant 6$	用于输入轴和输出轴垂直相交的传动
	下置式蜗杆	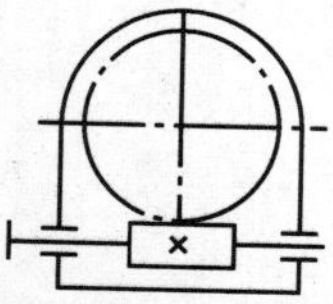	$i = 10 \sim 70$	蜗杆在蜗轮的下面，润滑方便，效果较好，但蜗杆搅油损失大，一般用于蜗杆圆周速度 $v < (4 \sim 5)10$ m/s 的场合
	上置式蜗杆	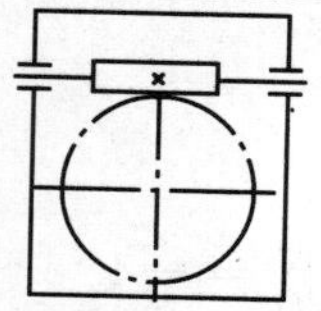	$i = 10 \sim 70$	蜗杆在蜗轮上面，装拆方便，蜗杆圆周速度可高些

名称	型式	结构简图	推荐传动比范围	特点及应用
二级减速器	圆柱齿轮展开式	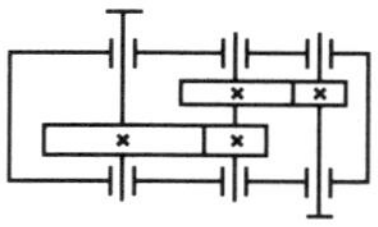	$i = i_1 \cdot i_2 = 8 \sim 40$	二级减速器中最简单的一种。由于齿轮相对于轴承位置不对称,轴应具有较大的刚度。用于载荷平稳的场合。高速级常用斜齿,低速级用斜齿或直齿
	圆柱齿轮分流式	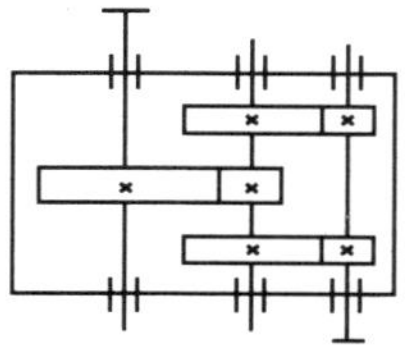	$i = i_1 \cdot i_2 = 8 \sim 40$	高速级用斜齿,低速级可用人字齿或直齿。由于低速级齿轮与轴承对称分布,沿齿宽受载均匀,轴承受力也均匀。常用于变载荷场合
	圆柱齿轮同轴式	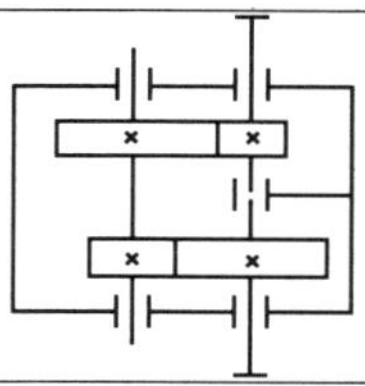	$i = i_1 \cdot i_2 = 8 \sim 40$	减速器横向尺寸大小。两对齿轮浸入油中深度大致相等。但减速器轴向尺寸和重量较大,且中间轴较长,容易使载荷沿齿宽分布不均,高速轴的承载力难以充分利用
	圆锥—圆柱齿轮	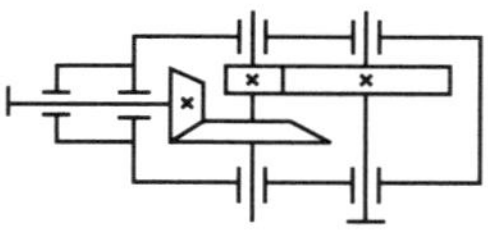	$i = i_1 \cdot i_2 = 8 \sim 15$	圆锥齿轮应用在高速级,使齿轮尺寸不致太大,否则加工困难。圆锥齿轮可用直齿或圆弧齿,圆柱齿轮可用直齿或斜齿
	二级蜗杆	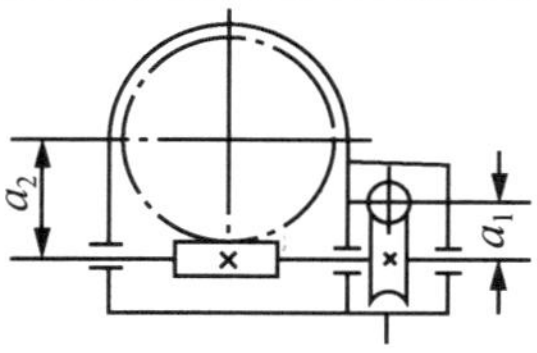	$i = i_1 \cdot i_2 = 70 \sim 2500$	传动比大,结构紧凑,但效率低
	齿轮—蜗杆	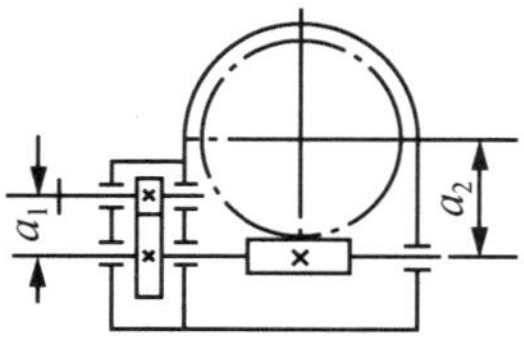	$i = i_1 \cdot i_2 = 15 \sim 480$	分齿轮传动在高速级和蜗杆传动在高速级两种,前者结构紧凑,后者效率高
	蜗杆—齿轮	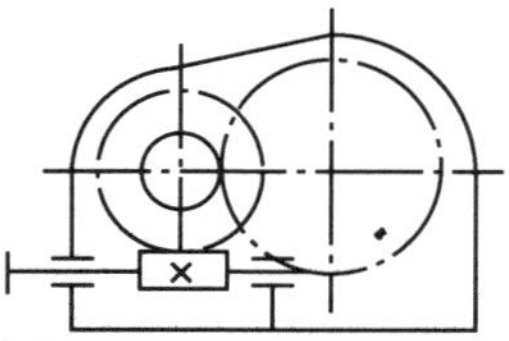	$i = i_1 \cdot i_2 = 15 \sim 480$	

二、减速器的结构

减速器的结构随其类型和要求不同而异,其基本结构如图 11-3 所示,它们都由传动零件(齿轮或蜗杆、蜗轮)、轴、轴承、联接零件(螺钉、销钉、键)、箱体和附属零件、润滑和密封装置等部分组成。

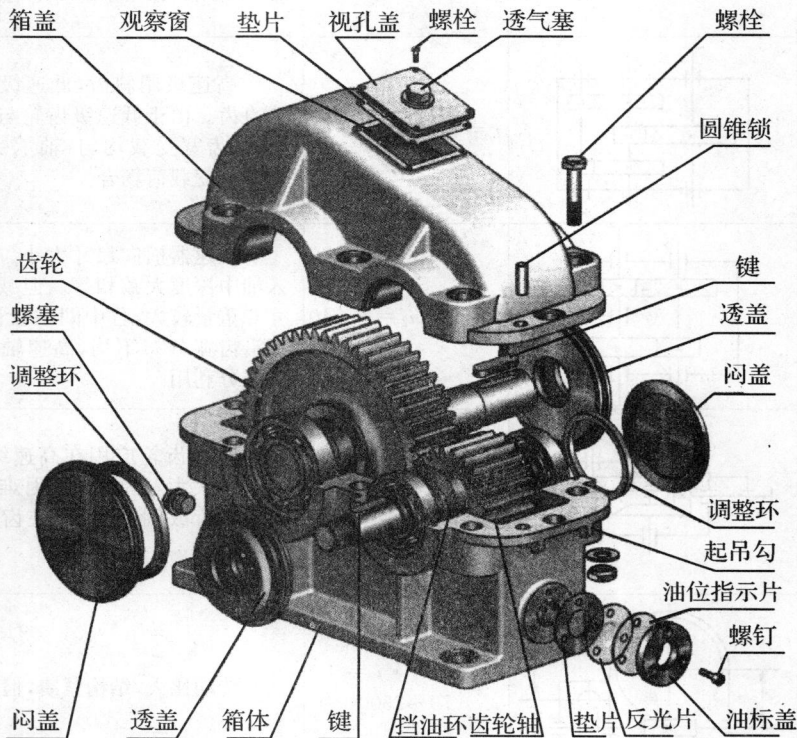

箱盖　观察窗　垫片　视孔盖　螺栓　透气塞　　螺栓

圆锥锁

齿轮
螺塞
调整环

键
透盖
闷盖
调整环
起吊勾
油位指示片
螺钉

闷盖　透盖　箱体　键　挡油环齿轮轴　　垫片　反光片　油标盖

图 11-3　减速器的结构

三、减速器的润滑

减速器的润滑的目的是为了减轻箱内传动零件的摩擦、磨损,提高传动效率,延长使用寿命。此外,润滑油还可以起到冷却、散热、吸振、防锈和降低噪声等作用。

减速器的润滑方式很多,如油脂润滑、浸油润滑、压力喷油润滑、飞溅润滑等等。

除少数开式传动以及小型、低速、轻载减速器采用涂抹、填充油脂或滴油润滑外,绝大多数闭式减速器均采用油润滑。

⭐ 思考题

11-1. 定轴齿轮系与行星齿轮系的主要区别是什么?

11-2. 各种类型齿轮系的转向如何确定?$(-1)^m$ 方法适用于何种类型的齿轮系?

11-3. "转化机构法"的含意是什么?

11-4. 如图所示,二级圆柱齿轮减速器,已知减速器的输入功率 $P = 5 \text{ kW}$,转速 $n_1 =$

960 r/min,各齿轮齿数 $z_1=22,z_2=77,z_3=18,z_4=81$,齿轮传动效率 $\eta_1=0.97$,每对滚动轴承效率 $\eta_2=0.98$,(1) 求减速器的总传动比;(2) 求各轴的转速。

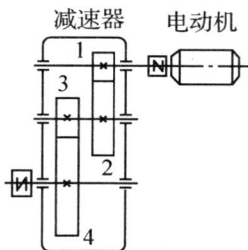

第 11-4 题图　减速器

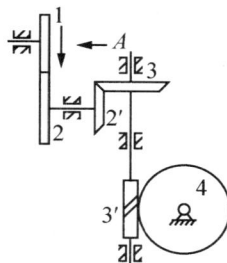

第 11-5 题图　定轴轮系

11-5. 在图所示的轮系中,已知各齿轮的齿数分别为 $z_1=18,z_2=20,z_{2'}=25,z_{3'}=2$（右旋）、$z_4=40$,且已知 $n_1=100$ 转/分(A 向看为逆时针),求轮 4 的转速及其转向。

11-6. 如图所示轮系,已知 $z_1=20,z_2=30,z_{2'}=z_3=z_4=25,_5=74$,且已知 $n_{H1}=100$ 转/分,试求 n_{H2}。

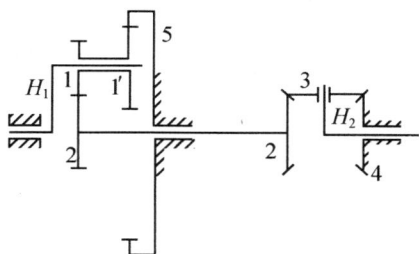

第 11-6 题图　组合轮系

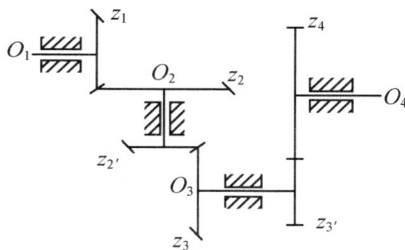

第 11-7 题图　定轴轮系

11-7. 如图所示,已知 $z_1=20,z_2=40,z_{2'}=20,z_3=30,z_{3'}=20,z_4=40$,试求轮系的速比 i_{14},并确定轴 O_1 和轴 O_4 的转向是相同还是相反?

第十二章 轴 承

轴承是机器、仪器和仪表中的重要支承零件,其主要作用是支承转动(或摆动)的运动部件,保证轴和轴上传动件的回转精度,减小摩擦和磨损,并承受载荷。按运动元件间的摩擦性质可分为滑动轴承和滚动轴承两大类。本章主要介绍这两类轴承的结构、类型和代号。

第一节 滑动轴承

在滑动摩擦下运转的轴承称为滑动轴承。滑动轴承主要应用于高速、重载、要求剖分结构等场合中,如汽轮机、内燃机、离心式压缩机大型电动机等设备的主轴承都是采用滑动轴承。

一、滑动轴承的结构和分类

滑动轴承按所承受的载荷不同,分为径向滑动轴承和推力滑动轴承。

1. 径向滑动轴承

径向滑动轴承的主要结构形式有整体式和剖分式。

(1)整体式滑动轴承

图 12-1 所示为整体式轴承(JB/T 2560-2007),由轴承座和轴瓦等组成。轴承座和轴瓦采用较紧密的配合,一般为 H8/s7。轴承座用地脚螺栓固定在机座上,顶部设有装油杯的螺纹孔,轴承座的材料一般为铸铁;压入轴承孔内的轴瓦用减摩材料制成,轴瓦上开有油孔,并在内表面上开油沟以输送润滑油。

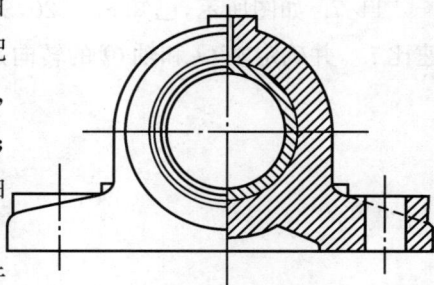

图 12-1 整体式轴承

整体式向心滑动轴承结构简单、制作容易,常用于低速轻载、间歇性工作、不需要经常拆装的场合;缺点是装拆时只能沿轴向移动,装拆不方便,轴瓦与轴颈磨损后,无法调整间隙。

这类轴承座的标记为:HZxxx轴承座 JB/T 2560-2007,其中 H 表示滑动轴承座,Z 表示整体正座,xxx 表示轴承内径(mm)。标准规格为 HZ020～HZ140。

（2）剖分式滑动轴承

图 12-2 所示为剖分式正滑动轴承,由轴承座、轴承盖、剖分的上、下轴瓦和联接螺栓等组成。轴承盖上有注油孔,可保证轴承的润滑。轴承盖和轴承座的结合面做成阶梯形定位止口,便于装配时对中和防止其横向移动。

剖分式轴承装拆方便,当轴瓦磨损后可通过减少剖分面处的垫片厚度来调节径向间隙,但调节后应刮修轴承内孔。由于剖分式轴承克服了整体式轴承的缺点,故应用广泛。

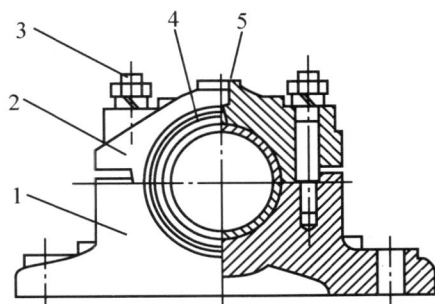

1. 轴承座　2. 轴承盖　3. 螺栓　4. 轴瓦

图 12-2　对开式滑动轴承

剖分式二(或四)螺栓正滑动轴承(JB/T 2561 - 2007 或 JB/T 2562 - 2007),其轴瓦与座孔的配合为 H8/m7,轴承座标记为 H2xxx 轴承座 JB/T 2561 - 2007(H4xxx)。其中 H 表示滑动轴承座,2(或 4)表示螺栓数,xxx 表示轴承内径(mm)。规格为 H2030～H2160(H4050～H4220)。

当轴承上的总载荷方向与垂直剖分面的轴承中心线的夹角超过 35°时,采用对开式斜滑动轴承,标记为:HXxxx 轴承座 JB/T 2563 - 2007。其中 H 表示滑动轴承座,X 表示斜座,xxx 表示轴承内径(mm)。标准规格为 HX050～HX220。

2. 推力滑动轴承

推动滑动轴承用来承受轴向载荷,一般仅能承受单向轴向载荷。由于摩擦端面上各点的线速度与半径成正比,故离中心越远处磨损越严重,这样使摩擦端面上压力分布不均,靠近中心处压力较大。为了改善因结构带来的缺陷,可采用中空或环形端面,轴向载荷过大时可采用多环轴颈。如图 12-3 所示,推力滑动轴承的轴颈与轴瓦端面为平行平面,相对滑动,难以形成完全流体润滑状态,只能在不完全流体润滑状态下工作,主要用于低速、轻载的场合。

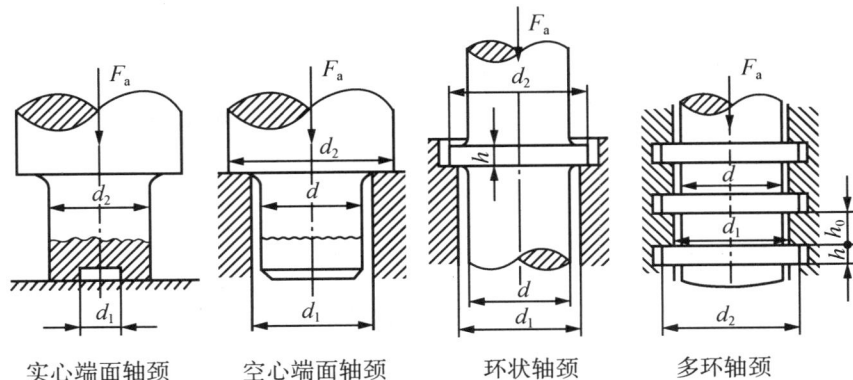

实心端面轴颈　　空心端面轴颈　　环状轴颈　　多环轴颈

图 12-3　推力轴颈

二、滑动轴承轴瓦结构

轴瓦(轴套)是滑动轴承中最重要的零件,与轴颈构成相对运动的滑动副,其结构的合理性对轴承性能有直接的影响。

对应于轴承,轴瓦的形式也做成整体式和剖分式两种结构,如图 12-4、12-5 所示。

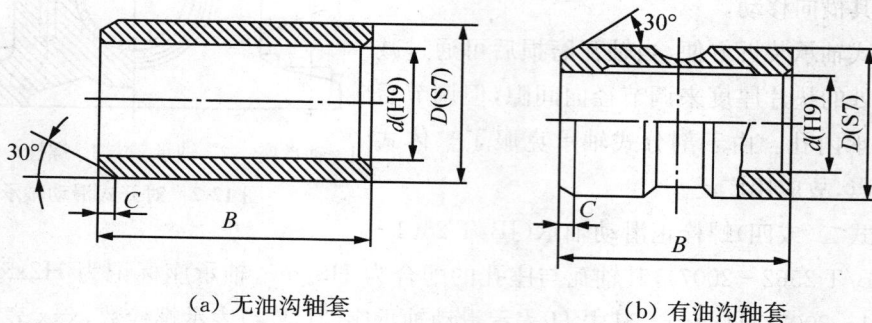

（a）无油沟轴套   （b）有油沟轴套

图 12-4　整体式轴瓦

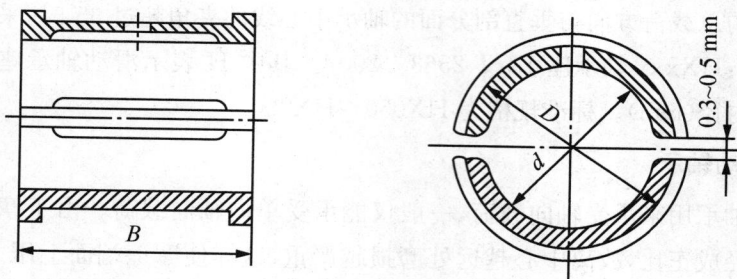

图 12-5 剖分式轴瓦

剖分式轴瓦有承载区和非承载区,一般载荷向下,故上瓦为非承载区,下瓦为承载区。

为了将润滑油引入轴承,还需在轴瓦上开油槽和油孔,以便在轴颈和轴瓦表面之间导油。在剖分式轴承中,润滑油应由非承载区进入,以免破坏承载区润滑油膜的连续性,降低轴承的承载能力,故进油口开在上瓦顶部。

滑动轴承油沟的形状如图 12-6 所示,在轴瓦内表面,以进油口为对称位置,沿轴向、径向或斜向开有油沟,油经油沟分布到各个轴颈。油沟离轴瓦两端应有段距离,不能开通,以减少端部泄油。

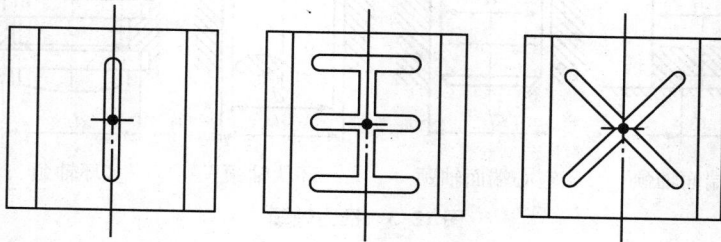

图 12-6 油沟的形状

三、滑动轴承的失效形式及材料

1. 主要失效形式

滑动轴承的失效通常由多种原因引起,失效形式也有多种,有时几种失效形式并存,相互影响。最常见的失效形式有轴瓦磨损、胶合(烧瓦)、疲劳破坏和由于制造工艺原因而引起的轴承衬脱落。其中最主要的是轴瓦磨损和胶合。

(1)轴瓦磨损　进入轴承间隙的硬颗粒有的随轴一起转动,对轴承表面起研磨作用。

(2)胶合　当瞬时温升过高、载荷过大、油膜破裂或供油不足时,轴承表面材料发生粘附和迁移,造成轴承损伤。

(3)疲劳剥落　在载荷的反复作用下,轴承表面出现与滑动方向垂直的疲劳裂纹,扩展后造成轴承材料剥落。

2. 轴承材料的性能要求

滑动轴承中,轴承座和盖常选用铸铁制造。所以轴承材料主要是指轴瓦和轴承衬的材料。根据轴承的主要失效形式,对轴承材料的主要要求:

(1)减摩性　材料副具有较低的摩擦系数。

(2)耐磨性　材料的抗磨性能,通常以磨损率表示。

(3)抗胶合　材料的耐热性与抗粘附性。

(4)摩擦顺应性　材料通过表层弹塑性变形来补偿轴承滑动表面初始配合不良的能力。

(5)嵌入性　材料容纳硬质颗粒嵌入,从而减轻轴承滑动表面发生刮伤或磨粒磨损的性能。

(6)磨合性　轴瓦与轴颈表面经短期轻载运行后,形成相互吻合的表面形状和粗糙度的能力。

3. 常用轴承的材料

常用轴承材料有轴承合金、青铜、铸铁、多孔质金属材料及非金属材料。

(1)轴承合金(白合金、巴氏合金)

轴承合金有锡锑轴承合金和铅锑轴承合金两类,以锡或铅为基体。这类合金 f 小,抗胶合性能好、对油的吸附性强、耐腐蚀性好、容易跑合、是优良的轴承材料,常用于高速、重载的轴承。但是价格贵、机械强度较差,只能作为轴承衬材料浇注在钢、铸铁、或青铜轴瓦上。由于巴式合金熔点低,故工作温度 $t < 120℃$。

(2)青铜

在一般机械中,有 50% 的滑动轴承采用青铜材料。青铜主要有锡青铜、铅青铜和铝青铜等。

青铜强度高、承载能力大、耐磨性和导热性都优于轴承合金。工作温度高达 $250℃$。青铜可以单独制成轴瓦,也可以作为轴承衬浇注在钢或铸铁轴瓦上。

可塑性差、不易跑合、与之相配的轴颈必须淬硬。

锡青铜和铅青铜既有较好的减摩性和耐磨性,又有足够的强度,且熔点高,但跑合性较差,故用于重载、中速机械;铝青铜的强度和硬度较高,但抗胶合能力差,适用于重载、低速机械。

(3) 铸铁

常用的铸铁材料有灰铸铁和减摩铸铁。由于铸铁材料的塑性差,跑合性查,故用于不重要、低速轻载的轴承。

(4) 非金属材料

工程塑料:具有摩擦系数低、可塑性、跑合性良好、耐磨、耐腐蚀、可用水、油及化学溶液等润滑的优点。缺点:导热性差、膨胀系数大、容易变形。为改善此缺陷,可作为轴承衬粘复在金属轴瓦上使用。

碳——石墨:是电机电刷常用材料,具有自润滑性,用于不良环境中。

橡胶轴承:具有较大的弹性,能减轻振动使运转平稳,可用水润滑。常用于潜水泵、沙石清洗机、钻机等有泥沙的场合。

木材:具有多孔结构,可在灰尘极多的环境中使用。

4. 滑动轴承的润滑

(1) 润滑脂及其选择

润滑脂是用矿物油与各种稠化剂(钙、钠、铝等金属)混合制成。其稠度大,不易流失,承载力也比较大,但物理和化学性质不如润滑油稳定,摩擦功耗大,不宜在温度变化大或高速下使用。轴颈速度小于 2 m/s 的滑动轴承可以采用脂润滑。

(2) 润滑油及其选择

选择润滑油时主要考虑轴承工作载荷、相对滑动速度、工作温度和特殊工作环境等条件。压力大、温度高、载荷冲击变动大时选择黏度大的润滑油;滑动速度大时选择黏度较低的润滑油;粗糙或未经跑合的表面应选择黏度较高的润滑油。

(3) 润滑方式和润滑装置

1) 油润滑

①手工加油润滑   这是最简单的间断供油方法,用于低速、轻载和不重要的场合。手工加润滑油是用油壶向油孔注油。为防止污物进入油孔,可在油孔中安装压配式注油油杯或旋套式注油杯,如图 12-7(a)、(b)所示。

②滴油润滑   润滑油通过润滑装置连续滴入轴承间隙中进行润滑。常用的润滑装置有针阀式油杯和油绳式油杯,如图 12-7(c)、(d)所示。

③油环润滑   如图所示,轴颈上套有一油环,油环下部浸入油池中,当轴颈旋转时,靠摩擦力带动油环旋转,把油引入轴承,如图 12-7(e)。油环润滑适用的转速范围为 100～2 000 r/min。

④飞溅润滑   利用浸入油中的齿轮转动时润滑油飞溅成的油沫沿箱壁和油沟流入轴承进行润滑。

⑤压力循环润滑 压力循环润滑可以供应充足的油量来润滑和冷却轴承。在重载、振动或交变载荷的工作条件下,能取得良好的润滑效果。

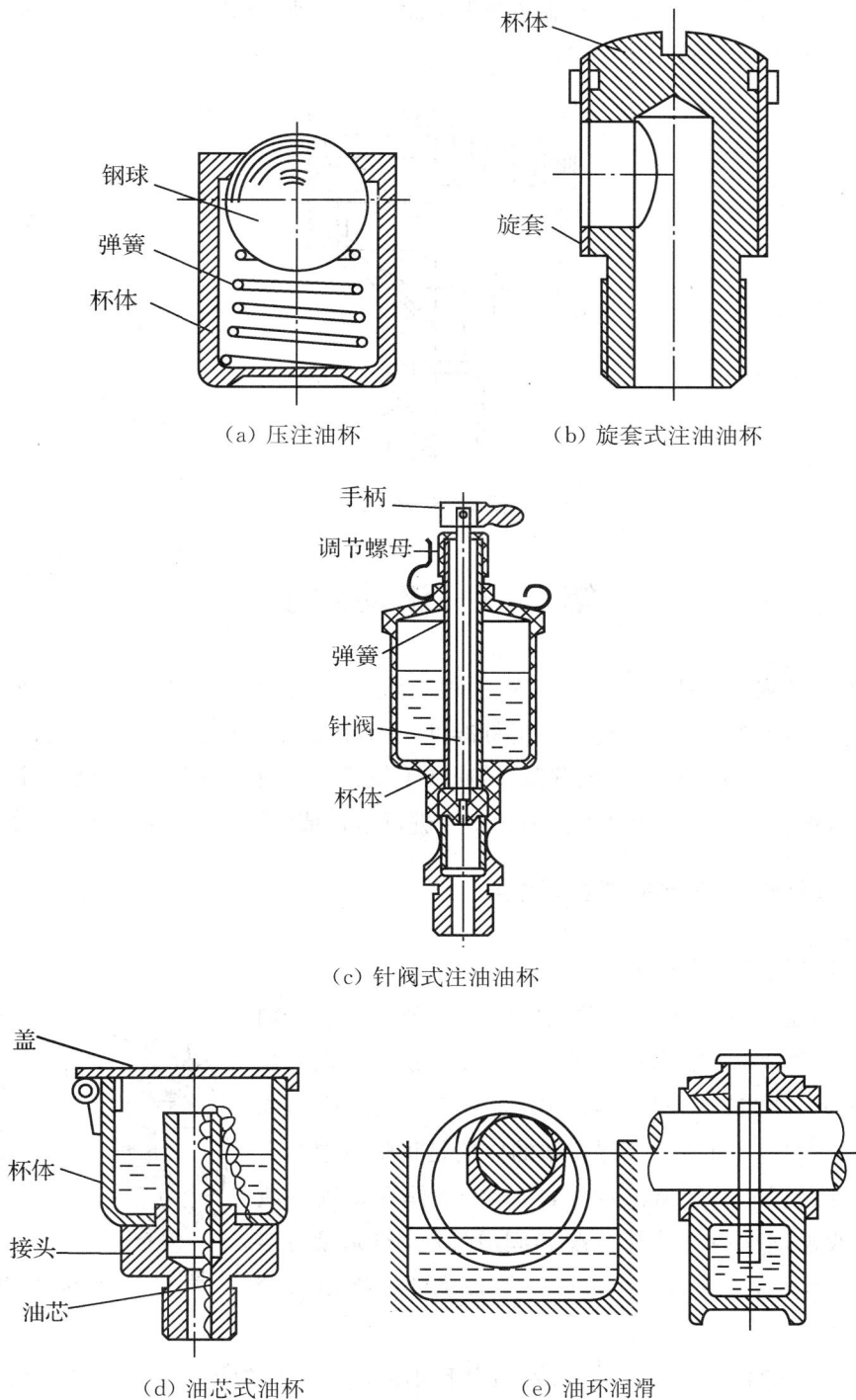

（a）压注油杯

（b）旋套式注油油杯

（c）针阀式注油油杯

（d）油芯式油杯   （e）油环润滑

图 12-7   油润滑的方法与装置

2）脂润滑

润滑脂只能间歇供应，润滑杯是应用最广的脂润滑装置，见图12-8。润滑脂储存在杯里，杯盖用螺纹与杯体连接，旋拧杯盖可将润滑脂压送到轴承孔内。也常见用黄油枪向轴承补充润滑脂。脂润滑也可以集中供应。

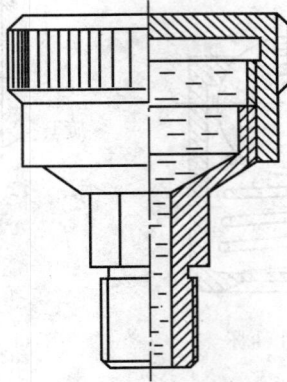

图 12-8 黄油

第二节 滚动轴承

滚动轴承是依靠滚动体与轴承座圈之间的滚动接触来工作的轴承，用于支承旋转零件或摆动零件。滚动轴承是专业化生产的标准件，具有范围小，启动灵活、效率高、润滑与维护更换方便等优点，且能在较广泛的载荷、转速和工作温度范围内动作。在机械设计中只需根据工作条件，选用合适的滚动轴承类型和型号进行组合结构设计即可，故应用十分广泛。

一、 滚动轴承的结构、类型、代号

1. 滚动轴承的基本结构

滚动轴承是广泛应用于各类机械中的基础件。滚动轴承由内、外圈、滚动体和保持架组成，如图12-9所示。内圈通常装配在轴上，并与轴一起旋转；外圈通常装在轴承座内或机械部件壳体中起支承作用；保持架的作用是将轴承中的一组滚动体等距离隔开，保持滚动体，引导滚动体在正确的轨道上运动，改善轴承内部载荷分配和润滑性能，与无保持架的满装球或滚子的轴承相比，带保持架轴承的摩擦阻力较小，适用于高速旋转。

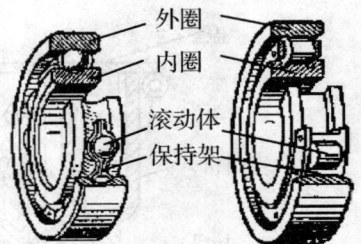

图 12-9 滚动轴承的结构

套圈上滚动体滚动的部分称为滚道，球轴承的滚道又称为沟道。滚动体在内圈和外圈滚道之间滚动，滚动体的形状有球形、圆柱形、圆锥形、鼓形、滚针形等，如图12-10所示。

内、外圈和滚动体均要求有耐磨性和较高的接触疲劳强度，一般用 GCr9、GCr15、GCr5、

GCr5SiMn等滚动轴承钢制造。保持架选用较软材料制造,常用低碳钢板冲压后铆接或焊接而成。实体保持架则选用铜合金、铝合金或工程塑料等材料。

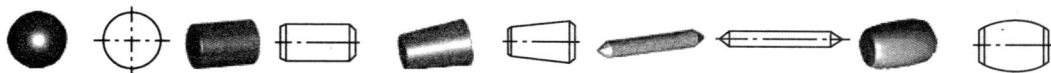

图 12-10　滚动体的形状

2. 滚动轴承的分类

(1)轴承按其所能承受的载荷方向或公称接触角的不同,分为:

1)向心轴承　主要用于承受径向载荷的滚动轴承,其公称接触角从 0°到 45°,按公称接触角不同,又分为:

径向接触轴承的公称接触角为 0°的向心轴承(图 12-11(a));向心角接触轴承的公称接触角大于 0°到 45°的向心轴承(图 12-11(b))。

2)推力轴承　主要用于承受轴向载荷的滚动轴承,其公称接触角大于 45°到 90°,按公称接触角不同,又分为:

推力角接触轴承的公称接触角大于 45°到 90°的推力轴承(图 12-11(c));轴向接触轴承的公称接触角为 90°的推力轴承(图 12-11(d))。

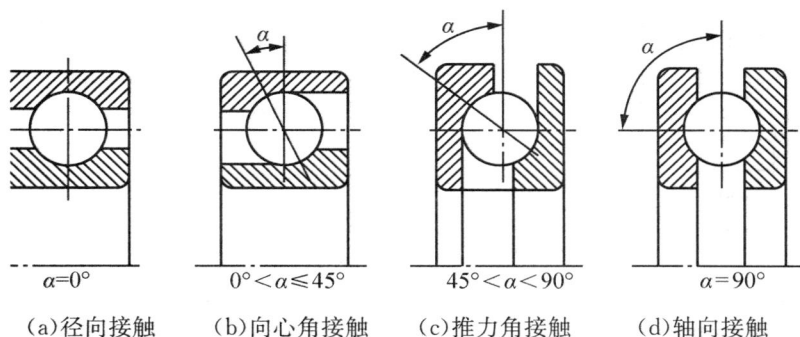

(a)径向接触　　(b)向心角接触　　(c)推力角接触　　(d)轴向接触

$\alpha=0°$　　$0°<\alpha\leq45°$　　$45°<\alpha<90°$　　$\alpha=90°$

图 12-11　各类轴承的公称接触角

(2)滚动轴承按滚动体形状的不同可分为球轴承和滚子轴承。

球轴承的滚动体为球,球与滚道表面的接触为点接触;**滚子轴承**的滚动体为滚子,滚子与滚道表面的接触为线接触。按滚子的形状滚子轴承又可分为圆柱滚子轴承、滚针轴承、圆锥滚子轴承和调心滚子轴承。

在直径相同时,滚子轴承比球轴承的承载能力和耐冲击能力都好,但球轴承摩擦力小,高速性能好。

(3)按工作时能否调心可分为调心轴承和非调心轴承。调心轴承允许的偏位角大。

(4)按安装轴承时其内、外圈可否分别安装,分为可分离安装轴承和不可分离安装轴承。

(5)按运动方式可分为回转运动轴承和直线运动轴承。

常用滚动轴承的类型和特性表 12-1 所示。

表 12-1　常用滚动轴承的类型和特性

类型名称和类型代号	结构简图及承载方向	极限转速	允许角偏差	主要特性和应用
调心球轴承 1	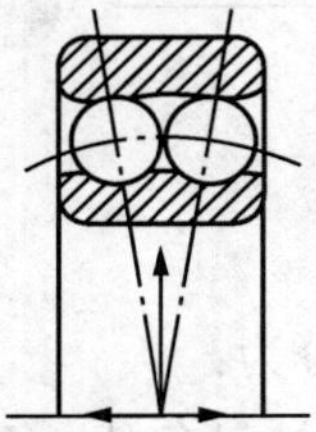	中	2～3	主要承受径向载荷,也可承受较小的轴向载荷。因外圈滚道表面是以轴承中点为中心的球面,故能自动调心
调心滚子轴承 2	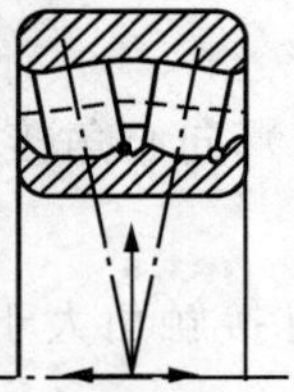	低	0.5～2	与调心球轴承相似,但承载能力大
圆锥滚子轴承 3	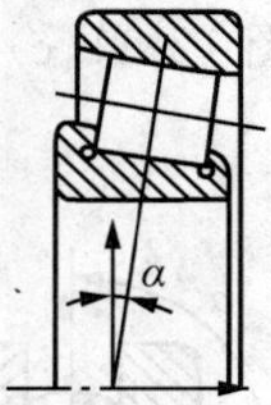 α	中	2	能同时承受较大的径向载荷和轴向载荷,内外圈可分离,装拆方便,成对使用
推力球轴承 5	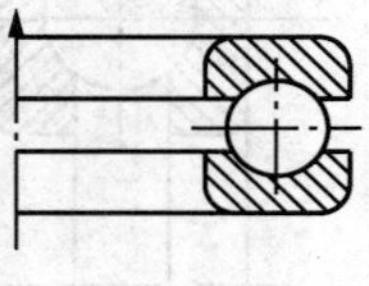 单向 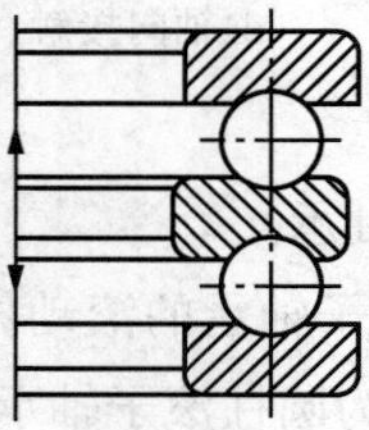　 双向	低	不允许	只能承受轴向载荷。单向结构承受单向载荷,双向结构承受双向载荷。用于轴向载荷较大、转速较低的场合
深沟球轴承 6	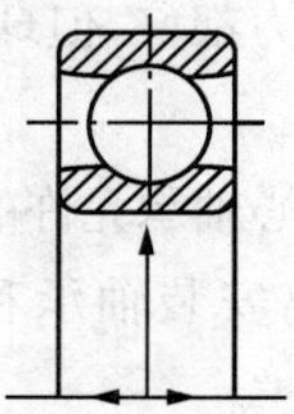	高	8～16	主要承受径向载荷,也可承受较小的轴向载荷。价格较低,应用广泛

续表

类型名称和 类型代号	结构简图及 承载方向	极限转速	允许 角偏差	主要特性和应用
角接触球轴承 7	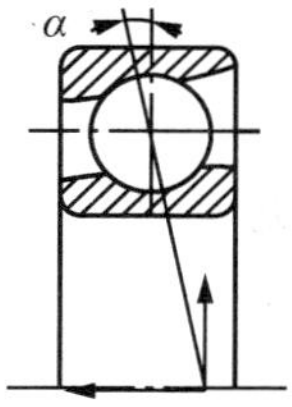	较高	8~16	能同时承受较大的径向和轴向载荷。公称接触角越大，轴向承载能力越大，一般成对使用
推力圆柱滚子 轴承 8	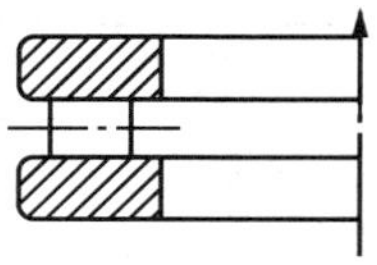	低	不允许	只能承受单向轴向载荷，承载能力比推力球轴承大很多
圆柱滚子轴承 N	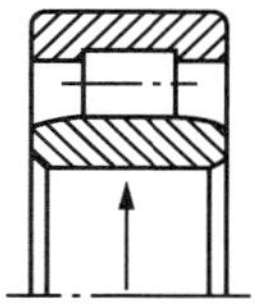 内圈无挡边 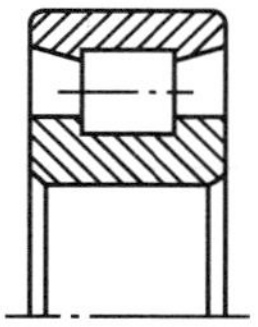 外圈无挡边 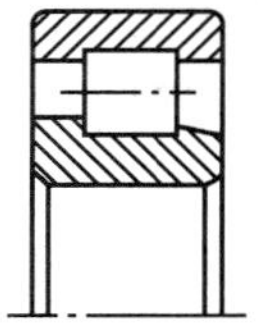 内圈有单挡边	高	2~4	外圈（或内圈）可分离，故不能承受轴向载荷，能承受较大的径向载荷
滚针轴承 NA	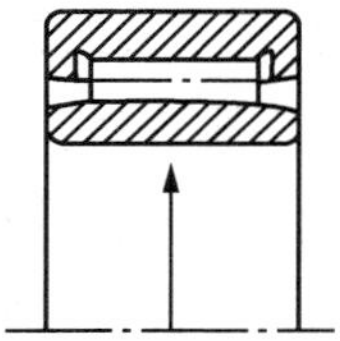	低	不允许	只能承受径向载荷。径向尺寸小，承载能力大。一般无保持架，轴承极限转速低

3. 滚动轴承的代号

滚动轴承的类型繁多,加上同一系列中有不同的结构、尺寸精度及技术要求,为了便于组织生产和选用,国家标准中规定使用字母加数字来表示滚动轴承的类型、尺寸、公差等级和结构特点,国家标准 GB/T 272－1993《滚动轴承代号方法》规定了滚动轴承代号的表示方法。并将轴承的代号打印在轴承的端面上。

滚动轴承代号由前置代号、基本代号和后置代号组成,具体见表 12-2。格式为:

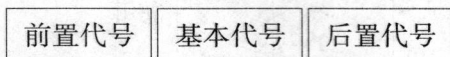

| 前置代号 | 基本代号 | 后置代号 |

表 12-2　滚动轴承代号的组成

代号组成	前置代号	基本代号				后置代号							
		代号中的数字位置 （自左向右）				各组的排列顺序 （自左向右）							
表示方法	字母	数字				字母或数字							
		第1位	第2位	第3位	第4、5位	1	2	3	4	5	6	7	8
表示含义	成套轴承的分部件代号	类型代号	尺寸系列代号		内径系列代号	内部结构	密封套圈与防尘变形	保持架及其材料	轴承材料	公差等级	游隙	配置	其他
			宽(高)度系列代号	直径系列代号									

（1）前置代号

轴承的前置代号用于表示轴承的分部件,用字母表示。如用 L 表示可分离轴承的可分离套圈;K 表示轴承的滚动体与保持架组件等。

实际应用的滚动轴承类型是很多的,相应的轴承代号也是比较复杂的。以上介绍的代号是轴承代号中最基本、最常用的部分,熟悉了这部分代号,就可以识别和查选常用的轴承。关于滚动轴承详细的代号表示方法可查阅 GBT 272-93。

（2）基本代号

基本代号是核心部分,表示轴承的基本类型、结构和尺寸。自左向右由类型代号、尺寸系列代号和内径代号组成,一般最多为 5 位数字或字母。

类型代号由一位(或两位)数字或英文字母表示,共有 0、1、2、3、4、5、6、7、N、NA 十种类型代号,常用轴承类型如表 12-1 所示,其他轴承类型可查阅有关手册资料。

尺寸系列代号由直径代号和宽(高)度系列代号组成。第 2 位数字表示宽度系列代号,表示同一内径和外径的轴承,其宽度不相同。宽度系列代号为 0 时,表示正常宽度系列,除圆锥滚子轴承外,一般常可略去不写。第 3 位数字表示直径系列代号,为满足不同使用条件,同一内径的轴承其滚动体尺寸不同,轴承的外径和宽度有所不同。宽度系列与直径有一定的对应关系,具体如表12-3所示。

表12-3　滚动轴承尺寸系列代号

直径系列代号	向心轴承								推力轴承			
	宽度系列								高度系列			
	宽度尺寸依次递增→								高度尺寸依次递增→			
	8	0	1	2	3	4	5	6	7	9	1	2
7			17		37							
8	—	08	18	28	38	48	58	68	—	—	—	—
9	—	09	19	29	39	49	59	69	—	—	—	—
0	—	00	10	20	30	40	50	60	70	90	10	
1	—	01	11	21	31	41	51	61	71	91	11	—
2	82	02	12	22	32	42	52	62	72	92	12	22
3	83	03	13	23	33				73	93	13	23
4		04		24		—	—	—	74	94	14	24
5	—	—	—	—						95		

（外径尺寸依次递增↓）

内径代号由两位数字表示。对常用内径 $d = 20 \sim 480$ mm 的轴承内径一般为5的倍数,这两位数字表示轴承内径尺寸被5除得的商数,如04表示 $d = 20$ mm,其代号见表12-4。对于内径为10 mm、12 mm、15 mm 和17 mm的轴承,内径代号依次为00、01、02和03。对于内径小于10 mm和大于500 mm的轴承,内径表示方法另有规定,可参阅 GB/T 272 - 93。

表12-4　滚动轴承内径代号

内径代号	00	01	02	03	04 - 96
轴承内径 d(mm)	10	12	15	17	代号数×5

（3）后置代号

后置代号共分8组,是轴承在结构、形状、尺寸、公差及技术要求等方面有改变时的补充代号,用字母(或字母加数字)表示,与基本代号相距半个汉字字距,以下是常见内容及代号。

内部结构代号:表示同一类型轴承的不同内部结构。如角接触轴承分别用 C、AC、B 代表三种不同的公称接触角 $\alpha = 15°$、$\alpha = 25°$、$\alpha = 40°$。

游隙代号:游隙是指内外圈之间沿径向或轴向的相对移动量。常用的轴承径向游隙系列由小到大分别为1、2、0、3、4、5共六组。标注为/C1、/C2、/C0、/C3、/C4、/C5分别表示轴承径向游隙依次由小到大。0组游隙在轴承代号中省略不写。在一般条件下工作的轴承,应优先选0组游隙轴承。

公差等级代号:表示轴承制造的精度等级,由高级到低级排列分为2、4、5、6、6X 和 0级共六个级别。标注为/P2、/P4、/P5、/P6、/P6X 和/P0。其中/P0为普通级,可省略不标,6X 仅用于圆锥滚子轴承。

后置代号中的其他内容及代号参考轴承手册。

例 12-1：说明轴承代号 6008、72211AC/P4、N308/P6、59220 的含义。

解：6008：6 为类型代号，代表深沟球轴承。08 为内径代号，内径 $d = 08 \times 5 = 40$ mm。无后置代号，说明该轴承公差等级为 P0 级，径向游隙为 0 组。

72211AC/P4：角接触轴承，尺寸系列 22（宽度系列 2，直径系列 2），内径 55 mm，公称接触角 $\alpha = 25°$，精度 P4 级。

N308/P6：圆柱滚子轴承，外圈可分离，尺寸系列 03，内径 40 mm，精度 P6 级。

59220：推力球轴承，尺寸系列 92（高度系列 9，直径系列 2），内径 100 mm，精度 P0 级。

二、滚动轴承的选用

1. 滚动轴承类型的选择

选择滚动轴承类型时，必须了解轴承的工作载荷（大小、性质、方向）、转速及其他使用要求。

（1）转速较高、载荷较小、要求旋转精度高时宜选用球轴承；转速较低、载荷较大或有冲击载荷时选用滚子轴承。

（2）轴承上同时受径向和轴向联合载荷，一般选用角接触球轴承或圆锥滚子轴承；若径向载荷较大、轴向载荷小，可选用深沟球轴承；而当轴向载荷较大，径向载荷小时，可采用推力角接触球轴承。

（3）轴的中心线与轴承座孔中心线有角度误差、同轴度误差（制造与安装造成的误差）或轴的变形大，以及多支轴，均要求轴承调心性能好，应选用调心球轴承或调心滚子轴承。

（4）当轴承座没有剖分面而必须沿轴向安装和拆卸轴承部件时，应优先选用内、外圈可分离的轴承（如圆柱滚子轴承、滚针轴承、圆锥滚子轴承等）。当轴承在长轴上安装时，为了便于装拆，可选用其内圈孔为 1：12 的圆锥孔轴承。

（5）选轴承时要注意经济性，一般球轴承比滚子轴承便宜，同型号的轴承，精度越高，价格越贵。

2. 滚动轴承型号的选择

根据轴颈直径初步选择轴承型号，然后进行轴承的寿命计算或静强度计算。

（1）滚动轴承的载荷分析

滚动轴承工作时，对于轴向力，可认为由各滚动体平均分担；当受径向力作用时，其载荷及应力的分布不均匀。以深沟球轴承为例，此时只有下半圈滚动体受载，见图 12-12 所示。

轴承内、外圈和滚动体承受的接触载荷是周期性变化的，受交变接触应力作用。

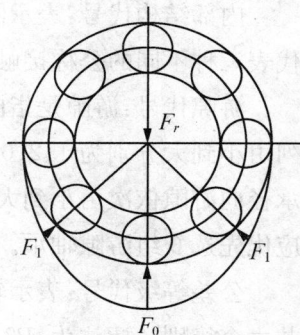

图 12-12　滚动轴承的受载情况

（2）滚动轴承的失效形式

根据滚动轴承的受载情况,可以知道其失效形式有疲劳点蚀、塑性变形和磨损三种。

1）疲劳点蚀

滚动轴承承受载荷后,各滚动体的受力大小不同,对回转的轴承,滚动体与套圈间产生变化的接触应力,工作若干时间后,各元件接触表面上都可能发生接触疲劳磨损,出现点蚀现象。疲劳点蚀是滚动轴承的主要失效形式,可使轴承产生振动和噪音,运转精度降低,温度升高。为防止出现疲劳点蚀,需对轴承进行寿命计算。

2）塑性变形

在一定的静载荷或冲击载荷作用下,滚动体或套圈滚道上将出现不均匀的塑性变形凹坑,从而导致轴承的摩擦力矩、振动、噪声增加,运转精度降低使轴承失效。这类轴承主要进行静强度计算。

3）磨损

轴承在多尘或密封不严、润滑油不洁的工作条件下,滚动体与套圈可能产生磨粒磨损。润滑不充分或高速轴承会发生黏着磨损,并引起表面发热而导致胶合。为防止和减轻磨损,应限制轴承的工作转速,并保证良好的润滑和密封条件。

（3）滚动轴承的计算准则

一般工作条件的回转滚动轴承,应进行接触疲劳寿命计算和静强度计算;对于摆动或转速较低的轴承,只需作静强度计算;高速轴承由于发热而造成的黏着磨损,烧伤常是突出问题,除进行寿命计算外,还需要校核极限转速。

3. 滚动轴承的寿命计算

（1）基本额定寿命、基本额定动载荷和当量动载荷

1）基本额定寿命

大部分滚动轴承是由于疲劳点蚀而失效的。对于单个轴承,从开始工作,到任一元件出现疲劳剥落扩展迹象前运转的总数或一定转速下的工作小时数称为轴承寿命。

实验表明,同一型号、同批次生产的轴承,在相同载荷、温度、润滑等工作条件运转时,其寿命各不相同,分布离散,最高寿命和最低寿命甚至相差几十倍,所以轴承的寿命不能以单个轴承的试验结果为标准,而应以基本额定寿命为标准选择轴承。

轴承的基本额定寿命是指一批相同的轴承,在相同条件下运转,其中90％的轴承不出现疲劳点蚀前的总转数或在给定转速下工作的小时数。用 L_{10}（单位：10^6 r）或 $L_{10}h$（单位：h）表示。

2）基本额定动载荷

标准中将规定使轴承的寿命恰好为 $10^6 r$ 时所能承受的载荷值 C 称为基本额定动载荷。它表示轴承抵抗点蚀破坏的能力,基本额定动载荷越大,轴承抗疲劳的承载能力相应较强。对于向心轴承指径向载荷,用 C_r 表示;对推力轴承指轴向载荷,用 C_a 表示;对于角接触轴承,指其径向分量。

3）当量动载荷

滚动轴承的基本额定动载荷是在向心轴承和角接触轴承只受径向载荷,推力轴承只受轴向载荷的特定试验条件下测得的,而滚动轴承在实际工作时,可能同时承受径向和轴向复合载荷。为了计算轴承寿命时在相同条件下比较,需将实际工作载荷转化为与基本额定动载荷条件相当的载荷,才能和基本额定动载荷进行比较。换算后的载荷是一种假想载荷,故称为当量动载荷。在当量动载荷作用下,轴承寿命与实际联合载荷下轴承的寿命相同。当量动载荷用 P 表示,计算公式为:

$$P = f_P(XF_r + YF_a)$$

式中:f_P　考虑载荷性质引入的载荷系数,其值可见表 12-5;

F_r、F_a　径向、轴向载荷,单位为 N;

X、Y　径向、轴向动载荷系数,可由表 12-6 查取。

对于只承受纯径向载荷的向心轴承,其当量动载荷为:$P = f_P F_r$;只承受纯轴向载荷的推力轴承,其当量动载荷为:$P = f_P F_a$。

表 12-5　载荷系数 f_P

载荷性质	f_P	举　例
无冲击或轻微冲击	1.0～1.2	电动机、汽轮机、水泵、通风机等
中等冲击	1.2～1.8	车辆、起重机、动力机械、冶金机械、水力机械、传动装置、机床等
强烈冲击	1.8～3.0	破碎机、轧钢机、钻探机、振动筛

表 12-6　径向载荷系数 X、轴向载荷系数 Y

轴承类型	F_a/C_{or}	e	$F_a/F_r > e$		$F_a/F_r \leqslant e$	
			X	Y	X	Y
深沟球轴承 （60000 型）	0.014	0.19		2.30		
	0.028	0.22		1.99		
	0.056	0.26		1.71		
	0.084	0.28		1.55		
	0.11	0.30	0.56	1.45	1	0
	0.17	0.34		1.31		
	0.28	0.38		1.15		
	0.42	0.42		1.04		
	0.56	0.44		1.00		

轴承类型		F_a/C_{or}	e	$F_a/F_r>e$		$F_a/F_r\leqslant e$	
				X	Y	X	Y
角接触球轴承	70000C ($\alpha=15°$)	0.015	0.38	0.44	1.47	1	0
		0.029	0.40		1.40		
		0.058	0.43		1.30		
		0.087	0.46		1.23		
		0.12	0.47		1.19		
		0.17	0.50		1.12		
		0.29	0.55		1.02		
		0.44	0.56		1.00		
		0.58	0.56		1.00		
	70000AC ($\alpha=25°$)	—	0.68	0.41	0.87	1	0
	700000B ($\alpha=40°$)	—	1.14	0.35	0.57	1	0

注:C_{or} 是轴承的径向基本额定静载荷,可从有关技术手册查得。其他类型轴承的 X、Y 值可查轴承手册。

(2) 滚动轴承寿命的计算

滚动轴承的寿命随载荷增大而降低,寿命与载荷的关系曲线如图 12-13 所示,其曲线方程为:

$$P^\varepsilon L_{10} = C^\varepsilon \times 1 = 常数$$

式中:P 当量载荷,单位为 N;

L_{10} 基本额定寿命,单位:$10^6 r$;

ε 寿命指数,球轴承 $\varepsilon=3$,滚子轴承 $\varepsilon=\dfrac{10}{3}$。

由上式及基本额定动载荷的定义可得:

$$P^\varepsilon L_{10} = C^\varepsilon \times 1$$

因此滚动轴承的寿命计算的基本公式为:

$$L_{10} = \left(\frac{C}{P}\right)^\varepsilon$$

若轴承工作转速为 $n(\text{r/min})$,则以小时为单位的基本额定寿命为:

$$L_{10h} = \frac{10^6}{60n}\left(\frac{C}{P}\right)^\varepsilon = \frac{16\,670}{n}\left(\frac{C}{P}\right)^\varepsilon$$

轴承设计时应满足 $L_{10h} \geqslant L_h'$。其中 L_h' 为轴承的预期使用寿命。

若已知轴承的当量动载荷 P 和转速 n,并给定预期寿命 L_h',也可根据待选轴承需具有的基本额定动载荷 C',对轴承进行选型或校核,计算公式为:

$$C' = P\sqrt[\varepsilon]{\frac{60nL_h'}{10^6}}$$

依据 C' 选择轴承时,应使所选轴承的基本额定动载荷 $C \geqslant C'$。

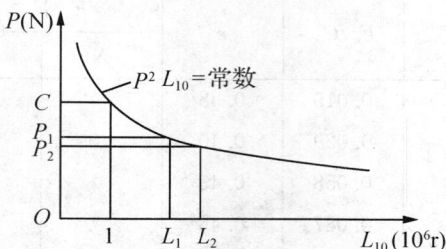

图 12-13　滚动轴承的载荷—寿命曲线

4. 滚动轴承的静强度计算

对于低速、重载的滚动轴承,为防止在静载荷或冲击作用下产生过大的塑性变形,应进行静强度计算。

(1) 基本额定静载荷 C_0　是静强度计算的依据,它指的是轴承承载区内受载最大的滚动体与滚道的接触应力达到一定值时所对应的载荷。可分为径向静载荷 C_{0r} 和轴向静载荷 C_{0a}。常用轴承的基本额定静载荷 C_0 值通常可由设计手册直接查得。

(2) 当量静载荷 P_0　在进行轴承静强度计算时,需要考虑实际受载情况与规定 C_0 的条件的差异,引入当量静载荷 P_0。

计算式:$P_0 = X_0 F_r + Y_0 F_a$

式中 X_0、Y_0 为静载荷的径向、轴向系数,见表 12-7。

(3) 滚动轴承的静强度计算公式:$C_o \geqslant S_0 P_0$

式中:S_0　静强度安全系数,其值可查有关的机械设计手册。

表 12-7　径向与轴向静载荷系数 X_0、Y_0

轴承类型		X_0	Y_0
深沟球轴承		0.6	0.5
角接触轴承	$\alpha = 15°$	0.5	0.4
	$\alpha = 25°$		0.3
	$\alpha = 40°$		0.2
圆锥滚子轴承		0.5	

第三节　滚动轴承的组合设计

滚动轴承的类型和型号确定后,还必须考虑轴承的配置、定位、装拆、调整润滑等问题,即合理地进行轴承的组合设计,以保证轴承与相邻零件之间结构和功能上的协调性和工作的高效性。

一、轴系的定位和滚动轴承的组合

正常的滚动轴承支承应使轴能正常传递载荷而不发生轴向窜动及轴受热膨胀后卡死等现象。常用的滚动轴承支承结构型式有三种：

1. 两端单向固定

如图 12-14 所示，轴的两个轴承分别限制一个方向的轴向移动。当轴向力不大时，可采用一对深沟球轴承。当轴向力较大时，选用一对角接触球轴承或一对圆锥滚子轴承。

考虑到轴受热伸长，对于深沟球轴承可在轴承盖与外圈端面之间，留出热补偿间隙 $c=0.25$ ~0.4 mm。间隙量的大小可用一组垫片来调整。对于角接触轴承，则可调整轴承内、外圈的轴向位置来补偿。这种支承结构简单，安装调整方便，它适用于工作温度变化不大的短轴。

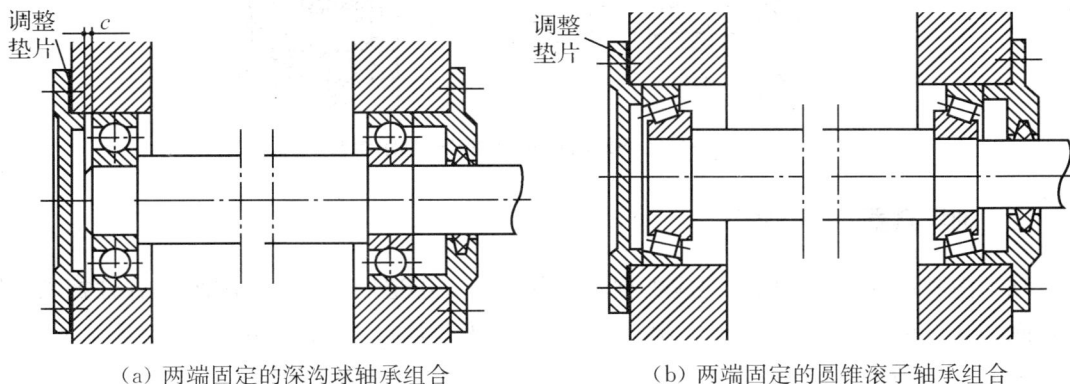

（a）两端固定的深沟球轴承组合　　　　（b）两端固定的圆锥滚子轴承组合

图 12-14　两端单向固定支承

2. 一端双向固定、一端游动

如图 12-15(a)所示，一端支承的轴承内、外圈双向固定，另一端支承的轴承可以轴向游动。双向固定端的轴承可承受双向轴向载荷，游动端的轴承端面与轴承盖之间留有较大的间隙，以适应轴的伸缩量。为避免松脱，游动轴承内圈应与轴作轴向固定。用圆柱滚子轴承作游动支点时，轴承外圈要与机座轴向固定，靠滚子与套圈间的游动来保证轴的自由伸缩。如图 12-15(b)所示。

当轴较长或工作温度较高时，轴的热膨胀伸缩量大，宜采用这种方式，

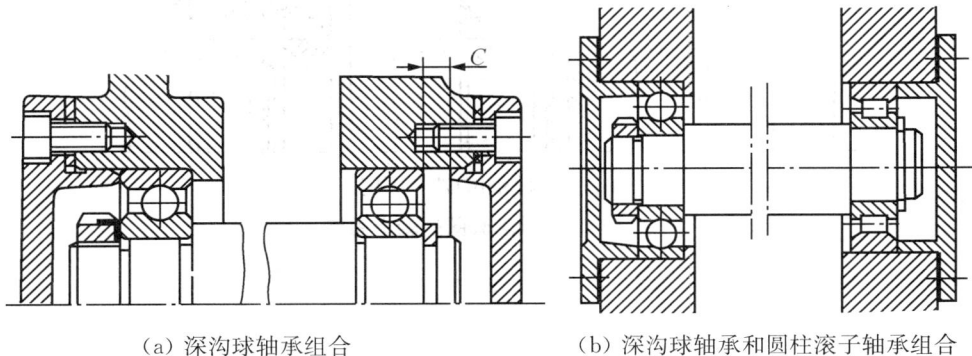

（a）深沟球轴承组合　　　　　（b）深沟球轴承和圆柱滚子轴承组合

图 12-15　　一端双向固定、一端游动

3. 两端游动

两端游动支承结构的轴承，均不对轴作精确的轴向定位。两轴承的内、外圈双向固定，以保证轴能作双向游动。如图 12-16 所示，人字齿轮主动轴两端采用圆柱滚子轴承支承，为了自由补充轮齿两侧螺旋角的制造误差，必须使轴能左右少量轴向游动，自动调位，以防止人字齿两侧受力不均或齿轮卡死。但与其啮合的另一轴系必须是两端固定的。

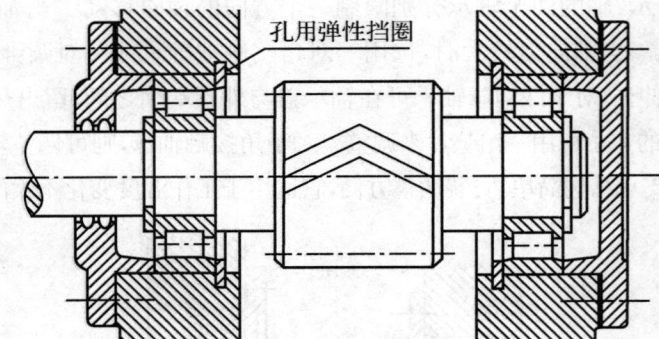

孔用弹性挡圈

图 12-16　两端游动的圆柱滚子轴承组合

二、轴承套圈的轴向固定

轴承内圈在轴上的轴向固定应根据轴向载荷的大小选用，一般采用轴肩、弹性挡圈、轴端挡圈和圆螺母等结构；外圈则采用机座凸台、孔用弹性挡圈、轴承端盖、螺纹环等形式固定。如图 12-17(a)、(b)所示。

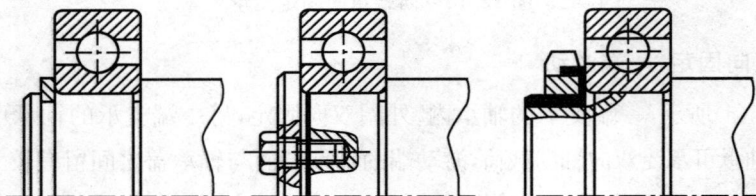

（a）轴承内圈的轴上固定

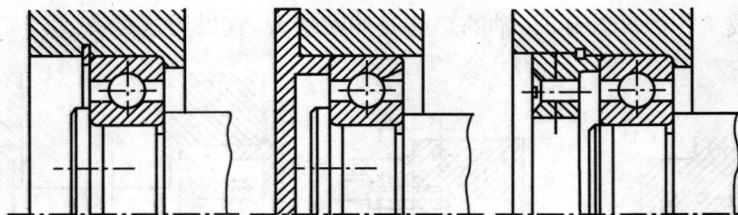

（b）轴承外圈的轴上固定

图 12-17　轴承套圈的轴上固定

三、滚动轴承的配合和拆装

1. 滚动轴承的配合

滚动轴承的周向固定是通过选择适当的配合来实现的。由于滚动轴承是标准件,其内圈与轴颈的配合采用基孔制,外圈与座孔的配合采用基轴制。为了防止轴颈与内圈在旋转时有相对运动,轴承内圈与轴颈一般选用 m5、m6、n6、p6、r6、js5 等较紧的配合。轴承外圈与座孔一般选用 J7、K7、M7、H7 等较松的配合。

配合选择取决于载荷的大小、方向和性质,轴承类型、尺寸和精度,轴承游隙及其他因素。具体选用可参考《机械设计手册》。

2. 滚动轴承的拆装

设计轴承组合时,应考虑有利于轴承装拆,以便在装拆过程中不至损坏轴承和其他零件。轴承的拆卸可使用压力机或拆卸器。

对于配合较松的小型轴承,可以用手锤和铜棒从背面沿轴承内圈四周将轴承轻轻敲出。用拆卸器拆卸轴承时,如图 12-18 所示,拆卸器钩头应钩住轴承端面,故轴肩高度不应过大,否则难以放置拆卸器钩头。

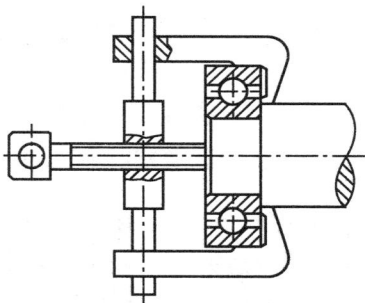

图 12-18　拆卸器拆卸轴承

四、滚动轴承的润滑与密封

1. 滚动轴承的润滑

滚动轴承的润滑主要是为了降低摩擦阻力和减轻磨损,同时也有吸振、冷却、防锈和密封等作用。合理的润滑对提高轴承性能,延长轴承的使用寿命有重要意义。

滚动轴承润滑剂的选择主要取决于速度、载荷、温度等工作条件。一般情况下,采用的润滑油黏度应不低于 $13\ mm^2/s \sim 32\ mm^2/s$(球轴承油黏度略低而滚子轴承略高)。脂润滑轴承在低速、工作温度 65℃ 以下时可选钙基脂,较高温度时选用钠基脂或钙钠基脂;高速或载荷工况复杂时可选锂基脂;潮湿环境可选用铝基脂或钡基脂,而不宜选用遇水分解的钠基脂。

2. 滚动轴承的密封

为了充分发挥轴承的性能,要防止润滑剂中脂或油的泄漏,而且还要防止有害异物从外部侵入轴承内,因而有必要尽可能采用完全密封。密封装置是轴承系统的重要设计环节之一。设计要求应能达到长期密封和防尘作用;摩擦和安装误差都要小;拆卸、装配方便且保养简单。

密封按照其原理不同可分为接触式密封和非接触式密封两大类。非接触式密封不受速度限制。接触式密封只能用在线速度较低的场合,为保证密封的寿命及减少轴的磨损,轴接触部分的硬度应在 HRC40 以上,表面粗糙度宜小于 Ra1.60μm～Ra0.80μm。

★ 思考题

12-1. 滑动轴承的失效形式有哪些? 滑动轴承的常用材料有哪些?

12-2. 滑动轴承有哪几种类型? 各有什么特点?

12-3. 对轴瓦、轴衬的材料有哪些基本要求?

12-4. 滚动轴承的结构有哪些部分组成? 常见的滚动体的形状有哪些?

12-5. 某轴拟用一对 6307 深沟球轴承。已知:转速 $n = 800$ r/min,每个轴承受径向载荷 $F_r = 2100$ N,载荷平稳,预期寿命 8000 h。试求轴承的基本额定寿命。

12-6. 根据工作条件,决定在某传动轴上安装一对角接触向心球轴承 70000AC(反装),已知两个轴承的径向载荷分别为 $F_{r1} = 1500$ N,$F_{r2} = 2800$ N,外加轴向力 $F_{ae} = 1200$ N。轴的转速 $n = 4000$ r/min,常温下运转,载荷有较小冲击($f_P = 1.2$),如图 12-19 所示。假设已知轴承的基本额定动载荷为 36.8 kN,试求该对滚动轴承的寿命。

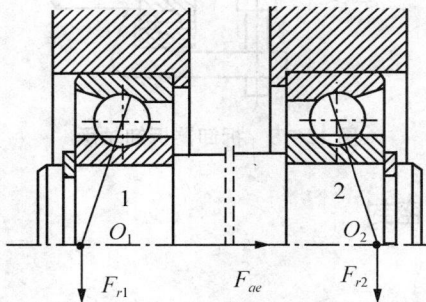

第 12-6 题图　角接触向心球轴承

12-7. 解释下列轴承的类型代号:HZ020、H2160、HX050、6203、7312AC/P5、71908/P5。

第十三章 轴

第一节 概 述

  轴是机械设备中的重要零件之一，它的主要功能是直接支承回转零件，如齿轮、车轮和带轮等，以实现回转运动并传递动力，轴要由轴承支承以承受作用在轴上的载荷。

  常见的轴有曲轴、直轴和软轴三种。

一、直轴的分类

1. 心轴

  用来支承转动零件，只承受弯矩而不传递转矩。例：自行车的前轮轴（固定心轴）、铁路机车轮轴（旋转心轴）。

（a）

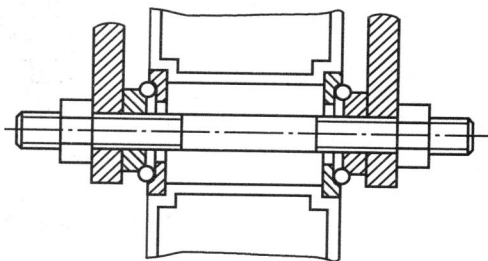
（b）

图 13-1 自行车的前轮轴

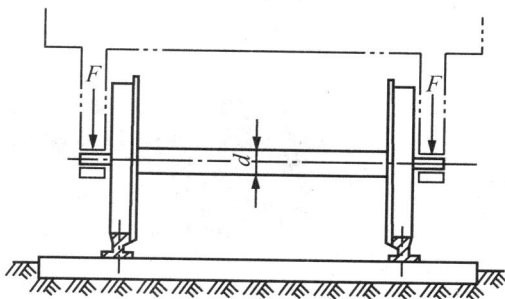

图 13-2 铁路机车的轮轴

2. 传动轴

主要用于只传递转矩而不承受弯矩或所承受的弯矩很小的轴。例如图 13-3 所示的汽车中联接变速箱与后桥之间的轴。

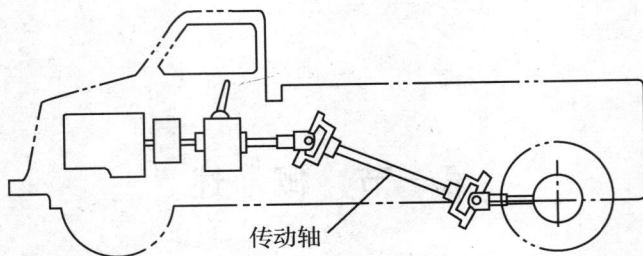

传动轴

图 13-3 汽车中传动轴

3. 转轴

机器中最常见的轴,通常简称为轴。工作时既承受弯矩又承受转矩。例如图 13-4 所示的减速器轴中的转轴。

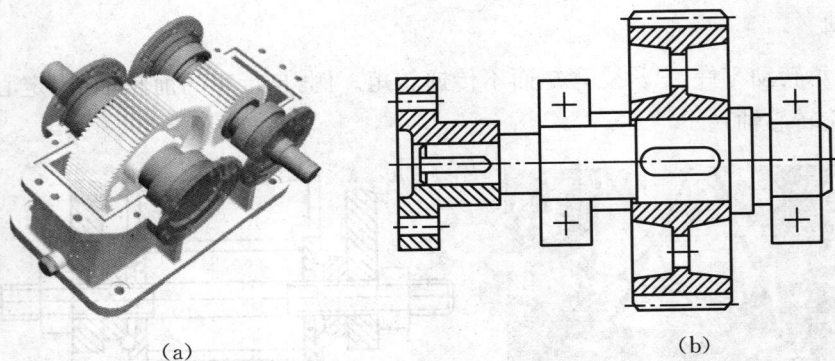

（a）

（b）

图 13-4 减速器轴中的转轴

二、其他形式的轴

除了直轴外,还有其他形式的轴,如各种曲轴和挠性钢丝轴等,如图 13-5 和 13-6 所示。

（a）

（b）

图 13-5 曲轴

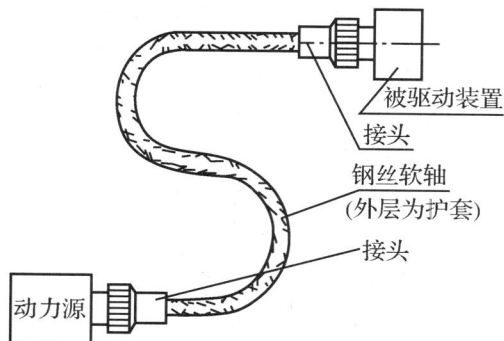

图 13-6　挠性钢丝轴

第二节　轴的结构设计

由轴等零件组成的一个完整传动系统,其中包括轴、齿轮、轴承以及键等主要零件,如图 13-7 所示的齿轮轴。为了在轴上准确地安装和定位这些零件,必须对轴的形状和结构进行合理设计。

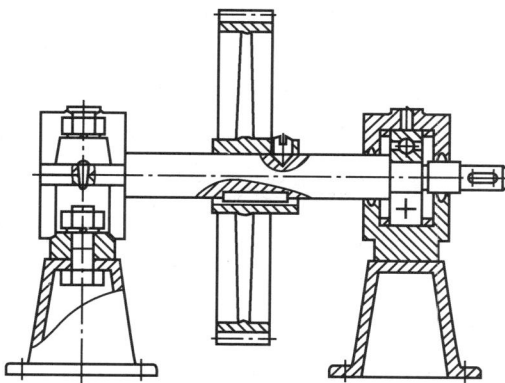

图 13-7　齿轮轴

一、轴的典型结构

轴一般由轴头、轴身、轴颈、轴肩和轴环等部分组成,如图 13-8 所示。

(1) 轴上与传动零件或联轴器、离合器相配合的部分称为轴头。

(2) 与轴承相配合的部分称为轴颈。

(3) 连接轴头和轴颈的其余部分称为轴身。

(4) 轴的单向截面变化处称为轴肩;双向截面变化处称为轴环。

图 13-8　轴上各段名称

标注：轴头、轴身、轴颈、轴头、轴环、轴肩、轴承端盖、轴端挡圈、套筒

二、轴的结构设计

轴的结构和形状取决于下面几个因素：

（1）轴的毛坯种类；

（2）轴上作用力的大小及其分布情况；

（3）轴上零件的位置、配合性质及其联接固定的方法；

（4）轴承的类型、尺寸和位置；

（5）轴的加工方法、装配方法以及其他特殊要求。

可见影响轴的结构与尺寸的因素很多，设计轴时要全面综合地考虑各种因素。在实际的轴的结构设计过程中，一般需重点考虑上述因素中的轴上零件的周向定位和固定、轴上零件的轴向定位和固定、轴的结构工艺性等，而将其余因素作为轴的强度计算内容进行综合研究。

1. 轴上零件的周向定位和固定

轴上零件的周向定位和固定的目的是为了防止零件与轴之间的相对转动，保证同心度，以更好地传递运动和转矩。轴上零件常见的周向定位和固定方法见表 13-1。

表 13-1　轴上零件的周向固定方式

周向固定方式		特点及应用
键联接	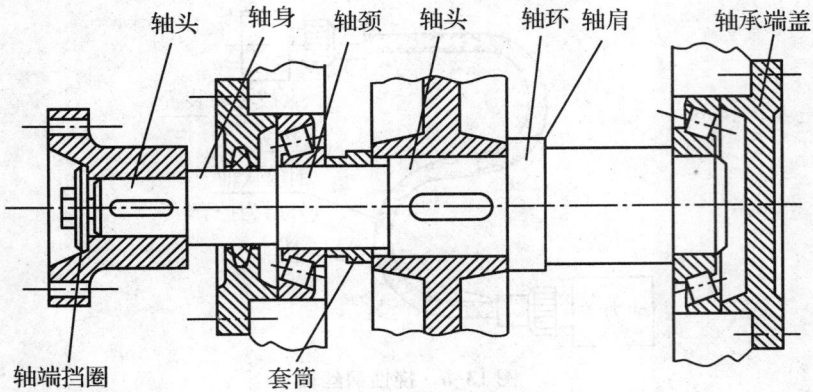 A ┃　　$A-A$　A ┃	以平键应用最为广泛，平键对中性好，可用于较高精度、高转速及交变载荷作用的场合

续表

周向固定方式	特点及应用
过盈配合	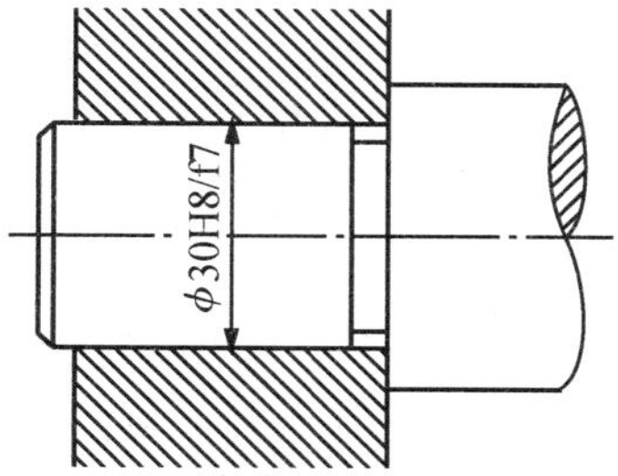 结构简单,对中性好,承载能力高,可同时起到轴向固定作用,不宜用于经常拆卸的场合
销联接	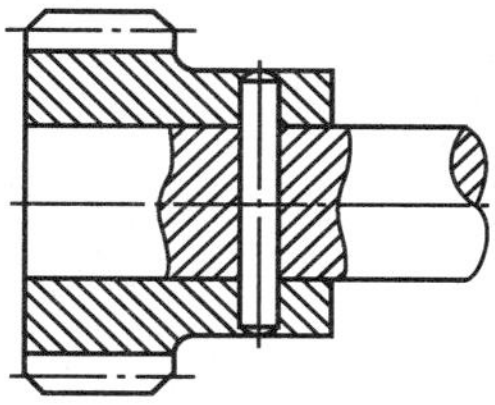 在轴向、周向均可定位,连载时销被剪断以保护其他零件,不能承受较大载荷
紧定螺钉	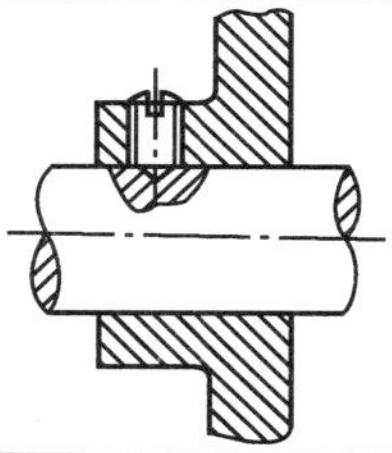 只能承受较小的周向力,结构简单,可兼作轴向固定,在有冲击和振动的场合应有防松装置

2. 轴上零件的轴向定位和固定

轴上零件的轴向定位方式取决于轴向力的大小。常见的轴向定位和固定方式见表 13-2。

表 13-2 轴上零件的轴向定位和固定方式

轴向定位和固定方式	特点及应用
轴肩和轴环	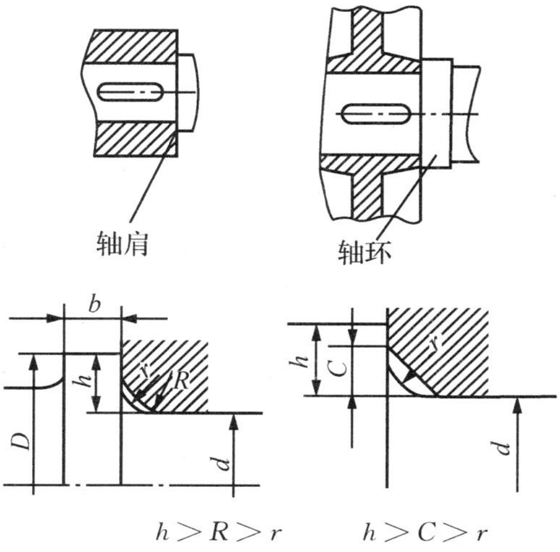 能承受较大的轴向力,加工方便,定位可靠,应用最广泛。 为使零件端面与轴肩(轴环)贴合,轴肩的高度 h、零件孔端的圆角 R(倒角 C)与轴肩的圆角 r 应满足左图关系。h、R、C 可参阅有关手册。 轴环的宽度一般取 $b=1.4h$

$h>R>r$　　$h>C>r$

轴向定位和固定方式	特点及应用
套筒	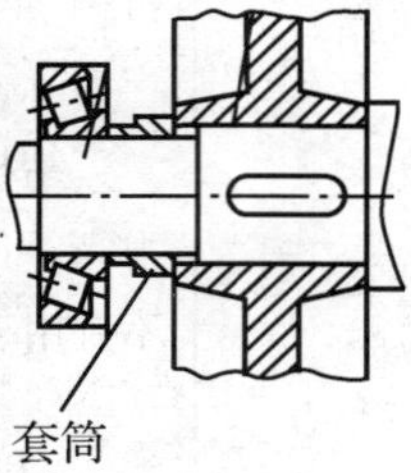 定位可靠,加工方便,可简化轴的结构。用于轴上间距不大的两零件间的轴向定位和固定。 与滚动轴承组合时,套筒的厚度不应超过轴承内圈的厚度,以便轴承拆卸
圆螺母和止动垫圈	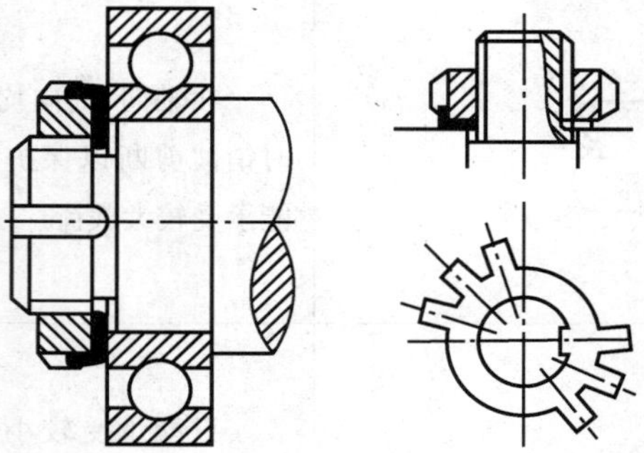 固定可靠,能承受较大的轴向力。常用于零件与轴承之间距离较大,轴上允许车制螺纹的场合
双圆螺母	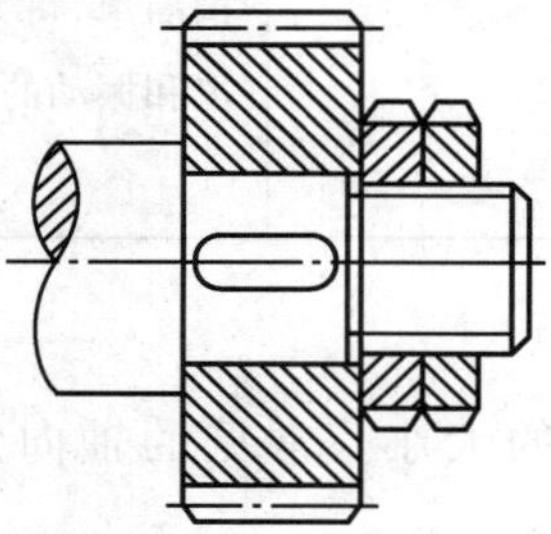 可承受较大的轴向力,螺纹对轴的强度削弱较大,应力集中严重
弹性挡圈	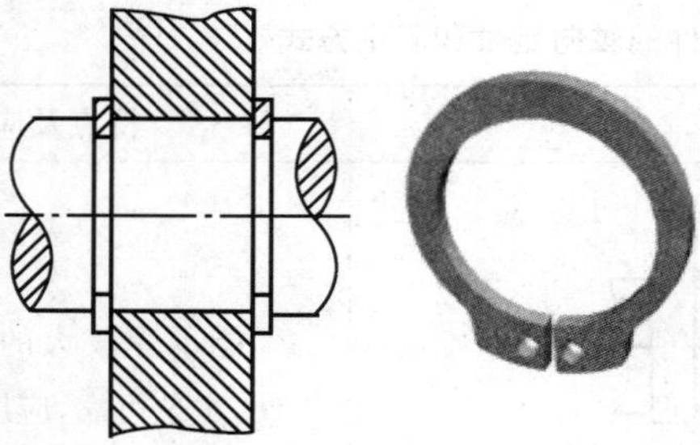 能承受较小的轴向力,结构简单,装拆方便,但可靠性差。常用于固定滚动轴承和滑移齿轮的限位
轴端压板	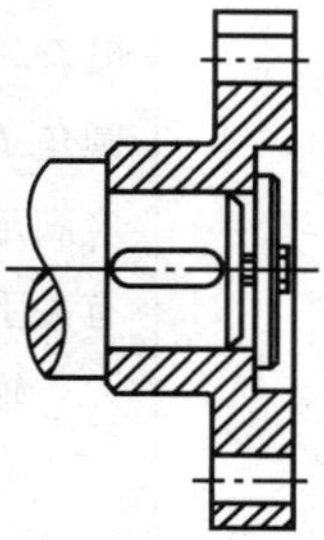 能承受较大的轴向力及冲击载荷,需采用防松措施。常用于轴端零件的固定

3. 轴的结构工艺性要求

轴的结构设计要便于加工和利于轴上零件的拆装,因此在设计时一般要考虑以下基本因素。

(1) 螺纹轴段要有退刀槽,磨削段要有砂轮越程槽,退刀槽和越程槽尽可能采用同一尺寸,以便于加工和检验,如图 13-9(a)所示。

(2) 若不同轴段均有键槽时,应布置在同一母线上,以便于装夹和铣削,如图 13-9(b)所示。

(3) 为便于零件装拆,轴端应有倒角。为减小轴颈突变处的应力集中,在轴颈尺寸变化处应采用圆角过渡,圆角半径应小于零件孔的倒角,同时圆角和倒角也尽可能采用同一尺寸,如图 13-9(c)所示。

(4) 为便于轴上零件的装配,轴常采用中间粗两端细的阶梯形。

(5) 用作固定和定位的轴肩和轴环,应保证一定的高度,$a \approx (0.07 \sim 0.1)d$($d$ 为配合处的轴径),非定位轴肩高度一般取 $a \approx 1 \sim 3$ mm。固定轴承的轴肩高度或套筒高度应低于轴承内圈厚度,以便于轴承的拆卸,如图 13-9(d)所示。与标准零件配合处的轴段尺寸必须符合标准零件的标准尺寸系列。

(6) 轴的各段长度与零件的尺寸及零件的相关位置有关。在用套筒、圆螺母、挡圈等定位时,轴段长度应小于相配零件的宽度 1～3 mm,如图 13-9(d)所示。

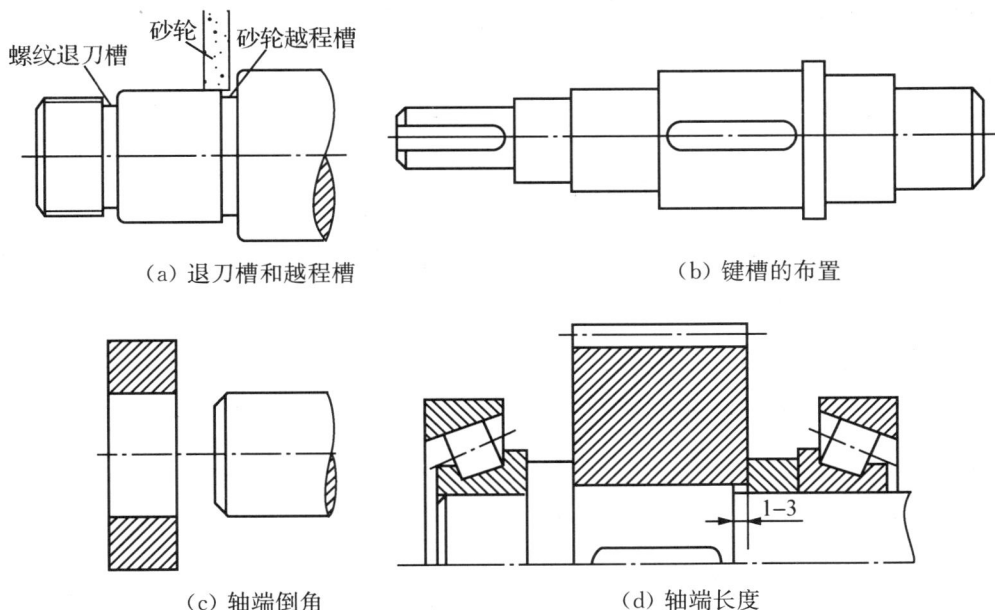

(a) 退刀槽和越程槽　　　(b) 键槽的布置

(c) 轴端倒角　　　(d) 轴端长度

图 13-9　轴的结构工艺性要求

第三节　轴的强度计算

一、轴的强度计算

进行轴的强度校核计算时，应根据轴的具体受载及应力情况，采取相应的计算方法，并恰当地选取其许用应力。对于仅仅（或主要）承受扭矩的轴（传动轴），应按扭转强度条件计算；对于只承受弯矩的轴（心轴），应按弯曲强度条件计算；对于既承受弯矩又承受扭矩的轴（转轴），应按弯扭合成强度条件进行计算，需要时还应按疲劳强度条件进行精确校核。此外，对于瞬时过载很大或应力循环不对称性较为严重的轴，还应按峰尖载荷校核其静强度，以免产生过量的塑性变形。

1. 按扭转强度条件计算

这种方法是只按轴所受的扭矩来计算轴的强度。轴的扭转强度条件为：

$$\tau_T = \frac{T}{W_T} \approx \frac{9550000 \dfrac{P}{n}}{0.2 d^3} \leqslant [\tau]_T \ \text{MPa} \tag{13-1}$$

由上式可得轴的直径

$$d \geqslant \sqrt[3]{\frac{9550000P}{0.2[\tau]_T \cdot n}} = \sqrt[3]{\frac{9550000}{0.2[\tau]_T}} \sqrt[3]{\frac{P}{n}} = A_0 \sqrt[3]{\frac{P}{n}} \ \text{mm} \tag{13-2}$$

式中：
$$A_0 = \sqrt[3]{9550000/0.2[\tau]_T}$$

对于空心轴：

$$d \geqslant A_0 \sqrt[3]{\frac{P}{n(1-\beta^4)}} \ \text{mm} \tag{13-3}$$

式中：$\beta = d_1/d$，即空心轴的内径 d_1 与外径 d 之比，通常取 $\beta = 0.5 \sim 0.6$。

2. 按弯扭合成强度条件计算

通过轴的结构设计，轴的主要结构尺寸、轴上零件的位置以及外载荷和支反力的作用位置均已确定，轴上的载荷（弯矩和扭矩）便可以求得，因而可按弯扭合成强度条件对轴进行强度校核。其计算步骤如下：

1）作出轴的计算简图（即力学模型）；

2）计算弯矩 σ_b，作出弯矩图；

3）计算弯矩 σ_s，作出扭矩图；

4）校核轴的强度。

已知轴的弯矩和扭矩后，可针对某些危险截面（即弯矩和扭矩大而轴径可能不足的截面）作弯扭合成强度校核计算。按第三强度理论，计算弯曲应力：

$$\sigma_{ca} = \frac{M_{ca}}{W} = \frac{\sqrt{M^2 + (\alpha T)^2}}{W} \leqslant [\sigma_{-1}] \ \text{MPa} \tag{13-4}$$

式中：α 考虑扭矩和弯矩的加载情况及产生应力的循环特性差异系数；

W 轴的抗弯截面系数，mm³；

$[\sigma_{-1}]$ 轴的许用弯曲应力，MPa。

3. 按疲劳强度条件进行精确校核

这种校核计算的实质在于确定变应力情况下轴的安全程度。即求得安全系数 S_{ca} 应稍大于或至少等于设计安全系数 S：

$$S_{ca} = \frac{S_\sigma \cdot S_\tau}{\sqrt{S_\sigma^2 + S_\tau^2}} \geqslant S \tag{13-5}$$

仅有法向应力时，应满足：

$$S_\sigma = \frac{\sigma_{-1}}{K_\sigma \sigma_a + \psi_\sigma \sigma_m} \geqslant S \tag{13-6}$$

仅有扭转切应力时，应满足：

$$S_\tau = \frac{\tau_{-1}}{K_\tau \tau_a + \psi_\tau \tau_m} \geqslant S \tag{13-7}$$

二、轴的刚度计算

1. 轴的扭转刚度计算

当轴受到扭矩作用时，轴应满足的刚度条件为：

$$\varphi = 584 \times \frac{Tl}{Gd^4} \leqslant [\varphi] \tag{13-8}$$

式中：T 转矩，N·mm；

l 轴受扭矩作用的长度，mm；

G 材料的切变模量，对于钢，$G = 8.1 \times 10^4$ MPa；

d 轴的直径，mm；

φ 和 $[\varphi]$ 分别为计算扭转角和许用扭转角。

2. 轴的弯曲刚度计算

采用能量法进行计算时，应先绘出轴的结构外形及弯矩图，然后采用下式计算某点的挠度 $y = \sum \int_0^{l_i} \frac{M_i M'}{EI} dl \leqslant [y]$ 应满足如下刚度条件：

$$y = \sum \int_0^{l_i} \frac{M_i M'}{EI} dl \leqslant [y] \tag{13-9}$$

式中：E 材料的弹性模量，MPa；

I 剖面的轴惯性矩，mm⁴；

l_i 第 i 段轴的长度，mm；

M_i 和 M' 分别为单位载荷和外力对第 i 段轴产生的弯矩，N·mm；

y 和 $[y]$ 分别为某点的计算挠度和许用挠度，mm。

三、轴的设计用表

表 13-3、13-4、13-5 分别给出了轴在设计时常需要的表格，其中表 13-3 可用于查阅常用轴的材料和其主要力学性能，表 13-4 可查阅出零件倒角 C 与圆角半径 R 的推荐值、表 13-5 可查阅轴常用几种材料的 $[\tau_T]$ 和 A_0 值。

表 13-3　常用轴的材料和其主要力学性能

材料及热处理	毛坯直径/mm	硬度/HBS	C 值	抗拉强度 σ_b/MPa	屈服强度 σ_s/MPa	许用弯曲应力/MPa			许用剪切应力 $[\tau]$/MPa	应用
						$[\sigma_{+1b}]$	$[\sigma_{0b}]$	$[\sigma_{-1b}]$		
Q235	≤100 >100 ～250		160～135	400～420 375～390	225 215	125	70	40	12～20	用于不重要或受载荷不大的轴
35 正火	≤100	149～187	135～118	520	270	170	75	45	20～30	用于一般轴
45 正火	≤100	170～217	118～107	600	300	200	95	55	30～40	用于较重要的轴
45 调质	≤200	217～255		650	360	215	108	60		
40Cr 调质	≤100	241～286		750	550	45	120	70	40～52	用于载荷较大，且无很大冲击的重要轴
40Cr 调质	>100 ～300			700	500					
35SiMn 调质	≤100	229～286	107～98	800	520	270	130	75	40～52	用于中、小型轴，可代替 40Cr
42SiMn 调质									40～52	与 35SiMn 相同，但专供表面淬火用
40MnB 调质				750	500	245	120	70	40～52	性能接近 40Cr，用于小型轴

表 13-4　零件倒角 C 与圆角半径 R 的推荐值

直径 d	>6～10		>10～18	>18～30	>30～50		>50～80	>80～120	>120～180
C 或 R	0.5	0.6	0.8	1.0	1.2	1.6	2.0	2.5	3.0

表 13-5　轴常用几种材料的 $[\tau_T]$ 和 A_0 值

轴的材料	Q235	1Cr18Ni9Ti	35	45	40Cr,35SiMn,2Cr13,20CrMnTi
$[\tau_T]$	12～20	12～25	20～30	30～40	40～52
A_0	160～135	148～125	135～118	118～107	107～98

四、计算举例

例 13-1　有一传动轴,由电动机带动,已知传递的功率 $P=10$ kW,转速 $n=120$r/min,试估算轴的直径。

(1) 选择轴的材料

选用 45 钢、正火,由机械设计手册查得当毛坯直径≤100 mm 时, $\sigma_b=600$ MPa, $[\tau]=35$ MPa。

(2) 估算该轴所需的最小轴径

$$d_{\min}=\sqrt[3]{\frac{9.55\times10^6 P/n}{0.2[\tau]}}=\sqrt[3]{\frac{9.55\times10^6\times10}{0.2\times35\times120}}=48.44 \text{ mm}$$

取标准值: $d=50$ mm。

例 13-2　两级标准圆柱齿轮减速器输出轴的结构如图 13-10(a)所示。已知齿轮分度圆直径 $d=332$ mm,作用在齿轮上的圆周力 $F_t=7780$ N,径向力 $F_r=2860$ N,轴向力 $F_a=1100$ N,单向工作。支点与齿轮中点的距离 $L_1=140$ mm, $L_2=80$ mm。

(1) 画出轴的受力简图;

(2) 计算支承反力;

(3) 画出轴的弯矩图、合成弯矩图及转矩图;

(4) 指出危险剖面的位置。

解:

(1) 轴的受力简图如图 13-10(b)所示。

(2) 求支承反力

1)垂直面支承反力

由 $\sum M_B=0$,得:

$$-R_{AY}(L_1+L_2)+F_tL_2=0$$

$$R_{AY}=\frac{F_tL_2}{L_1+L_2}=\frac{7780\times80}{140+80}=2830 \text{ N}$$

由 $\sum Y=0$,得:

$$R_{BY}=F_t-R_{AY}=7780-2830=4950 \text{ N}$$

2)求水平面支承反力

由 $\sum M_B=0$,得:

$$-R_{AZ}(L_1+L_2)-F_a\frac{d}{2}+F_rL_2=0$$

$$R_{AZ}=\frac{F_rL_2-F_ad/2}{L_1+L_2}=\frac{2\ 860\times80-1\ 100\times332/2}{140+80}=210\ \text{N}$$

由 $\sum Z=0$,得:

$$R_{BZ}=F_r-R_{AZ}=2\ 860-210=2\ 650\ \text{N}$$

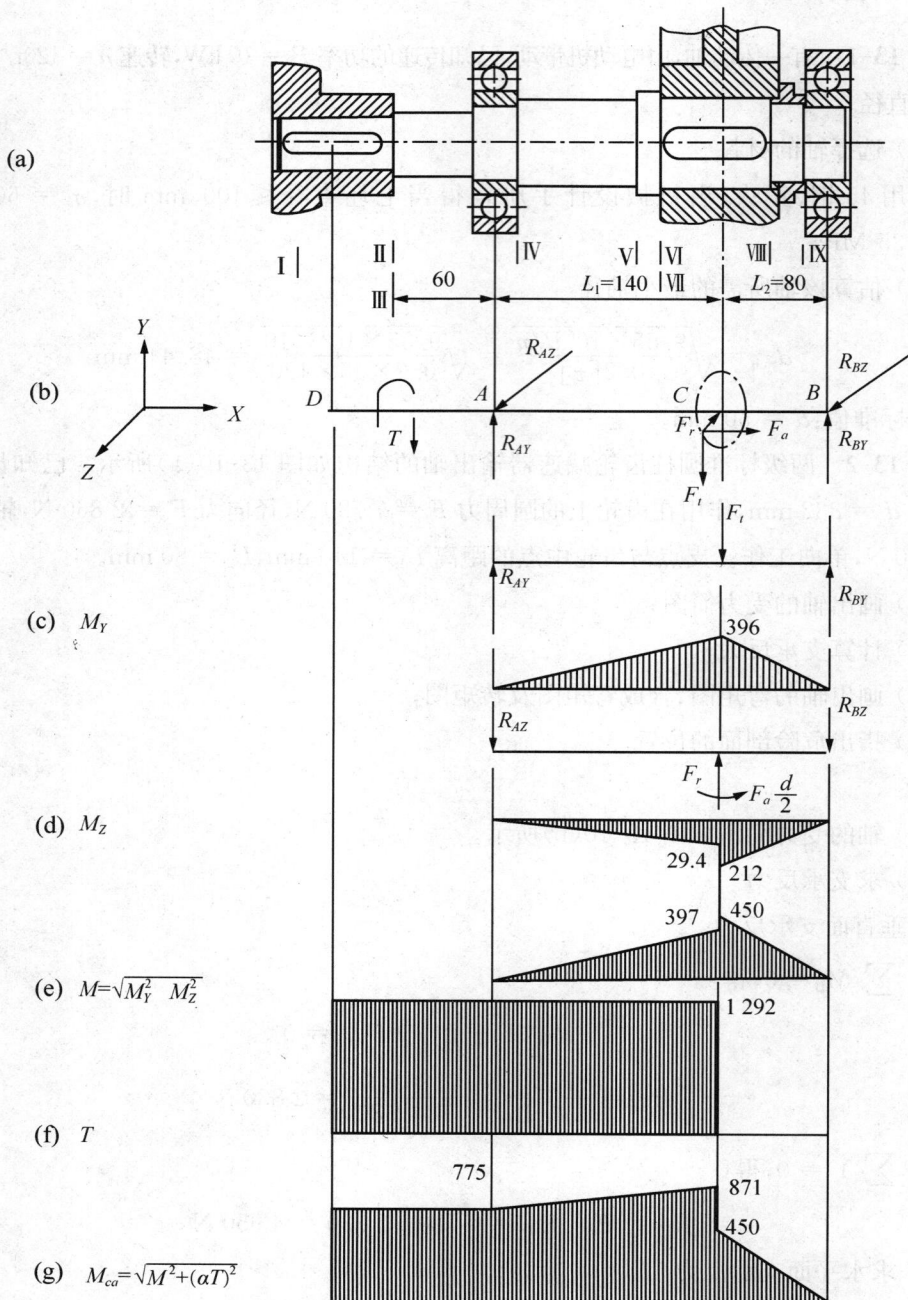

(a)

(b)

(c) M_Y

(d) M_Z

(e) $M=\sqrt{M_Y^2+M_Z^2}$

(f) T

(g) $M_{ca}=\sqrt{M^2+(\alpha T)^2}$

图 13-10　两级标准圆柱齿轮减速器输出轴

（3）画出轴的弯矩图、合成弯矩图及转矩图

1）垂直面弯矩 M_Y 图如图 13-10(c)所示

C 点：

$$M_{CY} = R_{AY}L_1 = 2\,830 \times 140 = 3.96 \times 10^5 \text{ N} \cdot \text{mm}$$

2）水平面弯矩 M_Z 图如图 13-10(d)所示

C 点左边：

$$M_{CZ} = R_{AZ}L_1 = 210 \times 140 = 2.94 \times 10^4 \text{ N} \cdot \text{mm}$$

C 点右边：

$$M'_{CZ} = R_{BZ}L_2 = 2\,650 \times 80 = 2.12 \times 10^5 \text{ N} \cdot \text{mm}$$

3）合成弯矩 M 图如图 13-10(e)所示

C 点左边：

$$M_C = \sqrt{M_{CY}^2 + M_{CZ}^2} = \sqrt{(3.96 \times 10^5)^2 + (2.94 \times 10^4)^2} = 3.97 \times 10^5 \text{ N} \cdot \text{mm}$$

C 点右边：

$$M'_C = \sqrt{M_{CY}^2 + M'^2_{CZ}} = \sqrt{(3.96 \times 10^5)^2 + (2.12 \times 10^5)^2} = 4.5 \times 10^5 \text{ N} \cdot \text{mm}$$

4）作转矩图如图 13-10(f)所示

$$T = F_t \frac{d}{2} = 7\,780 \times \frac{332}{2} = 1.29 \times 10^6 \text{ N} \cdot \text{mm}$$

5）作计算弯矩图如图 13-10(g)所示

该轴单向工作，转矩产生的剪切应力按脉动循环应力考虑，取 $\alpha = 0.6$。

C 点左边：

$$M_{caC} = \sqrt{M_C^2 + (\alpha T_C)} = \sqrt{(3.97 \times 10^5)^2 + (0.6 \times 1.29 \times 10^6)^2} = 8.71 \times 10^5 \text{ N} \cdot \text{mm}$$

C 点右边：

$$M'_{caC} = \sqrt{M'^2_C + (\alpha T'_C)} = \sqrt{(4.5 \times 10^5)^2 + (0.6 \times 0)^2} = 4.5 \times 10^5 \text{ N} \cdot \text{mm}$$

D 点：

$$M_{caD} = \sqrt{M_D^2 + (\alpha T_D)} = \alpha T = 0.6 \times 1.29 \times 10^6 = 7.75 \times 10^5 \text{ N} \cdot \text{mm}$$

图 13-10(a)中，Ⅰ～Ⅳ均为有应力集中的剖面，均有可能是危险剖面。其中Ⅰ～Ⅳ剖面的计算弯矩相同。Ⅱ剖面与Ⅲ剖面相比较，只是应力集中影响不同，可取应力集中系数较大者进行验算。同理，Ⅵ、Ⅶ剖面承载情况也比较接近，可取应力集中系数较大者进行验算。

例 13-3 图 13-11(a)所示为展开式两级标准圆柱直齿轮减速器，其中间轴结构如图 13-11(b)所示，受力图如图 13-11(c)。已知该轴上大齿轮 2 的模数 $m_2 = 2.5$ mm，齿数 $z_2 = 72$，小齿轮 3 的模数 $m_3 = 3$ mm，齿数 $z_3 = 20$；轴上的扭矩 $T = 450$ N $\cdot$ m；轴的材料为 45 号钢调质。试用当量弯矩法校核两个齿轮宽度中点 B、C 处危险截面的强度。

（a）齿轮减速器

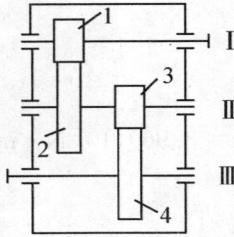

（b）轴系结构图

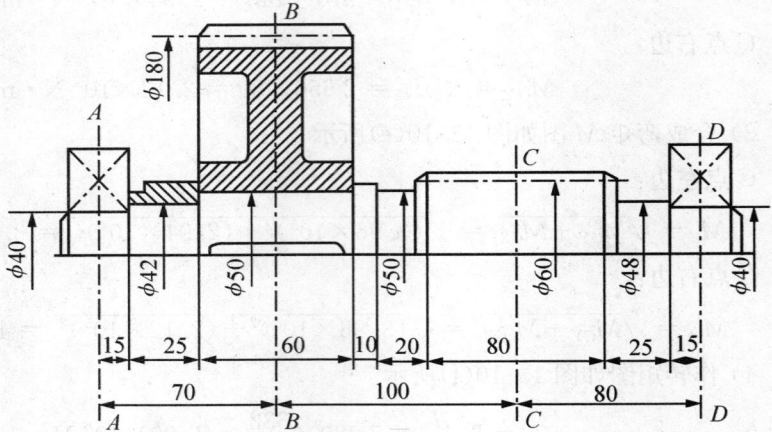

（c）轴受力图

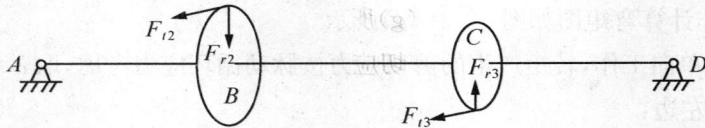

（d）竖直面内受力

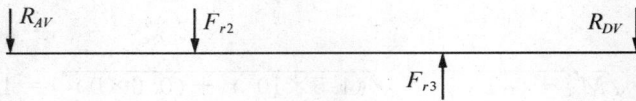

（e）竖直面内弯矩

30 590   256 240

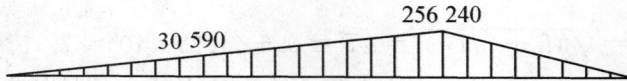

（f）水平面内受力

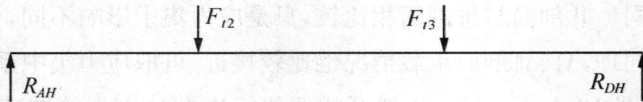

（g）水平面内弯矩

588 000   928 000

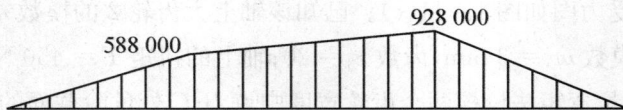

（h）合成弯矩图

588 800   963 000

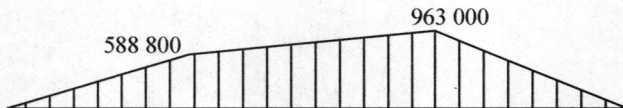

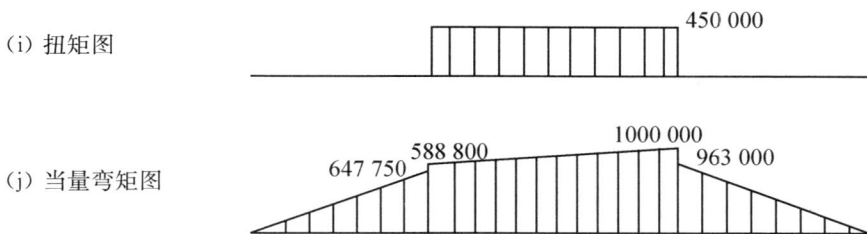

（i）扭矩图

450 000

（j）当量弯矩图

647 750　588 800　1000 000　963 000

图 13-11

解：

（1）两齿轮分度圆直径及其受力

大齿轮　　　　　　　$d_2 = m_2 z_2 = 2.5 \times 72 = 180$ mm

$$F_{t2} = \frac{2T}{d_2} = \frac{2 \times 450 \times 10^3}{180} = 5\,000 \text{ N}$$

$$F_{r2} = F_{t2} \tan 20° = 1\,820 \text{ N}$$

小齿轮　　　　　　　$d_3 = m_3 z_3 = 3 \times 20 = 60$ mm

$$F_{t3} = \frac{2T}{d_3} = \frac{2 \times 450 \times 10^3}{60} = 15\,000 \text{ N}$$

$$F_{r3} = F_{t3} \tan 20° = 5\,460 \text{ N}$$

（2）竖直面内的受力分析（图 13-11(d)）

支反力　　$R_{AV} = \dfrac{F_{r3} \times 80 - F_{r2} \times 180}{250} = \dfrac{5\,460 \times 80 - 1\,820 \times 180}{250} = 437$ N

$$R_{DV} = F_{r3} - F_{r2} - R_{AV} = 5\,460 - 1\,820 - 437 = 3\,203 \text{ N}$$

弯矩　　　　　　$M_{BV} = R_{AV} \times 70 = 437 \times 70 = 30\,590$ N・mm

$$M_{CV} = R_{DV} \times 80 = 3\,203 \times 80 = 256\,240 \text{ N・mm}$$

据此作出竖直面内的弯矩图如图 13-11(e)。

（3）水平面内的受力分析（图 13-11(f)）

支反力　$R_{AH} = \dfrac{F_{t2} \times 180 + F_{t3} \times 80}{250} = \dfrac{5\,000 \times 180 + 15\,000 \times 80}{250} = 8\,400$ N

$$R_{DH} = F_{t3} + F_{t2} - R_{AH} = 5\,000 + 15\,000 - 84\,00 = 11\,600 \text{ N}$$

弯矩　　　　　　$M_{BH} = R_{AH} \times 70 = 8\,400 \times 70 = 588\,000$ N・mm

$$M_{CH} = R_{DH} \times 80 = 11\,600 \times 80 = 92\,8000 \text{ N・mm}$$

据此作出水平面内的弯矩图如图 13-11(g)。

（4）求合成弯矩

$$M_B = \sqrt{M_{BV}^2 + M_{BH}^2} = \sqrt{30\,590^2 + 588\,000^2} = 588\,800 \text{ N・mm}$$

$$M_C = \sqrt{M_{CV}^2 + M_{CH}^2} = \sqrt{256\,240^2 + 928\,000^2} = 963\,000 \text{ N・mm}$$

据此得到轴上合成弯矩图如图 13-11(h)。

（5）画扭矩图。据已知扭矩 T 作扭矩图如图 13-11(i)

（6）求当量弯矩 M_e（图 13-11(j)）

$$M_{Be} = \sqrt{M_B^2 + (\alpha T)^2} = \sqrt{588\ 800^2 + (0.6 \times 450\ 000)^2} = 647\ 754\ \text{N} \cdot \text{mm}$$

$$M_{Ce} = \sqrt{M_C^2 + (\alpha T)^2} = \sqrt{963\ 000^2 + (0.6 \times 450\ 000)^2} = 1\ 000\ 000\ \text{N} \cdot \text{mm}$$

(此处近似取 $\alpha = 0.6$)

(7) 危险截面的抗弯截面系数 W

近似计算时,可略去截面 B 处键槽的影响,则:

$$W_B = 0.1d^3 = 0.1 \times 50^3 = 12\ 500\ \text{mm}^3$$

截面 C 处为齿轮轴,按其分度圆计算,则:

$$W_C = 0.1d_2^3 = 0.1 \times 60^3 = 21\ 600\ \text{mm}^3$$

(8) 确定许用应力

查得 45 号钢调质的许用应力值为 $[\sigma_{-1}] = 60\ \text{MPa}$。

(9) 校核计算

$$\sigma_B = \frac{M_{Be}}{W_B} = \frac{647\ 754}{12\ 500} = 51.8\ \text{MPa} < [\sigma_{-1}]$$

$$\sigma_C = \frac{M_{Ce}}{W_C} = \frac{1\ 000\ 000}{21\ 600} = 46.3\ \text{MPa} < [\sigma_{-1}]$$

所以轴的强度足够。

思考题

13-1. 轴受载荷的情况可分哪三类?试分析自行车的前轴、中轴、后轴的受载情况,说明它们各属于哪类轴?

13-2. 轴上零件的轴向及周向固定有哪些方法?各有何特点?分别应用于什么场合?

13-3. 进行轴的结构设计时,应满足哪些要求,设计过程如何,应考虑哪些问题?

试指出并改正图中所示轴系中的结构错误。

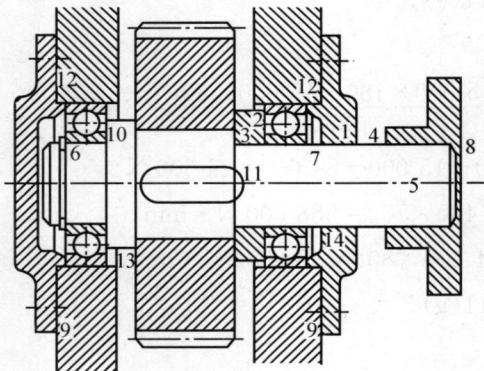

第 13-3 题图

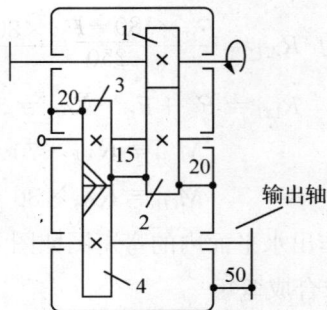

第 13-4 题图

13-4. 如图所示为二级斜齿圆柱齿轮减速器示意图;试设计减速器的输出轴。已知输出轴功率 $P = 9.8\ \text{kW}$,转速 $n = 260\text{r/min}$,齿轮 4 的分度圆直径 $d_4 = 238\ \text{mm}$,所受的作用力分别为圆周力 $F_t = 6\ 065\ \text{N}$,径向力 $F_r = 2\ 260\ \text{N}$,轴向力 $F_a = 1\ 315\ \text{N}$。各齿轮的宽度均为 $80\ \text{mm}$。齿轮、箱体、联轴器之间的距离如图所示。

第十四章 联轴器、离合器

联轴器、离合器是轴系中常用的零部件,它们的功用是实现轴与轴之间的连接,并传递转矩。联轴器与离合器的区别在于:联轴器只有在机械停止后才能将连续的两根轴分离,离合器则可以在机械的运转过程中根据需要使两根轴随时接合和分离。

第一节 概 述

一、联轴器、离合器基本概念

联轴器和离合器是机械装置中常用的部件,应用较广泛,如图 14-1、14-2 所示。它们主要用于联接轴与轴以传递运动与转矩,也可用作安全装置。大致有以下类型:

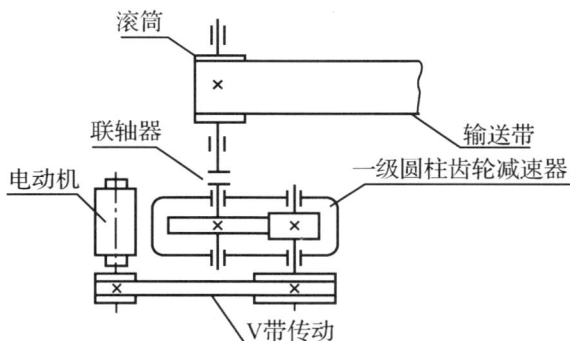

图 14-1 联轴器在带式输送机中的应用

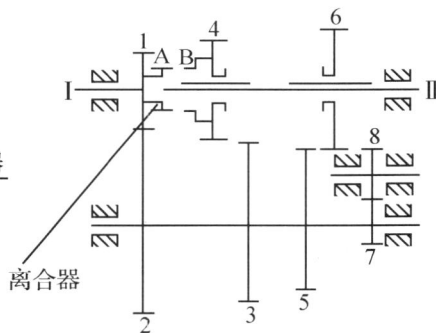

图 14-2 离合器在汽车变速箱中的应用

联轴器:用于将两轴联接在一起,机器运转时两轴不能分离,只有在机器停车时才可将两轴分离;

离合器:在机器运转过程中,可使两轴随时接合或分离的一种装置。它可用来操纵机器传动的断续,以便进行变速或换向;

安全联轴器与离合器:机器工作时,若转矩超过规定值,即可自行断开或打滑,以保证机器中的主要零件不因过载而损坏;

特殊功用的联轴器与离合器:用于某些特殊要求处,如:在一定的回转方向或达到一定转速时,联轴器或离合器即可自动接合或分离等;

联轴器和离合器种类繁多,在选用标准件或自行设计时应考虑:传递转矩大小、转速高低、扭转刚度变化、体积大小、缓冲吸振能力等因素。

233

二、对离合器的基本要求

（1）分离、接合迅速，平稳无冲击，分离彻底，动作准确可靠；

（2）结构简单，重量轻，惯性小，外形尺寸小，工作安全，效率高；

（3）接合元件耐磨性好，使用寿命长，散热条件好；

（4）操纵方便省力，制造容易，调整维修方便。

三、安全联轴器及安全离合器

安全联轴器及安全离合器的作用：当工作转矩超过机器允许的极限转矩时，联接件将发生折断、脱开或打滑，从而使从动轴自动停止转动，以保护机器中的重要零件不致损坏。

第二节　联　轴　器

联轴器所连接的轴之间，由于制造和安装误差、受载和受热后的变形以及传动过程中的振动等因素，常产生轴向、径向、偏角、综合等位移，如图 14-3 所示。因此，要求联轴器应具补偿轴线偏移和缓冲、吸振的能力。

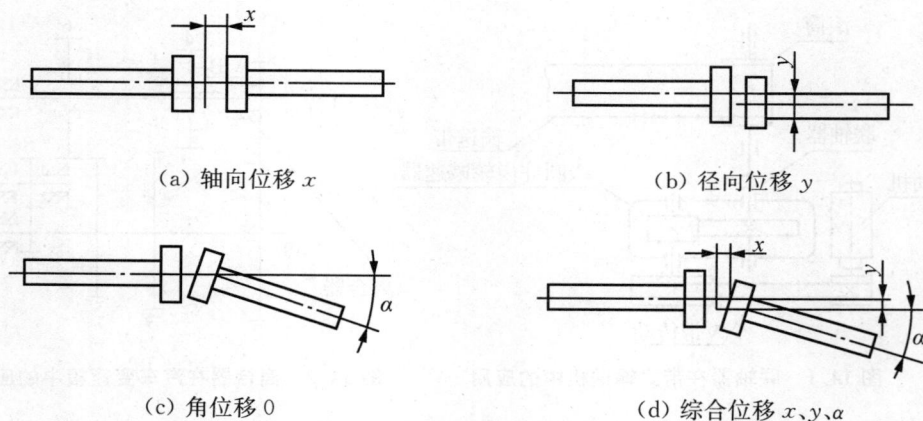

（a）轴向位移 x　　（b）径向位移 y

（c）角位移 0　　（d）综合位移 x、y、α

图 14-3　轴线的相对位移

联轴器按有无弹性元件可分为刚性联轴器和弹性联轴器两类。

（1）刚性联轴器：适用于两轴能严格对中并在工作中不发生相对位移的地方。其无弹性元件，不能缓冲吸振；按能否补偿轴线的偏移又可分为固定式刚性联轴器和可移动式刚性联轴器。

（2）弹性联轴器：适用于两轴有偏斜时的连接，图 14-3（a）、（b）所示为同轴向和平行轴向，图 14-3（c）、（d）所示为相交轴向，或在工作中有相对位移的地方。其有弹性元件，工作时具有缓冲吸振作用，并能补偿由于振动等原因引起的偏移。

一、刚性联轴器

1. 固定式刚性联轴器

固定式刚性联轴器包括套筒联轴器、凸缘联轴器和夹壳联轴器。

（1）套筒联轴器

如图 14-4(a)所示，由公用套筒及键或销等将两轴连接。其结构简单、径向尺寸小，制作方便，但装配拆卸时需作轴向移动，仅适用于两轴直径较小，同轴度较高、轻载荷、低转速、无振动、无冲击、工作平稳的场合。

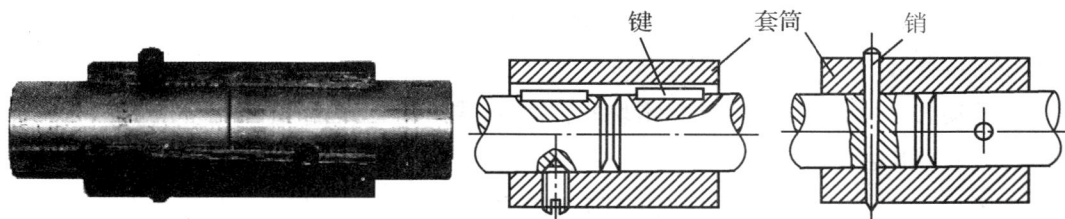

（a）套筒联轴器

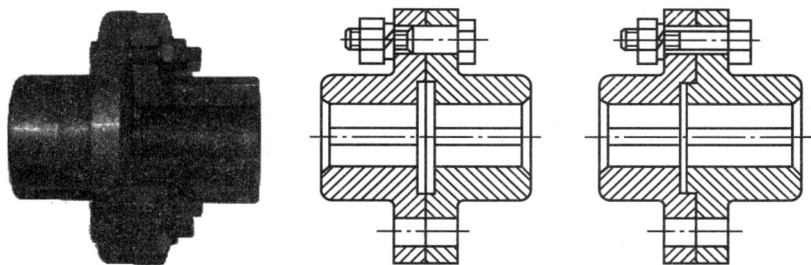

（b）凸缘联轴器

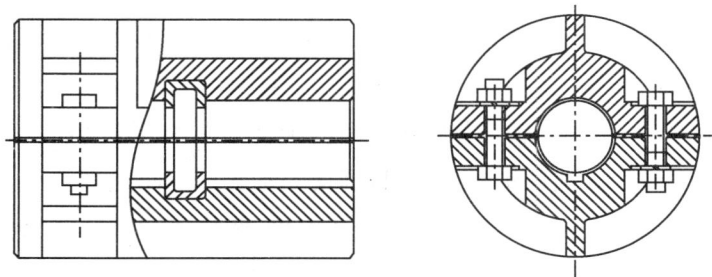

（c）夹壳联轴器

图 14-4　固定式刚性联轴器

（2）凸缘联轴器

如图 14-4(b)所示，是刚性联轴器中应用最广泛的一种，其由两个带凸缘的半联轴器组成，两个半联轴器通过键与轴连接，用螺栓将两半联轴器联成一体进行动力传递。

凸缘联轴器的结构简单、价格便宜、维护方便、能传递较大的转矩,要求两轴必须严格对中。由于没有弹性元件,故不能补偿两轴的偏移,也不能缓冲吸振。

(3) 夹壳联轴器

如图 14-4(c)所示,由纵向剖分的两半筒形夹壳和连接它们的螺栓所组成,靠夹壳与轴之间的摩擦力或键来传递转矩。由于这种联轴器是剖分结构,在装卸时不用移动轴,所以使用起来很方便。夹壳材料一般为铸铁,少数用钢。夹壳联轴器主要用于低速、工作平稳的场合。

2. 可移动式刚性联轴器

由于制造、安装误差和工作时零件变形等原因而不能保证两轴对中时,宜采用具有补偿两轴相对偏移能力的可移动式刚性联轴器。

可移动式刚性联轴器包括十字滑块联轴器、齿式联轴器和万向联轴器。

(1) 十字滑块联轴器

如图 14-5(a)所示,由两个端面上开有凹槽的半联轴器和一个两面上都有凸榫的十字滑块组成,两凸榫的中线互相垂直并通过滑块的轴线。工作时若两轴不同心,则中间的十字滑块在半联轴器的凹槽内滑动,从而补偿两轴的径向位移。适用于轴线间相对位移较大,无剧烈冲击且转速较低的场合。

(2) 齿式联轴器

如图 14-5(b)所示,由两个具有外齿和凸缘的内套筒和两个带内齿及凸缘的外套筒组成。两者用螺栓相联,外套筒内储有润滑油。联轴器工作时通过旋转将润滑油向四周喷洒以润滑啮合齿轮,从而减少啮合齿轮间的摩擦阻力,达到减小作用在轴和轴承上的附加载荷的效果。

齿式联轴器结构紧凑,有较大的综合补偿能力,由于是多齿同时啮合,故承载能力大,工作可靠,但其制造成本高,一般用于启动频繁,经常正、反转,传递运动要求准确的场合。

(3) 万向联轴器

如图 14-5(c)所示,由两个轴叉分别与中间的十字轴以铰链相连而成,万向联轴器两端间的夹角可达 45°。单个万向联轴器工作时,即使主动轴以等角速度转动,从动轴也可以变角速度转动,从而会引起动载荷。为了消除上述缺点,常将万向联轴器成对使用,以保证从动轴与主动轴均以同一角速度旋转,这就构成双万向联轴器。

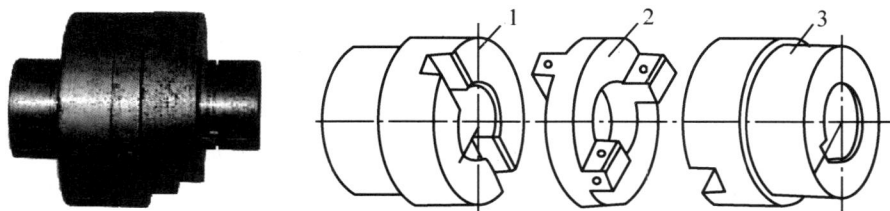

（a）十字滑块联轴器

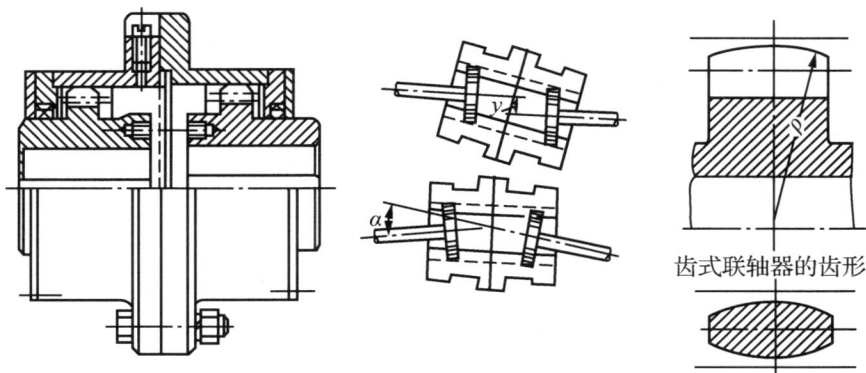

齿式联轴器的齿形

（b）齿式联轴器

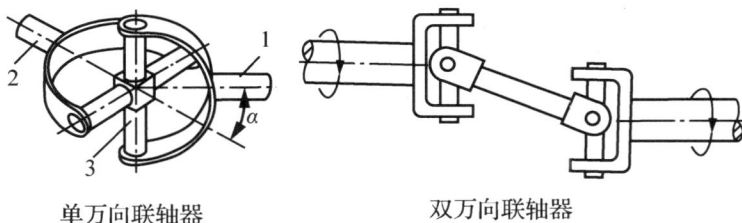

单万向联轴器　　　　双万向联轴器

（c）万向联轴器

图 14-5　可移动式刚性联轴器

二、弹性联轴器

弹性联轴器中装有金属或非金属弹性元件,依靠弹性变形,其不仅可以补偿两轴间的相对位移,而且具有缓冲减振能力。常用的弹性联轴器有弹性套柱销联轴器、弹性柱销联轴器和轮胎式联轴器。

1. 弹性套柱销联轴器

如图 14-6(a)所示,两半联轴器用套有弹性套的柱销联接,工作时通过挤压弹性套传递转矩,可补偿综合位移和缓冲减振。它制造容易,装拆方便,但弹性套易磨损,寿命短。适用于联接需正反转或启动频繁、受中小转矩及不容易对中的两轴。

2. 弹性柱销联轴器

如图 14-6(b)所示,两半联轴器用尼龙柱销联接,柱销两侧装有挡销板。结构简单,安

237

装、制造方便,寿命较长,有一定的缓冲减振能力,可补偿一定的轴向位移及少量的径向位移和角位移。适用于轴向串动量大、经常正反转、启动频繁和转速较高的场合。

3. 轮胎式联轴器

如图 14-6(c)所示,两半联轴器用橡胶或橡胶织物制成的轮胎联接。其结构比较简单,弹性大,具有良好的缓冲减振能力和补偿较大综合位移的能力。但其径向尺寸较大。它适用于启动频繁、正反向运转、有冲击振动、两轴相对位移较大以及潮湿、多尘之处。

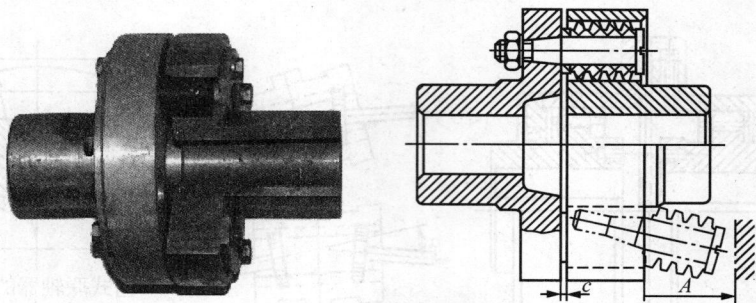

(a) 弹性套柱销联轴器

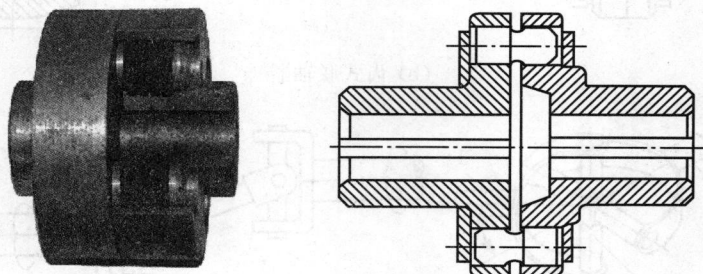

(b) 弹性柱销联轴器

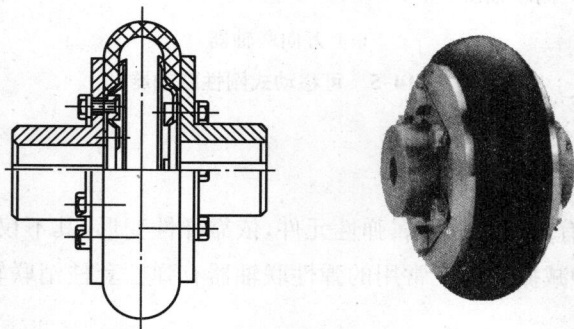

(c) 轮胎式联轴器

图 14-6 弹性联轴器

三、常用联轴器的选择

常用联轴器种类很多,大多数已经标准化和系列化,一般不需要重新设计,直接从标准中选用。其选择步骤是:选择联轴器的类型,再选择型号,最后进行必要的强度校核。

1. 联轴器类型的选择

主要是根据机器工作条件与使用要求,结合各类联轴器的性能选择适合的联轴器类型。一般对两轴的对中要求高,轴的刚度大时,可选用套筒联轴器或凸缘联轴器;如两轴的对中困难或轴的刚度较小时,则应选用对轴的偏移具有补偿能力的弹性联轴器;如所传递的转矩较大时,应选用凸缘联轴器,如轴的转速较高且有振动时,应选用弹性联轴器;如两轴相交时,则应选用万向联轴器。

2. 联轴器型号的选择

按轴直径计算转矩、轴的转速和轴端直径,从标准中选定型号和结构尺寸。选择的型号应满足以下条件:

(1)计算转矩 T_c

联轴器的计算转矩为: $$T_c = K_A T = 9\,550 K_A \frac{P}{n}$$

式中:K_A 工作情况系数,见表 14-1;

T 理论(名义)扭矩,N·m;

P 传递功率,kW;

n 工作转速,r/min。

(2)确定联轴器型号

T_c 应不超过所选型号的公称转矩,$T_c \leqslant T_n$;

T_n 联轴器的公称扭矩、许用扭矩,N·m,见机械设计手册。

(3)校核最大转速

$$n \leqslant [n]$$

$[n]$ 联轴器的最大转速,r/min;见机械设计手册。

(4)协调轴孔结构及直径

机械设计手册中查出的联轴器一般有一轴径范围必须满足。轴头结构一般有锥孔、圆柱孔和短圆柱孔三种,可根据工作要求选择。

轴的直径应在所选型号的孔径范围之内:$d_{\min} \leqslant d \leqslant d_{\max}$。

(5)必要时要对易损件进行强度校核计算。

表 14-1   联轴器工作状况系数 K_A

分类	工作情况及举例	电动机、汽轮机	四缸和四缸以上内燃机	双缸内燃机	单缸内燃机
I	转矩变化很小,如发电机、小型通风机、小型离心泵	1.3	1.5	1.8	2.2
II	转矩变化小,如透平压缩机、木工机床、运输机	1.5	1.7	2.0	2.4
III	转矩变化中等,如搅拌机、增压泵、有飞轮的压缩机、冲床	1.7	1.9	2.2	2.6

分类	工作情况及举例	电动机、汽轮机	四缸和四缸以上内燃机	双缸内燃机	单缸内燃机
IV	转矩变化和冲击载荷中等,如织布机、水泥搅拌机、拖拉机	1.9	2.1	2.4	2.8
V	转矩变化和冲击载荷大,如造纸机、挖掘机、起重机、碎石机	2.3	2.5	2.8	3.2
VI	转矩变化大并有极强烈冲击载荷,如压延机、无飞轮的活塞泵、重型初轧机	3.1	3.3	3.6	4.0

第三节　离合器

离合器是在传递运动和动力的过程中通过各种操作方式使联接的两轴随时接合或分离的一种机械装置。它在操作中不可避免地受到摩擦、发热、冲击、磨损等作用,因而要求离合器接合平稳,分离迅速,操纵省力方便、同时结构简单,散热好,耐磨损,寿命长。

一、离合器的类型

离合器按其接合元件传动的工作原理,可分为嵌合式离合器和摩擦式离合器两大类。前者利用接合元件的啮合来传递转矩,主要优点是结构简单,外廓尺寸小,传递的转矩大,但接合只能在停车或低速下进行。后者则依靠接合面间的摩擦力来传递转矩,主要优点是接合平稳,可在较高的转速差下接合,但接合中摩擦面间必将发生相对滑动,这种滑动要消耗一部分能量,并引起摩擦面间的发热和磨损。

离合器按其实现离、合动作的过程可分为操纵式和自动式离合器。下面介绍两种常用的操纵式离合器。

1. 牙嵌式离合器

如图 14-7 所示,牙嵌式离合器主要由两个半离合器组成,半离合器的端面加工有若干个嵌牙。其中一个半离合器固定在主动轴上,另一个半离合器用导键与从动轴相联。在半离合器上固定有对中环,冲动轴可在对中环中自由转动,通过滑环的轴向移动来操作离合器的接合和分离。

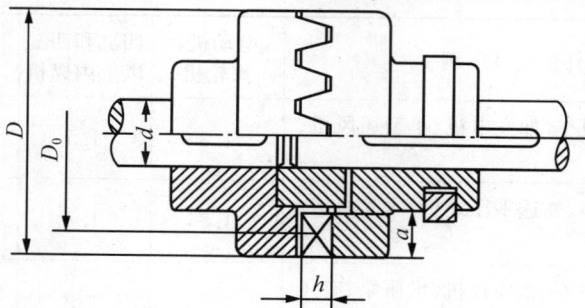

图 14-7　牙嵌式离合器

牙嵌式离合器结构简单、外廓尺寸小,两轴向无相对滑动,转速准确,转速差大时不易结合。

2. 摩擦离合器

摩擦离合器的类型很多,有单盘式、多盘式和圆锥式。

(1) 单盘式摩擦离合器

如图 14-8(a)所示,主要是利用两摩擦圆盘的压紧或松开,使两接合面的摩擦力产生或消失,以实现两轴的接合或分离。其结构简单,分离彻底,但径向尺寸较大,常应用于轻型机械中。

(2) 多盘式摩擦离合器

如图 14-8(b)所示,多片式摩擦离合器有两组摩擦片,外摩擦片与外套筒,内摩擦片与内套筒,分别用花键相联。外套筒、内套筒分别用平键与主动轴和从动轴相固定。在传动转矩较大时,往往采用多片式摩擦离合器,但摩擦片片数过多会影响分离动作的灵活性,所以摩擦片数量一般为 10~15 对。

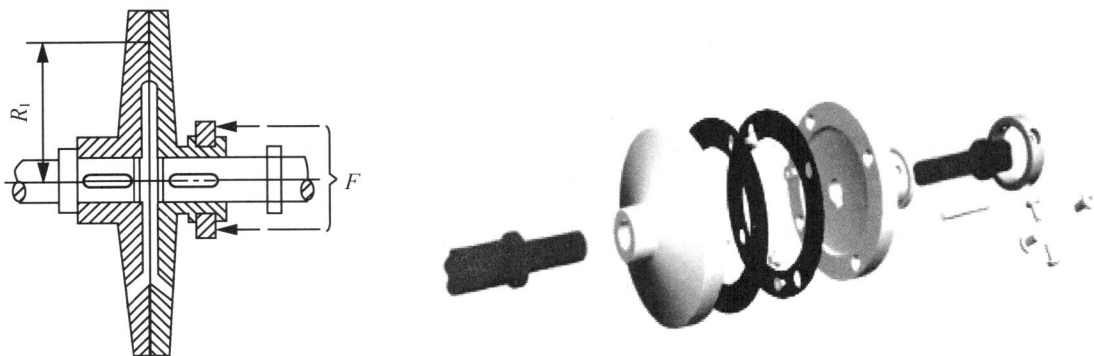

(a) 单盘式摩擦离合器

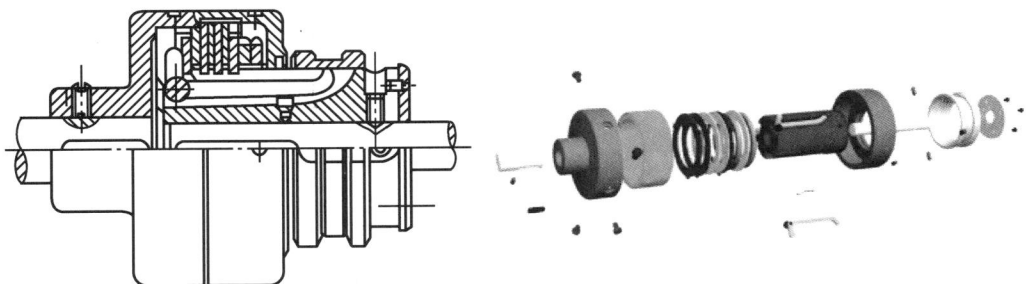

(b)多盘式摩擦离合器

图 14-8　摩擦离合器

二、离合器的选择

离合器的型式很多,大部分已标准化,可从有关样本或机械设计手册中选择。选择离合器时,根据机器的工作特点和使用条件,按各种离合器的性能特点,确定离合器的类型。类型确定后,可根据两轴的直径计算转矩和转速,从手册中查出适当型号。必要时,可对其薄弱环节进行承载能力校核。

1. 类型选择

(1) 嵌入式离合器的结构简单,外形尺寸较小,两轴间的联接无相对运动,一般适用于低速接合、转矩不大的场合。

(2) 摩擦式离合器可在任何转速下实现两轴的接合或分离;接合过程平稳,冲击振动较小;可有过载保护作用。但尺寸较大,在接合或分离过程中要产生滑动摩擦,故发热量大,磨损也较大。

(3) 电磁摩擦离合器可实现远距离操纵,动作迅速,没有不平衡的轴向力,因而在数控机床等机械中获得了广泛的应用。

2. 型号选择

(1) 计算转矩 T_c 应小于等于离合器的公称转矩$[T]$,$T_c \leqslant [T]$

(2) 转速 n 应小于等于离合器的许用转速$[n]$,$n \leqslant [n]$

(3) 轴的直径应在所选离合器孔径范围之内,$d_{min} \leqslant d \leqslant d_{max}$

⭐ **思考题**

14-1. 联轴器与离合器的主要区别是什么?

14-2. 常用联轴器和离合器有哪些类型?各有哪些特点?应用于哪些场合?

14-3. 某电动机与油泵间用弹性套柱销联轴器连接,功率 $P = 7.0$ kW,转速 $n = 960$ r/min,两轴直径均为 40 mm,试选择联轴器的型号。

14-4. 已知电动机型号为 Y180M-4,额定功率 $P = 18.0$ kW,转速 $n = 1\,500$ r/min,电机轴直径 $d_e = 49$ mm,电机轴头长度 $E_c = 110$ mm;减速器输入轴直径 $d = 50$ mm,输入轴长度 $E = 80$ mm。载荷变化并有中等冲击,空载启动。试选择电机和减速器之间的联轴器及其型号。